KB153658

ENGINEERING MATHEMATICS
with MATLAB®

제2판 공학수학

with MATLAB® (하)

송철기 · 김종렬 · Bhandari Binayak 지음

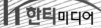

한티미디어

저자소개

송철기 교수   현) 경상국립대학교 기계공학부, 공학연구원(ERI), cksong@gnu.ac.kr
서울대학교 대학원 기계설계학과 졸업(공학박사, 공학석사)
서울대학교 기계공학과 졸업(공학사)
University of California, Berkeley 기계공학과, 방문교수

수상 : 1992년 대통령상 수상, 2011년 교육과학기술부장관상 수상
2013년 국토교통부장관상 수상, 2015년 중소기업청장상 수상
2017년 산업통상자원부장관상 수상, 2021년 중소벤처기업부 장관상 수상

김종렬 교수   현) 세종대학교 전자정보통신공학과, jrkim@sejong.ac.kr
한국과학기술원 물리학과 졸업(이학박사)
서울대학교 대학원 물리학과 졸업(이학석사)
서울대학교 자연과학대학 물리학과 졸업(이학사)
삼성종합기술원, 삼성전자, 수석연구원

Bhandari Binayak 교수   현) 우송대학교 글로벌철도융합학과, binayak@sis.ac.kr
서울대학교 대학원 기계항공공학부 졸업(공학박사)
명지대학교 대학원 기계공학과 졸업(공학석사)
Nepal Kathmandu University 기계공학과 졸업(공학사)

공학수학 with MATLAB® (하)

발행일   2023년 8월 25일 제2판 1쇄
지은이   송철기·김종렬·Bhandari Binayak
펴낸이   김준호
펴낸곳   한티미디어 | **주 소**   서울시 마포구 동교로 23길 67 Y빌딩 3층
등 록   제15-571호 2006년 5월 15일
전 화   02)332-7993~4 | **팩 스**   02)332-7995
ISBN   978-89-6421-467-1
가 격   27,000원

마케팅   노호근 박재인 최상욱 김원국 김택성 | **관 리**   김지영 문지희
편 집   김은수 유채원 | **본 문**   김은수 | **표 지**   유채원
인 쇄   우일미디어

이 책에 대한 의견이나 잘못된 내용에 대한 수정 정보는 한티미디어 홈페이지나 이메일로 알려주십시오.
독자님의 의견을 충분히 반영하도록 늘 노력하겠습니다.

홈페이지   www.hanteemedia.co.kr | **이메일**   hantee@hanteemedia.co.kr

PREFACE

공학수학은 공학을 전공하는 모든 학생들이 공통으로 이수하여야 하는 필수적인 교과목이다.

그동안 좋은 내용의 외국의 공학수학 서적들이 많이 출판되어 공학수학을 보다 쉽게 이해할 수 있도록 발전되어 왔다.

여러 가지 우수한 외국서적들과 더불어 관련 번역서들도 많이 출판되었지만, 외국어 전공서적에 익숙하지 않은 일부 학생들은 내용을 확실하게 이해하지 못하기도 하고, 번역서들 중 일부는 실제로 대학에서 한 학기 동안 가르칠 수 있는 분량을 초과하여 서술되어 있다.

또한 대부분의 외국서적들이 그렇듯이 본문의 설명이 너무 장황하여 초점을 흐리는 경우가 있어, 간결하게 정리된 입시서적으로 공부하던 우리나라 학생에게 생소한 느낌을 주기도 하였다. 일부 외국서적들은 연습문제의 분량이 과도하게 많고 난이도의 폭이 넓어서, 정확한 개념을 효율적으로 정리하기 힘든 경우가 발생하기도 하였다.

본 교재에서는 이러한 문제점들을 보완함으로써, 국내 대학교의 교육실정을 반영한 공학수학 교재가 될 수 있도록 노력하였다. 본 교재의 특징은 다음과 같다.

첫째, 본문은 원리와 개념 위주로 설명을 간단명료하게 하였다. 또한 개념 정리를 위하여 **CORE** , **별해** 와 **검토** 로 분류하였다.

둘째, 예제와 연습문제로 분류하였으며, 연습문제를 예제 유형별로 정리하였다. 또한 각 단원에 기계공학, 전기전자, 화학공학 등의 응용문제를 추가하였다.

셋째, 수치해석법을 추가하였으며, MATLAB을 활용하여 내용을 더 확실하게 이해할 수 있도록 전개하였다.

넷째, 계산이 지나치게 복잡한 기본 및 응용문제들을 가급적 피하고, 식의 의미를 정확히 파악하여 개념을 정리할 수 있는 문제들을 중심으로 편성하였다.

다섯째, 내용이 비교적 어려운 단원들을 *(선택가능)으로 별도로 분류하고 상세히 설명하였다.

여섯째, 한국의 교육 현실에 맞게 연습문제 문항 수를 조절하였으며, 상권과 하권을 각각 한 학기 동안 적절하게 배울 수 있는 분량으로 조정하였다.

아무쪼록 본 교재로 공부하는 공학도들에게 많은 도움이 되기를 바란다. 그리고 본 교재의 모든 문제를 풀어보면서 내용을 검토하고 교정을 도와준, 사랑하는 아들 재용에게 깊은 감사의 마음을 전한다. 또한 본 교재를 제작하는 데 노고를 아끼지 않으신 한티미디어 관계자분들께 심심한 감사를 드린다.

2023. 7.

대표저자 송철기

CONTENTS

하권

CHAPTER 8   벡터의 미분: 기울기, 발산, 회전   57

CHAPTER 9   벡터적분, 적분정리   101

CHAPTER 10   Fourier 해석

APPENDIX B : MATLAB 사용법

Engineering Mathematics with MATLAB

CHAPTER

7

선형대수 :
행렬과 벡터, 행렬식, 고유값 문제

　　선형대수(linear algebra)는 행렬(matrix)과 벡터(vector)로 이루어져 많은 정보를 체계적으로 정리할 수 있다. 컴퓨터의 발전으로 선형대수 계산이 보다 손쉬워지면서, 공학적 설계, 해석, 및 실험에 유용하게 사용된다.

　　이를 위해 행렬에 대한 각종 용어, 행렬의 덧셈, 곱셈, 전치 등의 기본 연산법(7.1절), Gauss 소거법, 행렬식(determinant) 및 역행렬(inverse matrix)(7.2절), 벡터 공간에서의 기저 및 내적(7.3절), 구조역학(structural dynamics)나 진동학(vibration)에서 고유진동수와 고유모드 등의 계산에 중요하게 활용되는 고유값 문제(7.4절) 등을 배우게 된다.

　　또한, MATLAB을 활용하면 선형대수의 계산을 보다 빠르고 정확하게 수행할 수 있다(7.5절).

7.1 행렬의 연산

7.1.1 전치 행렬(transposition matrix)

$m \times n$ 행렬 $\mathrm{A} = [a_{ij}]\,(i = 1, 2, \cdots, m, j = 1, 2, \cdots, n)$에서 행과 열을 서로 바꾸어 얻은 $n \times m$ 행렬을 A의 전치행렬(transposition matrix)이라 하고, A^T로 나타낸다. 전치연산에 대한 법칙은 다음과 같다.

$$(\mathrm{A}^T)^T = \mathrm{A} \tag{7.1a}$$

$$(\mathrm{A} + \mathrm{B})^T = \mathrm{A}^T + \mathrm{B}^T \tag{7.1b}$$

$$(c\mathrm{A})^T = c\mathrm{A}^T \;(c\text{는 상수}) \tag{7.1c}$$

$$(\mathrm{A}\mathrm{B})^T = \mathrm{B}^T \mathrm{A}^T \tag{7.1d}$$

7.1.2 행렬의 상등

두 행렬 $\mathrm{A}_{m_1 \times n_1}$, $\mathrm{B}_{m_2 \times n_2}$의 동치(equivalence) 또는 상등(equality)은 두 행렬의 크기가 같은 경우에 정의된다. 즉, 두 행렬의 크기가 각각 $m_1 = m_2$, $n_1 = n_2$이며, 모든 i, j에 대하여 행렬 A의 i행 j열 원소와 행렬 B의 i행 j열 원소가 같을 때 행렬 A와 행렬 B는 동치 또는 상등이라 한다. 이를 수식으로 표현하면 다음과 같다.

$$a_{ij} = b_{ij} \;(i = 1, 2, \cdots, m, j = 1, 2, \cdots, n) \tag{7.2}$$

만약 행렬 A와 행렬 B가 동치 또는 상등이면, $\mathrm{A} = \mathrm{B}$로 표현할 수 있다.

7.1.3 행렬의 합과 차, 스칼라와의 곱

두 행렬의 합과 차는 두 행렬의 크기가 같을 때에만 정의된다. 행렬의 합과 차는 각 원소의 합과 차로 계산된다.

즉, A 와 B 의 합 A+B 은 모든 i, j에 대하여 $a_{ij}+b_{ij}$로 계산되며, A 와 B 의 차 A−B 는 모든 i, j에 대하여 $a_{ij}-b_{ij}$로 계산된다.

또한 행렬 $A_{m \times n}$과 스칼라 c와의 곱 cA 는 행렬 A 의 각 원소에 스칼라 c를 곱하는 것으로, 즉, 모든 i, j에 대하여 ca_{ij}로 계산된다.

행렬의 합과 스칼라와의 곱에 대한 연산법칙은 다음과 같다.

$$A+B=B+A \qquad \text{(교환법칙)} \qquad (7.3a)$$

$$(A+B)+C=A+(B+C) \qquad \text{(결합법칙)} \qquad (7.3b)$$

$$c(A+B)=cA+cB \qquad \text{(분배법칙)} \qquad (7.3c)$$

$$A+(-A)=0 \qquad\qquad (7.3d)$$

여기서, 행렬 0 은 모든 i, j에 대한 원소가 0인 행렬을 의미하며, 영행렬(zero matrix) 이라 부른다.

7.1.4 두 행렬의 곱

크기가 $m \times n$인 행렬 A 와 크기가 $n \times l$인 행렬 B 의 행렬곱 A B 의 크기는 $m \times l$ 이 되며, 다음과 같이 계산된다. $(i=1, 2, \cdots, m, j=1, 2, \cdots, l)$

$$C=AB \qquad\qquad (7.4)$$

$$[c_{ij}]=a_{i1}b_{1j}+a_{i2}b_{2j}+ \cdots +a_{in}b_{nj}$$

행렬의 곱에 대한 연산법칙은 다음과 같다.

$$(AB)C=A(BC) \qquad \text{(결합법칙)} \qquad (7.5a)$$

$$(A+B)C=AC+BC \qquad \text{(분배법칙)} \qquad (7.5b)$$

$$C(A+B)=CA+CB \qquad \text{(분배법칙)} \qquad (7.5c)$$

⚙ 예제 7.1

다음을 계산하라.

(a) $A = [a_{ij}] = \begin{bmatrix} 2 & 3 & -1 \\ 3 & -2 & 1 \end{bmatrix}$, $B = [b_{ij}] = \begin{bmatrix} -1 & 1 & 2 \\ 3 & 1 & -4 \end{bmatrix}$ 일 때, $A+B$, $A-B$,

　$3A$ 를 각각 구하라.

(b) $A = [a_{ij}] = \begin{bmatrix} 2 & 3 & -1 \\ 3 & -2 & 1 \end{bmatrix}$ 에 대한 전치 행렬을 구하라.

(c) $A = [a_{ij}] = \begin{bmatrix} 2 & 3 \\ 3 & -2 \end{bmatrix}$, $B = [b_{ij}] = \begin{bmatrix} -1 & 1 \\ 3 & 1 \end{bmatrix}$ 일 때, 두 행렬의 곱 AB 를 구하라.

(d) $A = \begin{bmatrix} 2 & 1 \\ 3 & 2 \\ 1 & -1 \end{bmatrix}$, $B = \begin{bmatrix} 1 & -1 & 3 \\ 3 & 2 & 1 \end{bmatrix}$ 일 때, 두 행렬의 곱 AB 를 구하라.

답 (a) $\begin{bmatrix} 1 & 4 & 1 \\ 6 & -1 & -3 \end{bmatrix}$, $\begin{bmatrix} 3 & 2 & -3 \\ 0 & -3 & 5 \end{bmatrix}$, $\begin{bmatrix} 6 & 9 & -3 \\ 9 & -6 & 3 \end{bmatrix}$

　　(b) $\begin{bmatrix} 2 & 3 \\ 3 & -2 \\ -1 & 1 \end{bmatrix}$

　　(c) $\begin{bmatrix} 7 & 5 \\ -9 & 1 \end{bmatrix}$

　　(d) $\begin{bmatrix} 5 & 0 & 7 \\ 9 & 1 & 11 \\ -2 & -3 & 2 \end{bmatrix}$

※ 다음을 계산하라. [1 ~ 10]

1. $A = \begin{bmatrix} 1 & 3 \\ 2 & -1 \end{bmatrix}$, $B = \begin{bmatrix} -1 & 1 \\ 3 & 1 \end{bmatrix}$ 일 때, $A + 2B$ 를 구하라.

2. $A = \begin{bmatrix} 1 & -3 \\ 2 & 2 \\ -2 & -1 \end{bmatrix}$, $B = \begin{bmatrix} 1 & 2 \\ 2 & -1 \\ 1 & 3 \end{bmatrix}$ 일 때, $2A - B$ 를 구하라.

3. $A = \{3 \quad 1 \quad -1\}$ 에 대한 전치 행렬을 구하라.

4. $A = \begin{bmatrix} 3 & 1 \\ 2 & -1 \\ -2 & 3 \end{bmatrix}$ 에 대한 전치 행렬을 구하라.

5. $A = \begin{bmatrix} -2 & 1 \\ 2 & -2 \end{bmatrix}$, $B = \begin{bmatrix} -2 & -1 \\ 1 & 3 \end{bmatrix}$ 일 때, 두 행렬의 곱 AB 를 구하라.

6. $A = \begin{bmatrix} -2 & 1 \\ 2 & -2 \end{bmatrix}$, $B = \begin{bmatrix} -2 & -1 \\ 1 & 3 \end{bmatrix}$ 일 때, 두 행렬의 곱 BA 를 구하라.

7. $A = \{1 \quad 1 \quad -2\}$, $B = \begin{Bmatrix} 1 \\ 2 \\ -1 \end{Bmatrix}$ 일 때, 두 행렬의 곱 AB 를 구하라.

8. $A = \{1 \quad 1 \quad -2\}$, $B = \begin{Bmatrix} 1 \\ 2 \\ -1 \end{Bmatrix}$ 일 때, 두 행렬의 곱 BA 를 구하라.

9. $A = \begin{bmatrix} 1 & -1 & 3 \\ 3 & 2 & 1 \end{bmatrix}$, $B = \begin{bmatrix} 2 & 1 \\ 3 & 2 \\ 1 & -1 \end{bmatrix}$ 일 때, 두 행렬의 곱 AB 를 구하라.

10. $A = \begin{bmatrix} 1 & -1 & 3 \\ 3 & 2 & 1 \end{bmatrix}$, $B = \begin{bmatrix} 2 & 1 \\ 3 & 2 \\ 1 & -1 \end{bmatrix}$ 일 때, 두 행렬의 곱 BA 를 구하라.

7.2 선형연립방정식, 행렬식과 역행렬

7.2.1 선형연립방정식(linear simultaneous equations)

n개의 미지수 $x_1, x_2, \cdots, x_n$을 갖는 m개의 선형연립방정식은 다음과 같이 나타낼 수 있다.

$$\begin{aligned}
a_{11}x_1 + a_{12}x_2 + \cdots + a_{1n}x_n &= b_1 \\
a_{21}x_1 + a_{22}x_2 + \cdots + a_{2n}x_n &= b_2 \\
&\vdots \\
a_{m1}x_1 + a_{m2}x_2 + \cdots + a_{mn}x_n &= b_m
\end{aligned} \tag{7.6}$$

여기서, a_{ij} $(i=1, 2, \cdots, m, j=1, 2, \cdots, n)$와 b_i $(i=1, 2, \cdots, m)$는 주어지는 계수(coefficient)이며, $x_1, x_2, \cdots, x_n$은 구하고자 하는 이 선형연립방정식의 해이다. 이를 행렬로 표현하면 다음과 같다.

$$\mathbf{A}\,\mathbf{x} = \mathbf{B} \tag{7.7}$$

여기서, 계수행렬 $\mathbf{A}$, 열 벡터 $\mathbf{x}$와 열 벡터 $\mathbf{B}$는 다음과 같다.

$$\mathbf{A} = \begin{bmatrix} a_{11} & a_{12} & \cdots & a_{1n} \\ a_{21} & a_{22} & \cdots & a_{2n} \\ \vdots & \vdots & \ddots & \vdots \\ a_{m1} & a_{m2} & \cdots & a_{mn} \end{bmatrix}, \mathbf{x} = \begin{Bmatrix} x_1 \\ x_2 \\ \vdots \\ x_n \end{Bmatrix}, \mathbf{B} = \begin{Bmatrix} b_1 \\ b_2 \\ \vdots \\ b_m \end{Bmatrix} \tag{7.8}$$

7.2.2 선형연립방정식의 해: Gauss 소거법(Gauss elimination)

다음 선형연립방정식의 해를 구하는 문제를 풀어보자.

$$-x_1 + 2x_2 = 0 \qquad \text{(a)}$$

$$x_1 + x_2 = 3 \qquad \text{(b)}$$

이를 행렬로 나타내면 다음과 같다.

$$\begin{bmatrix} -1 & 2 \\ 1 & 1 \end{bmatrix} \begin{Bmatrix} x_1 \\ x_2 \end{Bmatrix} = \begin{Bmatrix} 0 \\ 3 \end{Bmatrix} \qquad \text{(c)}$$

연립방정식의 해를 구하기 위하여, 식 (a)와 식 (b)를 더하면 $3x_2 = 3$이다. 따라서 $x_1 = 2, \ x_2 = 1$을 얻는다.

이 과정을 Gauss 소거법으로 표현하면,

$$\left[\begin{array}{cc:c} -1 & 2 & 0 \\ 1 & 1 & 3 \end{array} \right] \qquad \text{(d)}$$

(2, 1) 위치의 값을 0으로 만들기 위하여, (1행)+(2행)의 계산 결과를 (2행)에 쓰면

$$\left[\begin{array}{cc:c} -1 & 2 & 0 \\ 0 & 3 & 3 \end{array} \right] \qquad \text{(e)}$$

이 되며, (2행)의 식을 3으로 나누면

$$\left[\begin{array}{cc:c} -1 & 2 & 0 \\ 0 & 1 & 1 \end{array} \right] \qquad \text{(f)}$$

이 된다. 다시 (1, 2) 위치의 값을 0으로 만들기 위하여, (1행)−2*(2행)의 계산 결과를 (1행)에 쓰면

$$\begin{bmatrix} -1 & 0 & \vdots & -2 \\ 0 & 1 & \vdots & 1 \end{bmatrix} \tag{g}$$

이 된다. 따라서, (1행)에 −1을 곱하면

$$\begin{bmatrix} 1 & 0 & \vdots & 2 \\ 0 & 1 & \vdots & 1 \end{bmatrix} \tag{h}$$

이 되므로, 이 방정식의 해는 $x_1 = 2, \ x_2 = 1$이 된다.

검토

연립방정식의 해를 구할 때, 7.2.2 절의 Gauss 소거법을 이용하여 구하기보다 7.2.6 절에 설명하는 바와 같이 역행렬을 이용하는 것이 더 간단하다.

또한 7.5절의 MATLAB을 이용하면, 복잡한 연립방정식의 해를 보다 간단하게 구할 수 있다. (M_prob 7.5 참조)

 예제 7.2

다음 연립방정식의 해를 Gauss 소거법으로 계산하라.

$$3x + 2y + z = 7$$
$$x - y + 2z = -1$$
$$2x + y - z = 6$$

풀이

주어진 연립방정식을 행렬로 나타내면

$$\begin{bmatrix} 3 & 2 & 1 & \vdots & 7 \\ 1 & -1 & 2 & \vdots & -1 \\ 2 & 1 & -1 & \vdots & 6 \end{bmatrix}$$

이다. (2, 1) 위치와 (3, 1) 위치의 값을 0으로 만들기 위하여, (1행)−3*(2행)의 계산 결과를 (2행)에 쓰고, 2*(2행)−(3행)의 계산 결과를 (3행)에 쓰면,

$$\begin{bmatrix} 3 & 2 & 1 & \vdots & 7 \\ 0 & 5 & -5 & \vdots & 10 \\ 0 & -3 & 5 & \vdots & -8 \end{bmatrix}$$

이다. (2행)을 5로 나누면,

$$\begin{bmatrix} 3 & 2 & 1 & \vdots & 7 \\ 0 & 1 & -1 & \vdots & 2 \\ 0 & -3 & 5 & \vdots & -8 \end{bmatrix}$$

이다. (3, 2) 위치의 값을 0으로 만들기 위하여, 3*(2행)+(3행)의 계산 결과를 (3행)에 쓰면,

$$\begin{bmatrix} 3 & 2 & 1 & \vdots & 7 \\ 0 & 1 & -1 & \vdots & 2 \\ 0 & 0 & 2 & \vdots & -2 \end{bmatrix}$$

이다. (3행)을 2로 나누면,

$$\begin{bmatrix} 3 & 2 & 1 & \vdots & 7 \\ 0 & 1 & -1 & \vdots & 2 \\ 0 & 0 & 1 & \vdots & -1 \end{bmatrix}$$

이다. (1, 3) 위치와 (2, 3) 위치의 값을 0으로 만들기 위하여, (1행)+(2행)의 계산 결과를 (1행)에 쓰고, (2행)+(3행)의 계산 결과를 (2행)에 쓰면,

$$\begin{bmatrix} 3 & 3 & 0 & \vdots & 9 \\ 0 & 1 & 0 & \vdots & 1 \\ 0 & 0 & 1 & \vdots & -1 \end{bmatrix}$$

이다. (1행)을 3으로 나누면,

$$\begin{bmatrix} 1 & 1 & 0 & \vdots & 3 \\ 0 & 1 & 0 & \vdots & 1 \\ 0 & 0 & 1 & \vdots & -1 \end{bmatrix}$$

이다. (1, 2) 위치의 값을 0으로 만들기 위하여, (1행)−(2행)의 계산 결과를 (1행)에 쓰면,

$$\begin{bmatrix} 1 & 0 & 0 & \vdots & 2 \\ 0 & 1 & 0 & \vdots & 1 \\ 0 & 0 & 1 & \vdots & -1 \end{bmatrix}$$

이 되므로, 이 방정식의 해는 $x=2$, $y=1$, $z=-1$이 된다.

답 $x=2$, $y=1$, $z=-1$

7.2.3 1차 독립(linearly independent), 행렬의 계수(rank)

이 절에서는 선형연립방정식의 해가 존재하는지, 또는, 유일한 해인지를 판단하는 데 필요한, 1차 독립과 행렬의 계수 등의 개념을 배우도록 하자.

n개의 벡터 $\mathbf{a}_{(1)}$, $\mathbf{a}_{(2)}$, $\cdots$, $\mathbf{a}_{(n)}$에 대하여 임의의 n개 스칼라 c_1, c_2, $\cdots$, c_n과의 1차 결합(linear combination) $c_1\mathbf{a}_{(1)} + c_2\mathbf{a}_{(2)} + \cdots + c_n\mathbf{a}_{(n)}$이 0(영)이 된다면, 즉,

$$c_1\mathbf{a}_{(1)} + c_2\mathbf{a}_{(2)} + \cdots + c_n\mathbf{a}_{(n)} = 0 \tag{7.9}$$

이라면, 모든 계수 c_1, c_2, $\cdots$, c_n이 0일 때, 이 방정식은 성립한다. 모든 계수 c_1, c_2, $\cdots$, c_n이 0인 것이 유일한(unique) 값이라면, 벡터 $\mathbf{a}_{(1)}$, $\mathbf{a}_{(2)}$, $\cdots$, $\mathbf{a}_{(n)}$을 1차 독립(linearly independent)이라 한다. 만약, 계수 c_1, c_2, $\cdots$, c_n에 0이 아닌 값이 있다면, 이 벡터들은 1차 종속(linearly dependent)이다.

　행렬 $\mathbf{A}$에서 1차 독립인 행 벡터의 최대수를 행렬 $\mathbf{A}$의 계수(rank)라 하고, 이를 $\mathrm{rank}(\mathbf{A})$라 표기한다.

 예제 7.3

다음 행렬의 계수(rank)를 구하라.

$$\mathbf{A} = \begin{bmatrix} 5 & 0 & 7 \\ 9 & 1 & 11 \\ -2 & -3 & 2 \end{bmatrix}$$

풀이

　(2, 1) 위치와 (3, 1) 위치의 값을 0으로 만들기 위하여, 9*(1행)−5*(2행)의 계산 결과를 (2행)에 쓰고, 2*(2행)+9*(3행)의 계산 결과를 (3행)에 쓰면,

$$\begin{bmatrix} 5 & 0 & 7 \\ 0 & -5 & 8 \\ 0 & -25 & 40 \end{bmatrix}$$

이다. (3, 2) 위치의 값을 0으로 만들기 위하여, 5*(2행)−(3행)의 계산 결과를 (3행)에 쓰면,

$$\begin{bmatrix} 5 & 0 & 7 \\ 0 & -5 & 8 \\ 0 & 0 & 0 \end{bmatrix}$$

이다. 따라서 $\mathrm{rank}(\mathbf{A}) = 2$이다.

답 2

7.2.4 행렬식(determinant)

행렬식은 정사각 행렬(square matrix)에 대해 정의되는 스칼라량이다. 먼저, 2×2 행렬에 대한 2차 행렬식은 다음과 같이 정의된다.

$$D = \det(\mathbf{A}) = \begin{vmatrix} a_{11} & a_{12} \\ a_{21} & a_{22} \end{vmatrix} = a_{11}a_{22} - a_{12}a_{21} \tag{7.10}$$

3×3 행렬에 대한 행렬식은 다음과 같이 정의된다.

$$D = \det(\mathbf{A}) = \begin{vmatrix} a_{11} & a_{12} & a_{13} \\ a_{21} & a_{22} & a_{23} \\ a_{31} & a_{32} & a_{33} \end{vmatrix}$$

$$= a_{11}C_{11} + a_{12}C_{12} + a_{13}C_{13}$$

$$= a_{11}\begin{vmatrix} a_{22} & a_{23} \\ a_{32} & a_{33} \end{vmatrix} - a_{12}\begin{vmatrix} a_{21} & a_{23} \\ a_{31} & a_{33} \end{vmatrix} + a_{13}\begin{vmatrix} a_{21} & a_{22} \\ a_{31} & a_{32} \end{vmatrix} \tag{7.11}$$

이를 확장하여 $n \times n$인 행렬에 대한 행렬식도 다음과 같이 구할 수 있다.

🧩 CORE $n \times n$ **행렬식**

$$D = \det(\mathbf{A}) = \sum_{k=1}^{n} a_{ik}C_{ik} \tag{7.12a}$$

또는

$$D = \det(\mathbf{A}) = \sum_{k=1}^{n} a_{kj}C_{kj} \tag{7.12b}$$

여기서, C_{ik}, C_{kj}는 행렬 A의 여인자(cofactor)로서 각각 $C_{ik} = (-1)^{i+k}A_{ik}$, $C_{kj} = (-1)^{k+j}A_{kj}$로 정의된다.

또한 A_{ik}, A_{kj}는 소행렬식(minor)으로, 각각 행렬 A의 원소 a_{ik}, a_{kj}의 행과 열을 뺀 소행렬(submatrix)의 행렬식에 해당한다.

⚙ **예제 7.4**

다음을 계산하라.

(a) $A = \begin{bmatrix} 2 & 1 \\ 3 & -4 \end{bmatrix}$ 에 대한 행렬식을 계산하라.

(b) $A = \begin{bmatrix} 2 & 1 & 2 \\ 1 & 3 & 2 \\ 3 & -2 & 0 \end{bmatrix}$ 에 대한 행렬식을 계산하라.

풀이

(a) $|A| = \begin{vmatrix} 2 & 1 \\ 3 & -4 \end{vmatrix} = 2 \cdot (-4) - 1 \cdot 3 = -11$

(b) $|A| = \begin{vmatrix} 2 & 1 & 2 \\ 1 & 3 & 2 \\ 3 & -2 & 0 \end{vmatrix} = 2 \cdot \begin{vmatrix} 3 & 2 \\ -2 & 0 \end{vmatrix} - \begin{vmatrix} 1 & 2 \\ 3 & 0 \end{vmatrix} + 2 \cdot \begin{vmatrix} 1 & 3 \\ 3 & -2 \end{vmatrix} = -8$

📖 (a) -11, (b) -8

7.2.5 역행렬

역행렬(inverse matrix)은 행렬식과 마찬가지로 정사각 행렬에 대해 정의된다. 크기가 $n \times n$인 행렬 A의 역행렬은

$$A^{-1}A = A\,A^{-1} = I \tag{7.13}$$

로 정의되는 $n \times n$ 행렬이다. 그러나, 모든 행렬에 대하여 역행렬이 존재하는 것은 아니다. 먼저, 2×2 행렬 $A = \begin{bmatrix} a & b \\ c & d \end{bmatrix}$에 대한 역행렬은 다음과 같이 계산된다.

$$A^{-1} = \frac{1}{\det(A)} \begin{bmatrix} d & -b \\ -c & a \end{bmatrix} \tag{7.14}$$

$n \times n$ 행렬에 대한 역행렬은 다음과 같이 정의된다.

$$A^{-1} = \frac{1}{\det(A)} \left[C_{ij} \right]^T \tag{7.15}$$

여기서, C_{ij}는 행렬 A의 여인자(cofactor)로서, $C_{ij} = (-1)^{i+j} A_{ij}$로 정의된다. 또한 A_{ij}는 소행렬식(minor)이다.

⚙ 예제 7.5

다음을 계산하라.

(a) $A = \begin{bmatrix} 2 & 2 \\ 3 & 4 \end{bmatrix}$ 에 대한 역행렬을 구하라.

(b) $A = \begin{bmatrix} 2 & 1 & 2 \\ 1 & 3 & 2 \\ 3 & -2 & 0 \end{bmatrix}$ 에 대한 역행렬을 구하라.

풀이

(a) $A^{-1} = \dfrac{1}{2} \begin{bmatrix} 4 & -2 \\ -3 & 2 \end{bmatrix} = \begin{bmatrix} 2 & -1 \\ -1.5 & 1 \end{bmatrix}$

(b) $A^{-1} = \dfrac{1}{\det(A)} \begin{bmatrix} \begin{vmatrix} 3 & 2 \\ -2 & 0 \end{vmatrix} & -\begin{vmatrix} 1 & 2 \\ -2 & 0 \end{vmatrix} & \begin{vmatrix} 1 & 2 \\ 3 & 2 \end{vmatrix} \\ -\begin{vmatrix} 1 & 2 \\ 3 & 0 \end{vmatrix} & \begin{vmatrix} 2 & 2 \\ 3 & 0 \end{vmatrix} & -\begin{vmatrix} 2 & 2 \\ 1 & 2 \end{vmatrix} \\ \begin{vmatrix} 1 & 3 \\ 3 & -2 \end{vmatrix} & -\begin{vmatrix} 2 & 1 \\ 3 & -2 \end{vmatrix} & \begin{vmatrix} 2 & 1 \\ 1 & 3 \end{vmatrix} \end{bmatrix} = \dfrac{1}{-8} \begin{bmatrix} 4 & -4 & -4 \\ 6 & -6 & -2 \\ -11 & 7 & 5 \end{bmatrix}$

답 (a) $\begin{bmatrix} 2 & -1 \\ -1.5 & 1 \end{bmatrix}$, (b) $\begin{bmatrix} -0.5 & 0.5 & 0.5 \\ -0.75 & 0.75 & 0.25 \\ 1.375 & -0.875 & -0.625 \end{bmatrix}$

7.2.6 선형연립방정식의 해: 역행렬 이용

 CORE　선형연립방정식의 해

주어진 선형 연립방정식이 $A\,\mathbf{x} = B$ 와 같이 표현된다면, 행렬 A 의 역행렬이 존재하고 행렬 A 가 정사각 행렬일 경우, 연립방정식의 해는 다음과 같이 구할 수 있다.

$$\mathbf{x} = A^{-1} B \tag{7.16}$$

여기서, A^{-1} 은 A 의 역행렬이다.

예를 들어, $\begin{bmatrix} -1 & 2 \\ 1 & 1 \end{bmatrix} \begin{Bmatrix} x_1 \\ x_2 \end{Bmatrix} = \begin{Bmatrix} 0 \\ 3 \end{Bmatrix}$ 과 같이 표현되는 선형연립방정식의 해를 구해보자.

$$\begin{Bmatrix} x_1 \\ x_2 \end{Bmatrix} = \begin{bmatrix} -1 & 2 \\ 1 & 1 \end{bmatrix}^{-1} \begin{Bmatrix} 0 \\ 3 \end{Bmatrix} = \frac{1}{-3} \begin{bmatrix} 1 & -2 \\ -1 & -1 \end{bmatrix} \begin{Bmatrix} 0 \\ 3 \end{Bmatrix} = \frac{1}{-3} \begin{Bmatrix} -6 \\ -3 \end{Bmatrix} = \begin{Bmatrix} 2 \\ 1 \end{Bmatrix}$$

따라서, $x_1 = 2, \ x_2 = 1$ 이다.

예제 7.6

다음 연립방정식의 해를 구하라.

$$\begin{aligned} 3x + 2y + z &= 7 \\ x - y + 2z &= -1 \\ 2x + y - z &= 6 \end{aligned}$$

풀이

$\begin{bmatrix} 3 & 2 & 1 \\ 1 & -1 & 2 \\ 2 & 1 & -1 \end{bmatrix} \begin{Bmatrix} x \\ y \\ z \end{Bmatrix} = \begin{Bmatrix} 7 \\ -1 \\ 6 \end{Bmatrix}$ 에서

$$\begin{Bmatrix} x \\ y \\ z \end{Bmatrix} = \begin{bmatrix} 3 & 2 & 1 \\ 1 & -1 & 2 \\ 2 & 1 & -1 \end{bmatrix}^{-1} \begin{Bmatrix} 7 \\ -1 \\ 6 \end{Bmatrix} = \frac{1}{10} \begin{bmatrix} -1 & 2 & 5 \\ 5 & -5 & -5 \\ 3 & 1 & -5 \end{bmatrix} \begin{Bmatrix} 7 \\ -1 \\ 6 \end{Bmatrix} = \frac{1}{10} \begin{Bmatrix} 20 \\ 10 \\ -10 \end{Bmatrix} = \begin{Bmatrix} 2 \\ 1 \\ -1 \end{Bmatrix}$$

답 $\begin{Bmatrix} 2 \\ 1 \\ -1 \end{Bmatrix}$

※ 다음 선형연립방정식의 해를 Gauss 소거법을 이용하여 구하라. [1 ~ 6]

1. $3x_1 - 5x_2 = 3$, $x_1 + 2x_2 = 1$

2. $x + 2y = 3$, $-2x + y = -1$

3. $x + z = 4$, $2x + y - 2z = 3$, $x - 3y + z = 7$

4. $3x + 2y + z = 3$, $x - 2y - 3z = -3$, $x + z = 3$

5. $2x + y + 2z = 3$, $x - y = -4$, $2y - z = 5$

6. $-2x + y + z = -1$, $x - 2y - 3z = 0$, $4x + y + 2z = 4$

※ 다음 행렬의 계수(rank)를 구하라. [7 ~ 10]

7. $\begin{bmatrix} 2 & -1 & 3 \\ -4 & 2 & 1 \end{bmatrix}$

8. $\begin{bmatrix} 0 & 0 & 1 \\ 1 & 1 & 0 \\ -2 & 0 & 2 \end{bmatrix}$

9. $\begin{bmatrix} 0 & 0 & 3 \\ 1 & 0 & 1 \\ -2 & 0 & -2 \end{bmatrix}$

10. $\begin{bmatrix} 0 & 2 & 1 \\ 1 & -1 & 4 \\ 2 & 3 & -1 \end{bmatrix}$

※ 다음 벡터들이 1차 독립인지 또는 1차 종속인지 규정하라. [11 ~ 16]

11. $\{1 \quad -2\}, \{-1 \quad 3\}, \{0 \quad 2\}$

12. $\{2 \quad 0 \quad 1\}, \{1 \quad 2 \quad 0\}, \{0 \quad 2 \quad 1\}$

13. $\{2 \quad -2 \quad 1\}, \{-1 \quad 3 \quad -1\}, \{1 \quad 1 \quad 0\}$

14. $\{2 \quad 1 \quad -2 \quad 1\}, \{1 \quad -1 \quad 3 \quad 2\}, \{0 \quad -1 \quad 2 \quad 0\}$

15. $\{1 \quad 2 \quad 3 \quad 4\}, \{-2 \quad 1 \quad 2 \quad -3\}, \{3 \quad -2 \quad 1 \quad 0\}$

16. $\{1 \quad 2 \quad 3 \quad 4\}, \{0 \quad 1 \quad 2 \quad 3\}, \{2 \quad 3 \quad 4 \quad 5\}, \{3 \quad 4 \quad 5 \quad 6\}$

※ 다음 행렬의 역행렬을 계산하라. [17 ∼ 22]

17. $\begin{bmatrix} 1 & 2 \\ 3 & 4 \end{bmatrix}$

18. $\begin{bmatrix} 3 & -2 \\ 1 & 4 \end{bmatrix}$

19. $\begin{bmatrix} 1 & 0 & -2 \\ 0 & 2 & 1 \\ 1 & -1 & 2 \end{bmatrix}$

20. $\begin{bmatrix} 1 & 1 & -2 \\ 1 & 2 & 2 \\ 1 & -2 & 4 \end{bmatrix}$

21. $\begin{bmatrix} \cos\theta & \sin\theta \\ -\sin\theta & \cos\theta \end{bmatrix}$

22. $\begin{bmatrix} \cosh2\theta & \sinh2\theta \\ \sinh2\theta & \cosh2\theta \end{bmatrix}$

※ 다음 선형연립방정식의 해를 역행렬을 이용하여 구하라. [23 ∼ 28]

23. $3x_1 - 5x_2 = 3,\ x_1 + 2x_2 = 1$

24. $x + 2y = 3,\ -2x + y = -1$

25. $x + z = 4,\ 2x + y - 2z = 3,\ x - 3y + z = 7$

26. $3x + 2y + z = 2,\ x - 2y - z = 2,\ x + z = 4$

27. $2y - z = 5,\ 2x + y + 2z = 3,\ x - y = -4$

28. $-2x + y + z = -2,\ x - 2y - 3z = -5,\ 4x + y + 2z = 13$

7.3 벡터 공간

7.3.1 벡터 공간(vector space)과 기저(basis)

같은 개수의 성분을 갖는 벡터들로 구성된 공집합이 아닌 집합을 집합 V라 하자. 집합 V에 속하는 임의의 벡터 a와 b의 1차 결합 pa$+q$b(여기서 p, q는 실수)도 집합에 속하고, 행렬의 합과 스칼라와의 곱에 대한 연산식 (7.3)을 모두 만족한다고 할 때, 집합 V를 벡터 공간(vector space)이라 한다.

벡터 공간 V에 속한 1차 독립인 벡터들의 최대수를 벡터 공간 V의 차원(dimension)이라 한다. 또한, 이 1차 독립인 벡터들을 벡터 공간 V의 기저(basis)라 한다. 각 기저들의 1차 결합으로 구성된 모든 벡터들의 집합을 생성 공간(span)이라 한다. 생성 공간은 벡터 공간 V의 부분 집합이며, 벡터 공간 V와 같은 차원을 가질 수도, 작은 차원을 가질 수도 있다.

n개의 실수를 성분으로 하는 모든 벡터들로 이루어진 실벡터 공간(real vector space) R^n의 차원은 n이며, n개의 기저 $\mathbf{v}_1 = \{1\ 0\ 0\ \cdots\ 0\}$, $\mathbf{v}_2 = \{0\ 1\ 0\ \cdots\ 0\}$, $\mathbf{v}_3 = \{0\ 0\ 1\ \cdots\ 0\}$, $\cdots$, $\mathbf{v}_n = \{0\ 0\ 0\ \cdots\ 1\}$을 갖는다.

임의의 행렬 A에 대하여, 행 벡터들의 생성 공간을 행 공간(row space)이라 하며, 열 벡터들의 생성 공간을 열 공간(column space)이라 한다.

2차원의 실벡터 공간 R^2의 경우는 평면상의 벡터에 해당하며, 3차원의 실벡터 공간 R^3의 경우는 공간상의 벡터에 해당한다.

참고로, n개의 복소수를 성분으로 하는 모든 벡터들로 이루어진 복소 벡터 공간 (complex vector space) C^n이라 한다.

예제 7.7

다음 행렬에 대한 행 공간의 기저와 열 공간의 기저를 각각 구하라. (예제 7.3과 같은 행렬임)

$$A = \begin{bmatrix} 5 & 0 & 7 \\ 9 & 1 & 11 \\ -2 & -3 & 2 \end{bmatrix}$$

풀이

$$\begin{bmatrix} 5 & 0 & 7 \\ 9 & 1 & 11 \\ -2 & -3 & 2 \end{bmatrix} \rightarrow \begin{bmatrix} 5 & 0 & 7 \\ 0 & -5 & 8 \\ 0 & -25 & 40 \end{bmatrix} \rightarrow \begin{bmatrix} 5 & 0 & 7 \\ 0 & -5 & 8 \\ 0 & 0 & 0 \end{bmatrix}$$

이다. 따라서, $\text{rank}(A) = 2$이며, 행 공간의 기저는 $\{5 \ 0 \ 7\}$, $\{0 \ -5 \ 8\}$이다.

답 행 공간의 기저: $\{5 \ 0 \ 7\}$, $\{0 \ -5 \ 8\}$

풀이

$$\begin{bmatrix} 5 & 0 & 7 \\ 9 & 1 & 11 \\ -2 & -3 & 2 \end{bmatrix} \rightarrow \begin{bmatrix} 5 & 0 & 0 \\ 9 & 1 & 8 \\ -2 & -3 & -24 \end{bmatrix} \rightarrow \begin{bmatrix} 5 & 0 & 0 \\ 9 & 1 & 0 \\ -2 & -3 & 0 \end{bmatrix} \rightarrow$$

$$\begin{bmatrix} 5 & 0 & 0 \\ 9 & 0 & 0 \\ -2 & 25 & 0 \end{bmatrix} \rightarrow \begin{bmatrix} 5 & 0 & 0 \\ 9 & 0 & 0 \\ -2 & 1 & 0 \end{bmatrix} \rightarrow \begin{bmatrix} 5 & 0 & 0 \\ 9 & 0 & 0 \\ 0 & 1 & 0 \end{bmatrix}$$

이다. 따라서, 열 공간의 기저는 $\{5 \ 9 \ 0\}^T$, $\{0 \ 0 \ 1\}^T$이다.

답 열 공간의 기저: $\{5 \ 9 \ 0\}^T$, $\{0 \ 0 \ 1\}^T$

7.3.2 벡터의 내적(inner product, dot product, scalar product)

열 벡터 $\mathbf{a} = \{a_1 \ a_2 \ \cdots \ a_n\}^T$, $\mathbf{b} = \{b_1 \ b_2 \ \cdots \ b_n\}^T$로 표현되는 두 벡터의 내적은 다음과 같이 정의한다.

$$\mathbf{a} \cdot \mathbf{b} = \mathbf{a}^T \mathbf{b} = \{a_1 \ a_2 \ \cdots \ a_n\} \begin{Bmatrix} b_1 \\ b_2 \\ \vdots \\ b_n \end{Bmatrix} = a_1 b_1 + a_2 b_2 + \cdots + a_n b_n \tag{7.17}$$

행 벡터 $\mathbf{a} = \{a_1 \ a_2 \ \cdots \ a_n\}$, $\mathbf{b} = \{b_1 \ b_2 \ \cdots \ b_n\}$으로 표현되는 두 벡터의 내적은 다음과 같이 정의한다.

$$\mathbf{a} \cdot \mathbf{b} = \mathbf{a} \, \mathbf{b}^T = \{a_1 \ a_2 \ \cdots \ a_n\} \begin{Bmatrix} b_1 \\ b_2 \\ \vdots \\ b_n \end{Bmatrix} = a_1 b_1 + a_2 b_2 + \cdots + a_n b_n \tag{7.18}$$

내적이 0인 두 벡터는 서로 직교(orthogonal)한다고 한다. 벡터 공간 V에 속한 행 벡터 $\mathbf{a} = \{a_1 \ a_2 \ \cdots \ a_n\}^T$ 또는 열 벡터 $\mathbf{a} = \{a_1 \ a_2 \ \cdots \ a_n\}$의 크기(길이)를 노옴 (norm) 또는 Euclid 노옴(Euclidean norm)이라 부르며, 다음과 같이 표기한다.

$$|\mathbf{a}| = \sqrt{\mathbf{a} \cdot \mathbf{a}} = \sqrt{a_1^2 + a_2^2 + \cdots + a_n^2} \tag{7.19}$$

또한, 벡터의 내적은 다음의 연산을 성립한다.

$$\mathbf{a} \cdot \mathbf{b} = \mathbf{b} \cdot \mathbf{a} \qquad \text{(교환법칙)} \tag{7.20a}$$

$$(\mathbf{a} + \mathbf{b}) \cdot \mathbf{c} = \mathbf{a} \cdot \mathbf{c} + \mathbf{b} \cdot \mathbf{c} \quad \text{(분배법칙)} \tag{7.20b}$$

$$\mathbf{a} \cdot (\mathbf{b} + \mathbf{c}) = \mathbf{a} \cdot \mathbf{b} + \mathbf{a} \cdot \mathbf{c} \quad \text{(분배법칙)} \tag{7.20c}$$

 예제 7.8

다음을 계산하라.

(a) 열 벡터 $\mathbf{a} = \{1 \ -2 \ 3\}^T$, $\mathbf{b} = \{2 \ 3 \ -1\}^T$로 표현되는 두 벡터의 내적

(b) 행 벡터 $\mathbf{c} = \{1 \ -2 \ 3\}$, $\mathbf{d} = \{2 \ 3 \ -1\}$로 표현되는 두 벡터의 내적

(c) 두 벡터 $\mathbf{e} = \{1 \ k \ 3\}^T$, $\mathbf{b} = \{2 \ 3 \ -1\}^T$가 직교하기 위한 조건을 구하라.

(d) 벡터 $\mathbf{a} = \{1 \ -2 \ 3\}^T$의 크기를 구하라.

풀이

(a) $\mathbf{a} \cdot \mathbf{b} = \mathbf{a}^T \mathbf{b} = \{1 \;\; -2 \;\; 3\} \begin{Bmatrix} 2 \\ 3 \\ -1 \end{Bmatrix} = 1 \cdot 2 + (-2) \cdot 3 + 3 \cdot (-1) = -7$

(b) $\mathbf{c} \cdot \mathbf{d} = \mathbf{c} \, \mathbf{d}^T = \{1 \;\; -2 \;\; 3\} \begin{Bmatrix} 2 \\ 3 \\ -1 \end{Bmatrix} = 1 \cdot 2 + (-2) \cdot 3 + 3 \cdot (-1) = -7$

(c) $\mathbf{e} \cdot \mathbf{b} = \mathbf{e}^T \mathbf{b} = \{1 \;\; k \;\; 3\} \begin{Bmatrix} 2 \\ 3 \\ -1 \end{Bmatrix} = 1 \cdot 2 + k \cdot 3 + 3 \cdot (-1) = 0$

따라서 $3k - 1 = 0$, $\therefore \; k = \dfrac{1}{3}$

(d) $|\mathbf{a}| = \sqrt{\mathbf{a} \cdot \mathbf{a}} = \sqrt{1^2 + (-2)^2 + 3^2} = \sqrt{14}$

답 (a) -7, (b) -7, (c) $k = \dfrac{1}{3}$, (d) $\sqrt{14}$

7.3.3 벡터의 외적(outer product, cross product, vector product)

행 벡터 $\mathbf{a} = \{a_1 \;\; a_2 \;\; a_3\} = a_1 \mathbf{i} + a_2 \mathbf{j} + a_3 \mathbf{k}$, $\mathbf{b} = \{b_1 \;\; b_2 \;\; b_3\} = b_1 \mathbf{i} + b_2 \mathbf{j} + b_3 \mathbf{k}$로 표현되는 두 벡터의 외적은 다음과 같이 정의한다.

$$
\begin{aligned}
\mathbf{a} \times \mathbf{b} &= \begin{vmatrix} \mathbf{i} & \mathbf{j} & \mathbf{k} \\ a_1 & a_2 & a_3 \\ b_1 & b_2 & b_3 \end{vmatrix} \\
&= \mathbf{i} \begin{vmatrix} a_2 & a_3 \\ b_2 & b_3 \end{vmatrix} + \mathbf{j} \begin{vmatrix} a_3 & a_1 \\ b_3 & b_1 \end{vmatrix} + \mathbf{k} \begin{vmatrix} a_1 & a_2 \\ b_1 & b_2 \end{vmatrix} \\
&= (a_2 b_3 - a_3 b_2) \mathbf{i} + (a_3 b_1 - a_1 b_3) \mathbf{j} + (a_1 b_2 - a_2 b_1) \mathbf{k} \qquad (7.21)
\end{aligned}
$$

※ 다음 행렬에 대한 행 공간의 기저와 열 공간의 기저를 각각 구하라. [1 ~ 6]

1. $\begin{bmatrix} 2 & -1 & 3 \\ -4 & 2 & 1 \end{bmatrix}$

2. $\begin{bmatrix} 1 & -2 \\ -1 & 3 \\ 0 & 2 \end{bmatrix}$

3. $\begin{bmatrix} 0 & 0 & 3 \\ 1 & 0 & 1 \\ -2 & 0 & -2 \end{bmatrix}$

4. $\begin{bmatrix} 2 & -2 & 1 \\ -1 & 3 & -1 \\ 1 & 1 & 0 \end{bmatrix}$

5. $\begin{bmatrix} 0 & 2 & 1 \\ 1 & -1 & 4 \\ 2 & 3 & -1 \end{bmatrix}$

6. $\begin{bmatrix} 0 & 0 & 1 \\ 1 & 1 & 0 \\ -2 & 0 & 2 \end{bmatrix}$

※ 다음 두 벡터의 내적을 구하라. [7 ~ 10]

7. $\{2 \quad 0 \quad 1\}, \{1 \quad 2 \quad 0\}$

8. $\{2 \quad -2 \quad 1\}, \{-1 \quad 3 \quad -1\}$

9. $\left\{ \begin{matrix} 2 \\ -1 \\ 3 \end{matrix} \right\}, \left\{ \begin{matrix} 0 \\ 2 \\ 1 \end{matrix} \right\}$

10. $\left\{ \begin{matrix} 0 \\ 1 \\ -2 \\ 2 \end{matrix} \right\}, \left\{ \begin{matrix} 3 \\ -2 \\ 3 \\ 1 \end{matrix} \right\}$

※ 다음 두 벡터가 직교하기 위한 조건을 구하라. [11 ~ 12]

11. $\{2 \quad k \quad 1\}, \{1 \quad 2 \quad 0\}$

12. $\begin{Bmatrix} 2 \\ -1 \\ 3 \end{Bmatrix}, \begin{Bmatrix} k \\ 2 \\ 1 \end{Bmatrix}$

※ 다음 두 벡터의 외적을 구하라. [13 ~ 16]

13. $\{2 \quad 3 \quad 0\}, \{1 \quad 2 \quad 0\}$

14. $\{2 \quad -2 \quad 1\}, \{-1 \quad 3 \quad -1\}$

15. $a = i - 2j + 3k, b = 2i + j - 2k$

16. $a = 3i + 2j + k, b = -i + 2j + 3k$

7.4 고유값 문제(EVP, Eigenvalue Problem)

7.4.1 선형대수학의 기본식 I에 대한 고유값(eigenvalue)과 고유벡터(eigenvector)

다음과 같은 선형대수학의 기본식 I을 검토해보자.

$$A X = \lambda X \tag{7.22}$$

여기서, A 는 정사각 행렬이고, 상태(state) $X = \{X_1 \quad X_2\}^T$ 라 할 때, 식 (7.22)를 변형하면

$$(A - \lambda I)X = O \tag{7.23}$$

이 된다. 해 X 가 0이 아닌 값(non-trivial solution)을 가지려면

$$\det(A - \lambda I) = 0 \tag{7.24}$$

을 만족하여야 하며, 이 식을 특성방정식(characteristic equation)이라 한다.

⟐ CORE 고유값과 고유벡터

행렬방정식 $A X = \lambda X$ 에서, 특성방정식 $\det(A - \lambda I) = 0$ 으로부터 고유값 $\lambda_1, \lambda_2, \cdots$ 과 각각의 고유값에 상응하는(corresponding) 고유벡터 $v_1, v_2, \cdots$ 을 구한다.

행렬 A 에 대한 모든 고유값의 집합을 행렬 A 의 스펙트럼(spectrum)이라 하며, 이 중 고유값의 크기가 가장 큰 것을 행렬 A 의 스펙트럼 반경(spectrum radius)이라 한다.

예제 7.9

행렬 $A = \begin{bmatrix} 2 & 3 \\ 1 & 4 \end{bmatrix}$ 라 할 때, $A\,X = \lambda\,X$ 를 만족하는 고유값과 이에 상응하는 고유벡터를 구하라.

풀이

특성방정식을 구하면 다음과 같다.

$$\det(A - \lambda\,I) = \det\left(\begin{bmatrix} 2 & 3 \\ 1 & 4 \end{bmatrix} - \lambda \begin{bmatrix} 1 & 0 \\ 0 & 1 \end{bmatrix} \right) = \begin{vmatrix} 2-\lambda & 3 \\ 1 & 4-\lambda \end{vmatrix} = 0$$

따라서

$$(2-\lambda)(4-\lambda) - 3 = 0$$

이다. 즉 $\lambda = 1,\ 5$ 가 구해진다.

i) 첫 번째 고유값 $\lambda_1 = 1$ 을 방정식 (7.23)에 대입하면

$$\begin{bmatrix} 1 & 3 \\ 1 & 3 \end{bmatrix} \begin{Bmatrix} X_1 \\ X_2 \end{Bmatrix} = \begin{Bmatrix} 0 \\ 0 \end{Bmatrix}$$

즉, $X_1 + 3X_2 = 0$ 이 되어 $X_1 = 1$ 일 때, $X_2 = -1/3$ 이 된다.

따라서, 첫 번째 고유벡터 $v_1 = \begin{Bmatrix} 1 \\ -1/3 \end{Bmatrix}$ 이다.

ii) 두 번째 고유값 $\lambda_2 = 5$ 를 방정식 (7.23)에 대입하면

$$\begin{bmatrix} -3 & 3 \\ 1 & -1 \end{bmatrix} \begin{Bmatrix} X_1 \\ X_2 \end{Bmatrix} = \begin{Bmatrix} 0 \\ 0 \end{Bmatrix}$$

즉, $X_1 - X_2 = 0$ 이 되어 $X_1 = 1$ 일 때, $X_2 = 1$ 이 된다.

따라서, 두 번째 고유벡터 $v_2 = \begin{Bmatrix} 1 \\ 1 \end{Bmatrix}$ 이다.

답 고유값 $\lambda_1 = 1$ 에서 고유벡터 $v_1 = \begin{Bmatrix} 1 \\ -1/3 \end{Bmatrix}$, 고유값 $\lambda_2 = 5$ 에서 고유벡터 $v_2 = \begin{Bmatrix} 1 \\ 1 \end{Bmatrix}$

7.4.2 선형대수학의 기본식 II에 대한 고유값과 고유벡터

이제 아래 식과 같이 표현되는 선형대수학의 기본식 II에 대해서 알아보자.

$$A X = \lambda B X \tag{7.25}$$

여기서, 상태 $X = \{X_1 \quad X_2\}^T$라 할 때, 식 (7.25)를 변형하면

$$(A - \lambda B)X = O \tag{7.26}$$

이 되며, 해 X 가 0이 아닌 값(non-trivial solution)을 가지려면 다음의 특성방정식을 만족하여야 한다.

$$\det(A - \lambda B) = 0 \tag{7.27}$$

식 (7.27)과 식 (7.26)을 이용하여 고유값 λ_1, λ_2, ⋯ 과 이에 상응하는 고유벡터 v_1, v_2, ⋯ 을 구할 수 있다.

⚙ **예제 7.10**

행렬 $A = \begin{bmatrix} 8 & -2 \\ -5 & 8 \end{bmatrix}$, $B = \begin{bmatrix} 1 & 0 \\ 0 & 2 \end{bmatrix}$라 할 때, $A X = \lambda B X$ 를 만족하는 고유값과 이에 상응하는 고유벡터를 구하라.

풀이

특성방정식은

$$\det(A - \lambda B) = \det\left(\begin{bmatrix} 8 & -2 \\ -5 & 8 \end{bmatrix} - \lambda \begin{bmatrix} 1 & 0 \\ 0 & 2 \end{bmatrix}\right) = \begin{vmatrix} 8-\lambda & -2 \\ -5 & 8-2\lambda \end{vmatrix} = 0$$

따라서, $(8-\lambda)(8-2\lambda) - 10 = 0$

이다. 즉, 고유값 $\lambda = 3, 9$이다.

i) 첫 번째 고유값 $\lambda_1 = 3$을 식 (7.26)에 대입하면

$$\begin{bmatrix} 8-3 & -2 \\ -5 & 8-2 \cdot 3 \end{bmatrix} \begin{Bmatrix} X_1 \\ X_2 \end{Bmatrix} = \begin{Bmatrix} 0 \\ 0 \end{Bmatrix}$$

즉, $5X_1 - 2X_2 = 0$이 되어 $X_1 = 1$일 때, $X_2 = 2.5$가 된다.

따라서, 첫 번째 고유벡터 $\mathbf{v}_1 = \begin{Bmatrix} 1 \\ 2.5 \end{Bmatrix}$이다.

ii) 두 번째 고유값 $\lambda_2 = 9$를 식 (7.26)에 대입하면

$$\begin{bmatrix} 8-9 & -2 \\ -5 & 8-2 \cdot 9 \end{bmatrix} \begin{Bmatrix} X_1 \\ X_2 \end{Bmatrix} = \begin{Bmatrix} 0 \\ 0 \end{Bmatrix}$$

즉, $-X_1 - 2X_2 = 0$이 되어 $X_1 = 1$일 때, $X_2 = -0.5$가 된다.

따라서, 두 번째 고유벡터 $\mathbf{v}_2 = \begin{Bmatrix} 1 \\ -0.5 \end{Bmatrix}$이다.

📄 고유값 $\lambda_1 = 3$에서 고유벡터 $\mathbf{v}_1 = \begin{Bmatrix} 1 \\ 2.5 \end{Bmatrix}$, 고유값 $\lambda_2 = 9$에서 고유벡터 $\mathbf{v}_2 = \begin{Bmatrix} 1 \\ -0.5 \end{Bmatrix}$

7.4.3 고유벡터의 정규화(normalization)

고유벡터 $\mathbf{v}$에 0 아닌 상수 c를 곱한 $c\mathbf{v}$도 식 (7.23) 또는 식 (7.26)을 만족하므로 여전히 고유벡터이다. 따라서 예제 7.10에서 얻은 첫 번째 고유벡터 $\mathbf{v}_1 = \{1 \quad 2.5\}^T$ 대신 $\mathbf{v}_1 = \dfrac{1}{\sqrt{29}} \{2 \quad 5\}^T$로 나타내도 되며, 두 번째 고유벡터 $\mathbf{v}_2 = \{1 \quad -0.5\}^T$ 대신 $\mathbf{v}_2 = \{-2 \quad 1\}^T$로 나타내도 무방하다.

이렇게 각 고유벡터에 0이 아닌 상수 c를 곱하여 고유벡터의 크기를 1로 만들거나, 또는 고유벡터 행렬의 대각항(diagonal term)을 1로 만드는 과정을 정규화(normalization)라 하며, 이러한 정규화 과정을 거친 고유벡터를 정규화 고유벡터(normalized eigenvector)라 한다.

정규화 고유벡터 중에서 가장 많이 쓰이는 방법은 각 고유벡터의 크기를 1로 만드는 것이며, 이를 단위 고유벡터(unit eigenvector)라 한다.

예제 7.11

다음 물음에 답하라.

(a) 고유벡터 $\mathbf{v} = \begin{bmatrix} 2 & 3 \\ 1 & -4 \end{bmatrix}$ 를 대각항이 1이 되도록 정규화하라.

(b) 고유벡터 $\mathbf{v} = \begin{bmatrix} 1 & 1 \\ 0.6 & -2 \end{bmatrix}$ 를 각 고유벡터의 크기가 1이 되도록 정규화하라.

풀이

(a) $\mathbf{v} = \begin{bmatrix} 2 & 3 \\ 1 & -4 \end{bmatrix}$ 에서 첫 번째 벡터는 $\begin{Bmatrix} 2 \\ 1 \end{Bmatrix}$ 이고, 두 번째 벡터는 $\begin{Bmatrix} 3 \\ -4 \end{Bmatrix}$ 이다.

첫 번째 벡터의 각 항을 2로 나누면 $\begin{Bmatrix} 1 \\ 0.5 \end{Bmatrix}$ 가 된다. 또한, 두 번째 벡터의 각 항을 -4로 나누면 $\begin{Bmatrix} -0.75 \\ 1 \end{Bmatrix}$ 이 된다. 즉,

$$\mathbf{v} = \begin{bmatrix} 1 & -0.75 \\ 0.5 & 1 \end{bmatrix}$$

이 된다.

(b) $\mathbf{v} = \begin{bmatrix} 1 & 1 \\ 0.6 & -2 \end{bmatrix}$ 에서 첫 번째 벡터는 $\begin{Bmatrix} 1 \\ 0.6 \end{Bmatrix}$ 이고, 두 번째 벡터는 $\begin{Bmatrix} 1 \\ -2 \end{Bmatrix}$ 이다.

첫 번째 벡터의 각 항을 이 벡터의 크기 $\sqrt{1^2 + 0.6^2}$ 으로 나누면 $\begin{Bmatrix} 0.8575 \\ 0.5145 \end{Bmatrix}$ 가 된다. 또한, 두 번째 벡터의 각 항을 이 벡터의 크기 $\sqrt{1^2 + (-2)^2}$ 으로 나누면 $\begin{Bmatrix} 0.4472 \\ -0.8944 \end{Bmatrix}$ 가 된다. 즉,

$$\mathbf{v} = \begin{bmatrix} 0.8575 & 0.4472 \\ 0.5145 & -0.8944 \end{bmatrix}$$

가 된다.

답 (a) $\mathbf{v} = \begin{bmatrix} 1 & -0.75 \\ 0.5 & 1 \end{bmatrix}$, (b) $\mathbf{v} = \begin{bmatrix} 0.8575 & 0.4472 \\ 0.5145 & -0.8944 \end{bmatrix}$

※ 다음 행렬을 행렬 A 라 할 때, $AX = \lambda X$ 를 만족하는 고유값과 이에 상응하는 고유벡터를 구하라. 단, 각 고유벡터는 대각항이 1이 되도록 정규화하라. [1 ~ 6]

1. $A = \begin{bmatrix} 2 & -1 \\ -1 & 2 \end{bmatrix}$

2. $A = \begin{bmatrix} 1 & 2 \\ -1 & 4 \end{bmatrix}$

3. $A = \begin{bmatrix} 3 & 1 \\ 2 & 4 \end{bmatrix}$

4. $A = \begin{bmatrix} \cos\theta & \sin\theta \\ -\sin\theta & \cos\theta \end{bmatrix}$

5. $A = \begin{bmatrix} 1 & 1 & 0 \\ 0 & 1 & 2 \\ 0 & 2 & 1 \end{bmatrix}$

6. $A = \begin{bmatrix} 1 & 0 & 2 \\ 0 & 1 & 2 \\ -1 & 2 & 0 \end{bmatrix}$

※ 다음 행렬 A, B 에 대하여, $AX = \lambda BX$ 를 만족하는 고유값과 이에 상응하는 고유벡터를 구하라. [7 ~ 10]

7. $A = \begin{bmatrix} 1 & 2 \\ 3 & 1 \end{bmatrix}$, $B = \begin{bmatrix} 1 & 0 \\ 0 & 2 \end{bmatrix}$

8. $A = \begin{bmatrix} 3 & -1 \\ -2 & 3 \end{bmatrix}$, $B = \begin{bmatrix} 2 & 0 \\ 0 & 1 \end{bmatrix}$

9. $A = \begin{bmatrix} 4 & -2 \\ -2 & 3 \end{bmatrix}$, $B = \begin{bmatrix} 1 & 0 \\ 0 & 2 \end{bmatrix}$

10. $A = \begin{bmatrix} 3 & -1 \\ -2 & 4 \end{bmatrix}$, $B = \begin{bmatrix} 2 & 0 \\ 0 & 3 \end{bmatrix}$

7.5 선형대수의 응용

선형대수는 공학뿐 아니라 물리학, 화학, 경제학 등 모든 학문에서 고루 응용되는
기초 학문이다.

7.5.1 정역학(statics) 문제

그림과 같이, 두 줄 OA와 OB로 연결된 점 O에 질량 m이 매달려 있다. 각 줄의
장력 T_1, T_2를 계산하라. 여기서 g는 중력가속도이다.

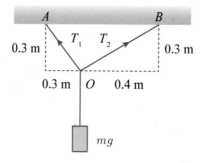

풀이

수평 방향의 평형방정식은

$$-T_1 \frac{1}{\sqrt{2}} + T_2 \frac{4}{5} = 0$$

수직 방향의 평형방정식은

$$-mg + T_1 \frac{1}{\sqrt{2}} + T_2 \frac{3}{5} = 0$$

두 수식을 행렬식으로 표현하면 다음과 같다.

$$\begin{bmatrix} -0.707 & 0.8 \\ 0.707 & 0.6 \end{bmatrix} \begin{Bmatrix} T_1 \\ T_2 \end{Bmatrix} = \begin{Bmatrix} 0 \\ mg \end{Bmatrix}$$

따라서

$$\begin{Bmatrix} T_1 \\ T_2 \end{Bmatrix} = \begin{bmatrix} -0.707 & 0.8 \\ 0.707 & 0.6 \end{bmatrix}^{-1} \begin{Bmatrix} 0 \\ mg \end{Bmatrix} = \begin{Bmatrix} 0.8082 \\ 0.7143 \end{Bmatrix} mg$$

답 $T_1 = 0.8082\,mg$, $T_2 = 0.7143\,mg$

7.5.2 전기회로(electric circuit) 문제

다음 회로는 5개의 저항과 2개의 인가 전압으로 구성되어 있다. 각 전류 방향이 그림의 방향이라 가정하고 각각의 전류를 계산하라. 단, $R_1 = 10\,\Omega$, $R_2 = 50\,\Omega$, $R_3 = 100\,\Omega$, $R_4 = 150\,\Omega$, $R_5 = 200\text{k}\,\Omega$, $E_1 = 100\,\text{V}$, $E_2 = 200\,\text{V}$ 이다.

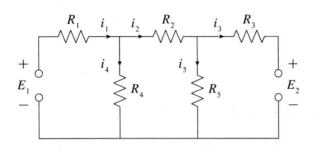

풀이

Kirchhoff의 전압법칙을 각 폐쇄회로에 적용하면 다음 식을 얻을 수 있다.

$$-E_1 + R_1 i_1 + R_4 i_4 = 0$$
$$-R_4 i_4 + R_2 i_2 + R_5 i_5 = 0$$
$$-R_5 i_5 + R_3 i_3 + E_2 = 0$$

또한 회로의 각 노드에 전하 보존법칙을 적용하면 다음 식을 얻을 수 있다.

$$i_1 = i_2 + i_4$$
$$i_2 = i_3 + i_5$$

이 두 방정식을 이용하여 구한 i_4, i_5를 처음 3개의 방정식에 대입하여 i_1, i_2, i_3의 식으로 나타내면 다음과 같다.

$$(R_1 + R_4)\,i_1 - R_4 i_2 = E_1$$
$$-R_4 i_1 + (R_2 + R_4 + R_5)\,i_2 - R_5 i_3 = 0$$
$$R_5 i_2 - (R_3 + R_5)\,i_3 = E_2$$

즉,

$$\begin{bmatrix} R_1 + R_4 & -R_4 & 0 \\ -R_4 & R_2 + R_4 + R_5 & -R_5 \\ 0 & R_5 & -(R_3 + R_5) \end{bmatrix} \begin{Bmatrix} i_1 \\ i_2 \\ i_3 \end{Bmatrix} = \begin{Bmatrix} E_1 \\ 0 \\ E_2 \end{Bmatrix}$$

수치를 대입하면

$$\begin{bmatrix} 160 & -150 & 0 \\ -150 & 200150 & -200000 \\ 0 & 200000 & -200100 \end{bmatrix} \begin{Bmatrix} i_1 \\ i_2 \\ i_3 \end{Bmatrix} = \begin{Bmatrix} 100 \\ 0 \\ 200 \end{Bmatrix}$$

따라서

$$\begin{Bmatrix} i_1 \\ i_2 \\ i_3 \end{Bmatrix} = \begin{bmatrix} 160 & -150 & 0 \\ -150 & 200150 & -200000 \\ 0 & 200000 & -200100 \end{bmatrix}^{-1} \begin{Bmatrix} 100 \\ 0 \\ 200 \end{Bmatrix} = \begin{Bmatrix} 0.4617 \\ -0.5227 \\ -0.5235 \end{Bmatrix}$$

답 $i_1 = 0.4617\,\mathrm{A}$, $i_2 = -0.5227\,\mathrm{A}$, $i_3 = -0.5235\,\mathrm{A}$, $i_4 = 0.9844\,\mathrm{A}$, $i_5 = 8 \times 10^{-4}\,\mathrm{A}$

7.5.3 진동학(vibration) 문제

자유 진동계의 운동방정식 $\mathrm{M}\ddot{\mathbf{x}} + \mathrm{K}\,\mathbf{x} = 0$ 에서 질량행렬 $\mathrm{M} = \begin{bmatrix} 1 & 0 \\ 0 & 2 \end{bmatrix}$, 강성행렬

$\mathrm{K} = \begin{bmatrix} 200 & -100 \\ -100 & 300 \end{bmatrix}$ 일 때, 고유진동수와 고유모드를 구하라.

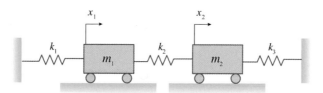

$$m_1 = 1\,\mathrm{kg},\ \ m_2 = 2\,\mathrm{kg}$$
$$k_1 = 100\,\mathrm{N/m},\ \ k_2 = 100\,\mathrm{N/m},\ \ k_3 = 200\,\mathrm{N/m}$$

풀이

주어진 운동방정식에 복소수 표기 $\mathrm{X} = \overline{\mathrm{X}}\,e^{i(\omega t - \phi)}$ 를 적용하면 다음과 같이 쓸 수 있다.

$$(\mathrm{K} - \omega^2 \mathrm{M})\,\mathrm{X} = 0$$

즉

$$\mathrm{K}\,\mathrm{X} = \omega^2 \mathrm{M}\,\mathrm{X}$$

이는 선형대수학의 기본 식 $A X = \lambda B X$ 와 같은 형태임을 알 수 있다. 따라서, 행렬 A, B 는 각각 행렬 K, M 으로 대체되며 고유값 λ 는 고유진동수의 제곱 ω^2 으로 대체될 수 있다.

따라서, 특성방정식 $\det(K - \omega^2 M) = (200 - \omega^2)(300 - 2\omega^2) - 100^2 = 0$

$$\omega_1^2 = 100, \ \omega_2^2 = 250$$

(i) $\omega_1^2 = 100$ (즉, $\omega_1 = 10 \ \mathrm{rad/s}$)

$$\begin{bmatrix} 200-100 & -100 \\ -100 & 300-2 \cdot 100 \end{bmatrix} \begin{Bmatrix} x_1 \\ x_2 \end{Bmatrix} = \begin{Bmatrix} 0 \\ 0 \end{Bmatrix}$$

$$100\,x_1 - 100\,x_2 = 0$$

따라서, $x_1 = 1$ 일 때 $x_2 = 1$ 이다.

즉, 고유모드 $v_1 = \begin{Bmatrix} 1 \\ 1 \end{Bmatrix}$ 이다.

이 고유모드는 x_1 이 1 만큼 이동할 때, x_2 가 같은 방향으로(동위상) 1 만큼 이동한다는 의미이다.

(ii) $\omega_2^2 = 250$ (즉, $\omega_2 = 15.81 \ \mathrm{rad/s}$)

$$\begin{bmatrix} 200-250 & -100 \\ -100 & 300-2 \cdot 250 \end{bmatrix} \begin{Bmatrix} x_1 \\ x_2 \end{Bmatrix} = \begin{Bmatrix} 0 \\ 0 \end{Bmatrix}$$

$$-50\,x_1 - 100\,x_2 = 0$$

따라서, $x_1 = 1$ 일 때 $x_2 = -0.5$ 이다.

즉, 고유모드 $v_2 = \begin{Bmatrix} 1 \\ -0.5 \end{Bmatrix}$

이 고유모드는 x_1 이 1 만큼 이동할 때, x_2 가 반대 방향으로(반대 위상) 0.5 만큼 이동한다는 의미이다.

답 $\omega_1 = 10 \ \mathrm{rad/s}$ 에서 $v_1 = \begin{Bmatrix} 1 \\ 1 \end{Bmatrix}$, $\omega_2 = 15.81 \ \mathrm{rad/s}$ 에서 $v_2 = \begin{Bmatrix} 1 \\ -0.5 \end{Bmatrix}$

1. 다음 회로는 4개의 저항과 하나의 인가전압으로 구성되어 있다. 각 전류 방향이 그림의 방향이라 가정하고 각각의 전류를 계산하라. 단, $R_1 = 30\,\Omega$, $R_2 = 50\,\Omega$, $R_3 = 100\,\Omega$, $E = 100\text{ V}$ 이다.

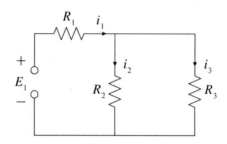

2. 다음 회로는 5개의 저항과 하나의 인가전압으로 구성되어 있다. 각 전류 방향이 그림의 방향이라 가정하고 각각의 전류를 계산하라. 단, $R_1 = 10\,\Omega$, $R_2 = 50\,\Omega$, $R_3 = 30\,\Omega$, $R_4 = 40\,\Omega$, $R_5 = 1\text{k}\Omega$, $E = 100\text{ V}$ 이다.

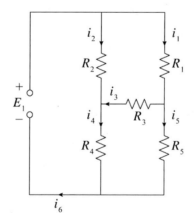

3. 자유진동계의 운동방정식 $M\ddot{x}+Kx=0$ 에서 질량행렬 $M=\begin{bmatrix} 1 & 0 \\ 0 & 1 \end{bmatrix}$, 강성행렬

   $K=\begin{bmatrix} 3 & -1 \\ -2 & 4 \end{bmatrix}$ 일 때, 고유진동수와 고유모드를 구하라.

4. 그림과 같은 비감쇠 2자유도계에서 $m_1 = m_2 = 1\,\mathrm{kg}$, $k_1 = k_2 = k_3 = 4\,\mathrm{N/m}$라 할 때, 고유진동수와 고유모드를 구하라.

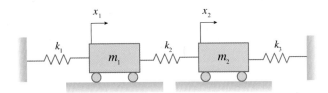

7.6* MATLAB의 활용 (*선택가능)

　MATLAB을 활용하면 행렬의 모든 계산, 즉, 행렬의 각종 연산, 행렬식(det.m), 역행렬(inv.m), 벡터의 크기(norm.m), 연립방정식의 해, 고유값과 고유벡터(eig.m) 등을 손쉽게 구할 수 있다.

M_prob 7.1 다음을 계산하라.

(a) $A = (a_{ij}) = \begin{bmatrix} 2 & 3 & -1 \\ 3 & -2 & 1 \end{bmatrix}$, $B = (b_{ij}) = \begin{bmatrix} -1 & 1 & 2 \\ 3 & 1 & -4 \end{bmatrix}$ 일 때, $2A + B$ 를 구하라.

풀이

```
a= [2 3 -1 ; 3 - 2 1]; b= [-1 1 2 ; 3 1 - 4];
2*a+b
```

답 $\begin{bmatrix} 3 & 7 & 0 \\ 9 & -3 & -2 \end{bmatrix}$

(b) $A = (a_{ij}) = \begin{bmatrix} 2 & 3 & -1 \\ 3 & -2 & 1 \end{bmatrix}$ 에 대한 전치 행렬을 구하라.

풀이

```
a= [2 3 -1 ; 3 - 2 1];
a'
```

답 $\begin{bmatrix} 2 & 3 \\ 3 & -2 \\ -1 & 1 \end{bmatrix}$

(c) $A = (a_{ij}) = \begin{bmatrix} 2 & 3 \\ 3 & -2 \end{bmatrix}$, $B = (b_{ij}) = \begin{bmatrix} -1 & 1 \\ 3 & 1 \end{bmatrix}$ 일 때 두 행렬의 곱 $A B$ 를 구하라.

풀이

```
a= [2 3 ; 3 - 2]; b=[-1 1 ; 3 1];
a*b
```

답 $\begin{bmatrix} 7 & 5 \\ -9 & 1 \end{bmatrix}$

(d) $A = \begin{bmatrix} 2 & 1 \\ 3 & 2 \\ 1 & -1 \end{bmatrix}$, $B = \begin{bmatrix} 1 & -1 & 3 \\ 3 & 2 & 1 \end{bmatrix}$ 일 때 두 행렬의 곱 $A\,B$ 를 구하라.

풀이

```
a= [2 1 ; 3 2 ; 1 - 1]; b=[1 - 1 3; 3 2 1];
a*b
```

답 $\begin{bmatrix} 5 & 0 & 7 \\ 9 & 1 & 11 \\ -2 & -3 & 2 \end{bmatrix}$

(e) $A = \begin{bmatrix} 2 & 1 & -3 \end{bmatrix}$ 의 크기(norm)를 계산하라.

풀이

% norm.m

```
a= [2 1 -3 ];
norm(a)
```

답 3.7417

M_prob 7.2 다음 행렬의 계수(rank)를 구하라.

$$A = \begin{bmatrix} 5 & 0 & 7 \\ 9 & 1 & 11 \\ -2 & -3 & 2 \end{bmatrix}$$

풀이

% rank.m

```
a= [5 0 7 ; 9 1 11 ; -2 - 3 2];
rank(a)
```

답 2

M_prob 7.3 다음을 계산하라.

(a) $A = \begin{bmatrix} 2 & 1 \\ 3 & -4 \end{bmatrix}$ 에 대한 행렬식을 계산하라.

> **풀이**

% det.m

```
a= [2 1 ; 3 -4]
det(a)
```

답 -11

(b) $A = \begin{bmatrix} 2 & 1 & 2 \\ 1 & 3 & 2 \\ 3 & -2 & 0 \end{bmatrix}$ 에 대한 행렬식을 계산하라.

> **풀이**

% det.m

```
a= [2 1 2 ; 1 3 2 ; 3 -2 0]
det(a)
```

답 -8

M_prob 7.4 다음 행렬의 역행렬을 계산하라.

(a) $B = \begin{bmatrix} 2 & 2 \\ 3 & 4 \end{bmatrix}$

(b) $A = \begin{bmatrix} 2 & 1 & 2 \\ 1 & 3 & 2 \\ 3 & -2 & 0 \end{bmatrix}$

> **풀이**

(a) % inv.m

```
b= [2 2 ; 3 4]
inv(b)
```

답 $\begin{bmatrix} 2 & -1 \\ -1.5 & 1 \end{bmatrix}$

(b) % inv.m

```
a= [2 1 2 ; 1 3 2 ; 3 -2 0]
inv(a)
```

$$
답 \begin{bmatrix} -0.5 & 0.5 & 0.5 \\ -0.75 & 0.75 & 0.25 \\ 1.375 & -0.875 & -0.625 \end{bmatrix}
$$

M_prob 7.5 다음 연립방정식의 해를 구하라.

$$
\begin{aligned}
3x + 2y + z &= 7 \\
x - y + 2z &= -1 \\
2x + y - z &= 6
\end{aligned}
$$

풀이

주어진 연립방정식을 행렬로 나타내면 다음과 같이 된다.

$$
\begin{bmatrix} 3 & 2 & 1 \\ 1 & -1 & 2 \\ 2 & 1 & -1 \end{bmatrix} \begin{Bmatrix} x \\ y \\ z \end{Bmatrix} = \begin{Bmatrix} 7 \\ -1 \\ 6 \end{Bmatrix} \text{(추가)}
$$

```
a= [3 2 1 ; 1 -1 2 ; 2 1 - 1]; b= [7 ; -1; 6];
x=inv(a)*b
```

$$
답 \quad x = 2, \; y = 1, \; z = -1
$$

M_prob 7.6 다음 연립방정식의 해를 구하라.

$$
\begin{aligned}
ax + by &= 1 \\
cx + dy &= 2
\end{aligned}
$$

풀이

　미지수를 포함한 수식인 경우에도 심볼릭(syms)을 지정함으로써, 연립방정식의 해를 구할 수 있다. 주어진 연립방정식을 행렬식으로 나타내면 다음과 같다.

$$
\begin{bmatrix} a & b \\ c & d \end{bmatrix} \begin{Bmatrix} x \\ y \end{Bmatrix} = \begin{Bmatrix} 1 \\ 2 \end{Bmatrix}
$$

```
syms a b c d
A=[a b ; c d]; B=[1 ; 2];
x=inv(A)*B
```

(MATLAB 결과)

```
x =
    d/(a*d - b*c) - (2*b)/(a*d - b*c)
    (2*a)/(a*d - b*c) - c/(a*d - b*c)
```

답 $x = \dfrac{d-2b}{ad-bc}$, $y = \dfrac{2a-c}{ad-bc}$

M_prob 7.7 다음 두 행렬의 내적을 구하라.

(a) $(2, \ -2, \ 1), (-1, \ 3, \ -1)$

(b) $\left\{ \begin{matrix} 2 \\ -1 \\ 3 \end{matrix} \right\}, \left\{ \begin{matrix} 0 \\ 2 \\ 1 \end{matrix} \right\}$

(a)
```
a= [2 -2 1]; b= [-1 3 -1];
x=a*b'
```

```
ans =
    -9
```

답 -9

(b)
```
a= [2 -1 3]'; b= [0 2 1]';
x=a'*b
```

```
ans =
    1
```

답 1

M_prob 7.8 다음 두 행렬의 외적을 구하라.

(a) $(1,\ 2,\ 0), (-1,\ 3,\ 0)$

(b) $a = 2i - 2j + k$, $b = i + 3j + 2k$

풀이

(a)
```
a= [1 2 0]; b= [-1 3 0];
x=cross(a, b)                          % cross.m 외적
```

```
x =
    0     0     5
```

답 $5\,k$

(b)
```
a= [2 -2 1]; b= [1 3 2];
x=cross(a, b)
```

```
x =
    -7    -3     8
```

답 $-7i - 3j + 8k$

M_prob 7.9 행렬 $A = \begin{bmatrix} 2 & 3 \\ 1 & 4 \end{bmatrix}$ 라 할 때, $A\,X = \lambda\,X$ 를 만족하는 고유값과 이에 상응하는 고유벡터를 구하라.

풀이

```
% eig.m
```

```
A=[2 3 ; 1 4];
[v, d]=eig(A)
```

(MATLAB 결과)

```
v = -0.9487    -0.7071
     0.3161    -0.7071
d =    1         0
       0         5
```

답 $\lambda_1 = 1$ 에서 $v_1 = \begin{Bmatrix} -0.9487 \\ 0.3161 \end{Bmatrix}$, $\lambda_2 = 5$ 에서 $v_2 = \begin{Bmatrix} -0.7071 \\ -0.7071 \end{Bmatrix}$

M_prob 7.10 행렬 $A = \begin{bmatrix} 8 & -2 \\ -5 & 8 \end{bmatrix}$, $B = \begin{bmatrix} 1 & 0 \\ 0 & 2 \end{bmatrix}$ 라 할 때, $A\,X = \lambda\,B\,X$ 를 만족하는 고유값과 이에 상응하는 고유벡터를 구하라.

풀이

```
% eig.m

a=[8 -2 ; -5 8]; b=[1 0 ; 0 2];
[v, d]=eig(a, b)
```

(MATLAB 결과)

```
v =      1    0.4
       -0.5    1
d =      9    0
         0    3
```

답 $\lambda_1 = 9$에서 $\mathbf{v}_1 = \begin{Bmatrix} 1 \\ -0.5 \end{Bmatrix}$, $\lambda_2 = 3$에서 $\mathbf{v}_2 = \begin{Bmatrix} 0.4 \\ 1 \end{Bmatrix}$

CHAPTER

8

Engineering Mathematics with MATLAB

벡터의 미분:

기울기, 발산, 회전

　벡터의 미분은 벡터함수와 그 함수의 변화율을 다루는 분야이다. 이는 동역학, 유체역학, 및 로봇공학, 전자기학 및 양자역학과 같은 물리학 및 공학에서 많이 활용된다.

　변위, 속도, 가속도, 각변위, 각속도, 각가속도, 힘, 모멘트(토크) 등과 같은 벡터함수의 도함수를 구하는 것이 벡터미분의 주요 개념이다. 또한, 발산과 회전은 벡터함수의 성질을 나타내는 중요한 개념이며, 발산은 벡터함수 값이 얼마나 분산되어 있는지를 나타내며, 회전은 벡터함수가 어느 방향으로 돌아가는지를 나타낸다.

　이 장에서는 벡터의 기본 연산, 벡터의 내적, 벡터의 외적, 스칼라 삼중적의 계산 및 의미(8.1절), 벡터함수의 도함수와 매개변수법 등(8.2절)을 학습하고, 특히, 스칼라 및 벡터함수의 세 가지 중요한 개념인, 방향도함수(8.3절), 발산과 회전(8.4절)을 배우게 된다.

　또한, MATLAB은 벡터미분을 다루는 데에도 유용한 도구이다. MATLAB을 이용하여 벡터함수와 그 도함수를 계산하고, MATLAB의 그래프 기능을 활용할 수 있다(8.5절).

8.1 벡터의 연산

스칼라(scalar)는 크기만을 나타내고, 방향을 나타내지 않는다. 이는 주로 질량, 길이, 주파수, 저항, 볼트와 같이 크기만을 고려하는 물리량들을 표현하는 데 사용된다. 스칼라의 크기가 얼마나 큰지, 작은지를 나타내는 것을 스칼라양이라 한다.

반면, 벡터(vector)는 크기와 방향을 함께 나타내는 양이다. 이는 힘(force), 변위(displacement), 속도(velocity), 가속도(acceleration), 모멘트(moment of force), 각변위(angular displacement), 각속도(angular velocity), 각가속도(angular acceleration) 등을 나타내는데 사용된다. 벡터량은 크기와 방향을 모두 고려하여 나타내는 것이다.

벡터에서 방향이 같고 크기가 같으면 동일한 벡터이며, 같은 방향으로 이동하거나 평행 이동하여도 같은 벡터이다. 또한, 벡터의 부호가 반대이면, 크기가 같지만 방향이 반대인 벡터가 된다.

벡터는 영문자를 볼드체로 표기하거나 글자 위나 아래에 화살표를 덧붙여서 표기한다. 벡터의 크기는 벡터 표시한 것에 절댓값 기호를 붙이거나 같은 문자를 이탤릭체로 표기한다

벡터의 표기 예 : A, $\vec{A}$, a, $\vec{a}$, $\overrightarrow{OA}$, $\overrightarrow{AB}$

벡터 크기의 표기 예 : $|A|$, $|\vec{A}|$, $|\overrightarrow{OA}|$, $|\overrightarrow{AB}|$

여기서, 그림 8.1에서 보는 바와 같이, 벡터 $\overrightarrow{OA}$는 원점(기준점) O에서 점 A까지의 벡터를 의미한다. 또한 벡터 $\overrightarrow{AB}$는 점 A에서 점 B까지의 벡터를 의미하며, 원점 O를 기준으로 표현하면 다음과 같다.

$$\overrightarrow{OA} + \overrightarrow{AB} = \overrightarrow{OB} \tag{8.1a}$$

$$\overrightarrow{AB} = \overrightarrow{OB} - \overrightarrow{OA} \tag{8.1b}$$

본 교재에서는 벡터는 굵은 고딕체로, 스칼라는 가는 이탤릭체로 나타내기로 한다.

예를 들어, A 는 벡터를 의미하며, A 는 스칼라를 의미한다.

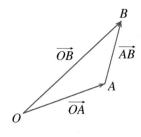

[그림 8.1] 벡터의 표기

8.1.1 단위벡터(unit vector)

단위벡터는 크기가 1이고 특정한 방향을 나타내는 벡터로서, 운동방향을 나타내는 것과 회전 방향을 나타내는 것이 있다.

(1) 이동 방향을 나타내는 단위벡터

직교좌표계(Cartesian coordinate system)에서 이동 방향을 나타내는 단위벡터는 다음과 같이 정의한다.

i : x축 방향을 가리키는 단위벡터

j : y축 방향을 가리키는 단위벡터

k : z축 방향을 가리키는 단위벡터

(2) 회전 방향을 나타내는 단위벡터

직교좌표계에서 회전 방향을 나타내는 단위벡터는 오른손 법칙에 따라 다음과 같이 정의한다.

i : x축을 중심으로 회전을 나타내는 단위벡터

j : y축을 중심으로 회전을 나타내는 단위벡터

k : z축을 중심으로 회전을 나타내는 단위벡터

> **검토**
>
> 직교좌표계의 단위벡터 i , j , k는 시간에 따라 그 크기와 방향이 변하지 않고 항상 일정하게 유지된다. 이들 벡터는 이동을 나타내는 경우가 있고, 회전을 나타내는 경우도 있다.

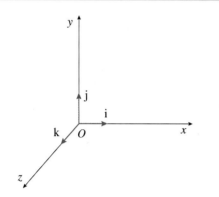

[그림 8.2] 이동 방향을 나타내는 단위벡터

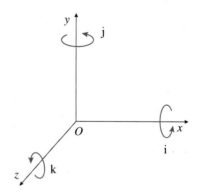

[그림 8.3] 회전 방향을 나타내는 단위벡터

8.1.2 단위벡터를 이용한 벡터의 표시방법

공간상의 임의의 벡터는 크기를 나타내는 스칼라와 각 방향에 대한 단위벡터와의 선형 결합(linear combination)으로 표현할 수 있다.

즉,

$$\mathbf{r} = x\mathbf{i} + y\mathbf{j} + z\mathbf{k}$$

여기서, x, y, z는 벡터 $\mathbf{r}$의 방향성분(components)이다.

8.1.3 벡터의 크기

벡터 A 의 크기(norm 또는 Euclidean norm)는 $|A|$, $|\overrightarrow{OA}|$ 등으로 표시하며 스칼라량이다. 벡터의 좌표성분이 $A = (A_x, A_y, A_z)$일 때, 벡터 A 의 크기는 각 좌표축이 서로 수직하므로 피타고라스 정리에 따라 다음과 같이 나타낼 수 있다.

$$|A| = A = \sqrt{A_x^2 + A_y^2 + A_z^2} \tag{8.2}$$

z
A_z
A
O
y
A_x
A_y
x

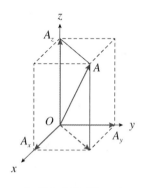

[그림 8.4] 벡터의 크기

8.1.4 벡터의 연산

벡터들을 더하거나 뺄 때는 수식적인 방법과 도식적인 방법을 사용할 수 있으며, 수식적인 방법은 각 벡터의 성분을 서로 수직인 방향의 성분으로 나누어 같은 방향의 성분끼리 계산한 후, 다시 합성하는 방법이다.

그림 8.5에서 보는 바와 같이, 벡터의 방향이 서로 다른 경우에는 삼각형법이나 평행사변형법을 사용하여 도식적으로 덧셈을 할 수 있다. 삼각형법은 벡터를 그림으로 나타내어 한 벡터의 끝점을 두 번째 벡터의 시작점으로 연결하여 세 번째 벡터를 만들어내고, 이를 삼각형의 변으로 생각하여 세 번째 벡터의 크기와 방향을 구하는 방법이다. 평행사변형법은 두 벡터를 평행사변형의 두 변으로 생각하여, 대각선을 그어 세 번째 벡터의 크기와 방향을 구하는 방법이다.

$$\text{덧셈}\quad \mathrm{A} + \mathrm{B} = \mathrm{R}\quad (\text{삼각형 덧셈 또는 평행사변형 덧셈}) \tag{8.3}$$

A
+
B
=
P = A + B
B
A
또는
B
P = A + B
A

[그림 8.5] 벡터의 덧셈

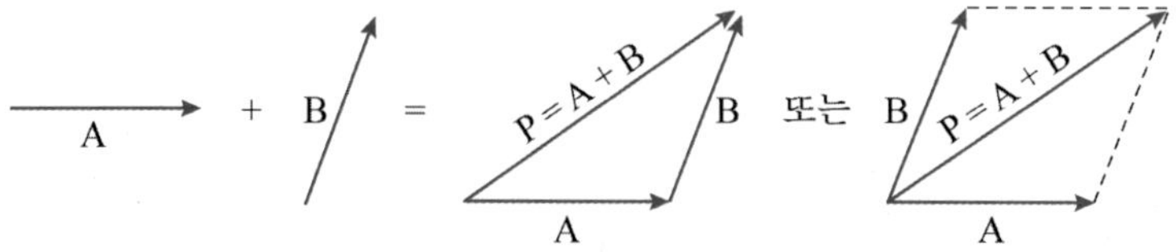

빼셈을 할 때에는 그림 8.6과 같이 빼고자 하는 벡터와 크기가 같고 방향이 반대인
벡터를 더한다. 어떤 벡터에 대한 음(−)의 벡터는 크기가 같고 방향이 반대인 벡터
를 의미한다. 벡터 B의 음의 벡터는 $−B$로 표시된다. 따라서, 벡터 빼셈을 하고자
할 때에는 벡터에 대한 음의 벡터를 더하는 것으로 계산할 수 있다.

$$\text{빼셈 } A - B = A + (-B) = R \qquad (8.4)$$

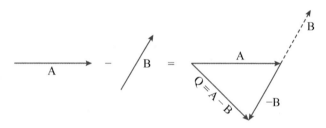

[그림 8.6] 벡터의 빼셈

수식적인 방법으로 두 벡터를 덧셈(또는 빼셈)을 할 때에는 같은 방향의 성분끼리
만 스칼라의 연산방법으로 계산한다.

예를 들어, 두 벡터의 성분이 $A = A_x i + A_y j + A_z k$, $B = B_x i + B_y j + B_z k$라 할
때, 벡터의 덧셈 또는 빼셈 연산은 같은 방향의 성분끼리만 스칼라의 연산방법으로
계산하며 다음과 같다.

$$A + B = (A_x + B_x)i + (A_y + B_y)j + (A_z + B_z)k$$
$$A - B = (A_x - B_x)i + (A_y - B_y)j + (A_z - B_z)k$$

벡터의 연산법칙은 다음과 같다.

$$A + B = B + A \qquad \text{(교환법칙)} \qquad (8.5a)$$
$$A + (B + C) = (A + B) + C \qquad \text{(결합법칙)} \qquad (8.5b)$$

$$A + 0 = 0 + A = A \qquad (8.5c)$$

$$A + (-A) = (-A) + A = 0 \qquad (8.5d)$$

여기서, 벡터 0은 영벡터(zero vector, null vector)라 부른다.

벡터 A와 스칼라 c의 곱은 cA로 표기하며 방향은 벡터 A와 동일하고 크기는 $c|A|$이다. 스칼라 c와 벡터 A의 곱셈 결과는 다음과 같으며 스칼라를 벡터의 각 방향 요소에 곱한 값이 된다.

$$cA = cA_x \mathbf{i} + cA_y \mathbf{j} + cA_z \mathbf{k}$$

그리고 벡터와 스칼라의 곱에서는 다음과 같은 연산법칙이 성립한다.

$$c(A + B) = cA + cB \qquad \text{(배분법칙)} \qquad (8.6)$$

8.1.5 벡터의 내적(內積, dot product 또는 inner product)

벡터 A와 벡터 B의 내적은 벡터 $A \cdot B$로 표현하며 계산 결과는 스칼라 값이 된다. 내적은 한 벡터를 다른 벡터 방향으로 투영시킨 크기와 다른 쪽 벡터의 크기를 곱한 값이다. 즉, 두 벡터의 내적을 계산하는 경우에는 두 벡터 성분 중 서로 같은 방향의 성분만 유효하다.

두 벡터가 이루는 사잇각을 θ라고 하면 다음과 같으며, 곱하는 순서를 바꾸어도 결과는 같다(교환법칙이 성립된다). 내적은 두 벡터가 이루는 사잇각에 따라 값이 달라지며, 두 벡터가 평행할수록 값이 커지고, 서로 직각이면 0이 된다.

$$A \cdot B = AB \cos\theta \qquad (8.7a)$$

$$A \cdot B = (A \cos\theta)B \qquad (8.7b)$$

$$A \cdot B = A(B \cos\theta) \qquad (8.7c)$$

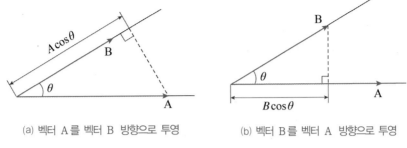

(a) 벡터 A를 벡터 B 방향으로 투영   (b) 벡터 B를 벡터 A 방향으로 투영

[그림 8.7] 벡터의 내적

단위벡터끼리의 내적의 결과를 알아보기 위하여 내적 연산의 식 (8.7)에 대입하여 보자. 같은 방향의 단위벡터끼리의 곱은 다음과 같은 방식으로 계산된다.

$$\mathbf{i} \cdot \mathbf{i} = 1 \cdot 1 \cos 0^\circ = 1$$

서로 다른 방향의 단위벡터는 직각을 이루므로 서로 다른 방향의 단위벡터끼리의 곱은 다음과 같은 방식으로 계산된다.

$$\mathbf{i} \cdot \mathbf{j} = 1 \cdot 1 \cos 90^\circ = 0$$

위에서 보는 바와 같이 단위벡터끼리의 내적의 결과는 스칼라이며, 서로 수직 방향의 두 단위벡터의 내적은 0이 되고, 동일한 두 단위벡터의 내적은 1이 된다. 즉, 서로 직교하는 단위벡터 $\mathbf{i}$, $\mathbf{j}$, $\mathbf{k}$의 내적 연산 결과는 다음과 같다.

$$\mathbf{i} \cdot \mathbf{i} = 1, \mathbf{j} \cdot \mathbf{j} = 1, \mathbf{k} \cdot \mathbf{k} = 1 \tag{8.8a}$$
$$\mathbf{i} \cdot \mathbf{j} = \mathbf{j} \cdot \mathbf{i} = 0, \mathbf{j} \cdot \mathbf{k} = \mathbf{k} \cdot \mathbf{j} = 0, \mathbf{i} \cdot \mathbf{k} = \mathbf{k} \cdot \mathbf{i} = 0 \tag{8.8b}$$

두 벡터의 내적을 계산할 때에는 두 벡터의 각 방향 성분을 나타내는 식을 전개하여 스칼라 성분은 스칼라 성분끼리 벡터 성분은 벡터 성분끼리 연산한다. 단위벡터 성분끼리의 연산은 단위벡터의 내적 연산법칙을 적용하면 된다.

예를 들어, 내적을 수행하고자 하는 두 벡터의 성분이 $\mathbf{A} = A_x\mathbf{i} + A_y\mathbf{j} + A_z\mathbf{k}$ 및 $\mathbf{B} = B_x\mathbf{i} + B_y\mathbf{j} + B_z\mathbf{k}$ 일 때, 두 벡터의 내적은 다음과 같이 표현할 수 있다.

$$\mathbf{A} \cdot \mathbf{B} = (A_x\mathbf{i} + A_y\mathbf{j} + A_z\mathbf{k}) \cdot (B_x\mathbf{i} + B_y\mathbf{j} + B_z\mathbf{k})$$

두 벡터의 요소들을 전개하면 다음과 같다.

$$\begin{aligned}
\mathbf{A} \cdot \mathbf{B} = \; & A_x B_x \, \mathbf{i} \cdot \mathbf{i} + A_x B_y \, \mathbf{i} \cdot \mathbf{j} + A_x B_z \, \mathbf{i} \cdot \mathbf{k} \\
+ \; & A_y B_x \, \mathbf{j} \cdot \mathbf{i} + A_y B_y \, \mathbf{j} \cdot \mathbf{j} + A_y B_z \, \mathbf{j} \cdot \mathbf{k} \\
+ \; & A_z B_x \, \mathbf{k} \cdot \mathbf{i} + A_z B_y \, \mathbf{k} \cdot \mathbf{j} + A_z B_z \, \mathbf{k} \cdot \mathbf{k}
\end{aligned}$$

단위벡터의 내적 연산을 적용하면 다음과 같다.

$$\begin{aligned}
\mathbf{A} \cdot \mathbf{B} = \; & A_x B_x \cdot 1 + A_x B_y \cdot 0 + A_x B_z \cdot 0 \\
+ \; & A_y B_x \cdot 0 + A_y B_y \cdot 1 + A_y B_z \cdot 0 \\
+ \; & A_z B_x \cdot 0 + A_z B_y \cdot 0 + A_z B_z \cdot 1
\end{aligned}$$

정리하면 두 벡터의 내적은 다음과 같다.

$$\mathbf{A} \cdot \mathbf{B} = A_x B_x + A_y B_y + A_z B_z \tag{8.9}$$

위의 결과에서 알 수 있는 바와 같이 서로 수직한 성분은 0이므로 서로 같은 방향의 벡터의 내적 성분만 유효하다.

🧩 CORE 두 벡터의 내적 $\mathbf{A} \cdot \mathbf{B}$

$\mathbf{A} = A_x\mathbf{i} + A_y\mathbf{j} + A_z\mathbf{k}$ 와 $\mathbf{B} = B_x\mathbf{i} + B_y\mathbf{j} + B_z\mathbf{k}$ 일 때, 두 벡터의 내적은 다음과 같다.

$$\begin{aligned}
\mathbf{A} \cdot \mathbf{B} &= (A_x, A_y, A_z) \cdot (B_x, B_y, B_z) \\
&= A_x B_x + A_y B_y + A_z B_z
\end{aligned} \tag{8.9반복}$$

만약, 같은 벡터끼리의 내적 연산을 수행하면 같은 방향의 성분만 유효하므로 결과는 다음과 같다.

$$\mathbf{A} \cdot \mathbf{A} = A_x^2 + A_y^2 + A_z^2 \qquad (8.10)$$

벡터의 내적 연산을 할 때 성립하는 연산법칙은 다음과 같다.

$$\mathbf{A} \cdot \mathbf{B} = \mathbf{B} \cdot \mathbf{A} \qquad \text{(교환법칙)} \qquad (8.11a)$$
$$\mathbf{A} \cdot (\mathbf{B} + \mathbf{C}) = \mathbf{A} \cdot \mathbf{B} + \mathbf{A} \cdot \mathbf{C} \qquad \text{(분배법칙)} \qquad (8.11b)$$

 예제 8.1

다음을 계산하라.

(a) $\mathbf{A} = 2\mathbf{i} - 3\mathbf{j}$, $\mathbf{B} = \mathbf{i} + 2\mathbf{j}$ 에서 두 벡터의 내적 $\mathbf{A} \cdot \mathbf{B}$ 는?

(b) 두 벡터 $\mathbf{A} = 3\mathbf{i} - 4\mathbf{j}$, $\mathbf{B} = \mathbf{i} - 2\mathbf{j}$ 가 이루는 사잇각은?

풀이

(a) $\mathbf{A} \cdot \mathbf{B} = (2\mathbf{i} - 3\mathbf{j}) \cdot (\mathbf{i} + 2\mathbf{j}) = 2 \cdot 1 + (-3) \cdot 2 = -4$

(b) $\mathbf{A} \cdot \mathbf{B} = |\mathbf{A}||\mathbf{B}|\cos\theta$ 에서

$$(3\mathbf{i} - 4\mathbf{j}) \cdot (1\mathbf{i} - 2\mathbf{j}) = \sqrt{3^2 + (-4)^2} \cdot \sqrt{1^2 + (-2)^2} \cos\theta$$
$$3 \cdot 1 + (-4) \cdot (-2) = 5 \cdot \sqrt{5} \cos\theta$$

답 (a) -4, (b) $\theta = 10.3°$

8.1.6 내적의 응용

일정한 힘(force, [N]) $\mathbf{F}$ 가 한 일(work, [J])은 다음과 같이 힘 $\mathbf{F}$ 와 이동 변위(displacement, [m]) $\mathbf{d}$ 의 내적으로 정의된다. 일은 내적의 결과이므로, 스칼라이다.

$$W = \mathbf{F} \cdot \mathbf{d} = |\mathbf{F}| |\mathbf{d}| \cos\theta \tag{8.12}$$

즉, 힘의 크기 $|\mathbf{F}|$, 변위의 크기 $|\mathbf{d}|$와 두 벡터 $\mathbf{F}$와 $\mathbf{d}$의 사잇각 θ의 코싸인의 곱으로 계산된다. 사잇각 $\theta < 90°$이면 양의 일($W > 0$)을 하며, 사잇각 $\theta = 90°$, 즉, 두 벡터 $\mathbf{F}$와 $\mathbf{d}$가 직교하면 일은 0이다. 사잇각 $\theta > 90°$이면 음의 일($W < 0$)을 한다.

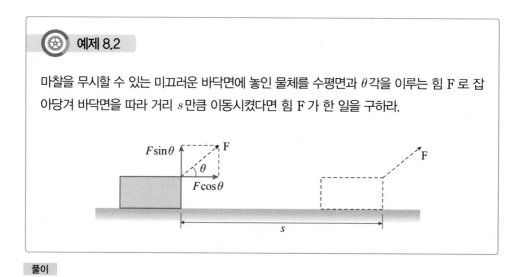

⚙ 예제 8.2

마찰을 무시할 수 있는 미끄러운 바닥면에 놓인 물체를 수평면과 θ각을 이루는 힘 $\mathbf{F}$로 잡아당겨 바닥면을 따라 거리 s만큼 이동시켰다면 힘 $\mathbf{F}$가 한 일을 구하라.

풀이

$$\mathbf{F} \cdot \mathbf{s} = F\cos\theta \cdot s = Fs\cos\theta$$

답 $Fs\cos\theta$ [J]

8.1.7 벡터의 외적(外積, cross product 또는 outer product)

벡터 $\mathbf{A}$와 벡터 $\mathbf{B}$의 외적은 벡터 $\mathbf{A} \times \mathbf{B}$로 표현되며 그 연산결과는 벡터이다. 벡터 $\mathbf{A}$와 벡터 $\mathbf{B}$가 이루는 사잇각이 θ라면 두 벡터의 외적의 크기는 다음과 같다.

$$|\mathbf{A} \times \mathbf{B}| = AB\sin\theta \tag{8.13}$$

여기서, θ는 두 벡터가 이루는 각 중, 작은 것으로 하며, $0°$에서 $180°$ 사이의 값이다. 그림 8.8(a)에서 $B\sin\theta$는 벡터 A에 수직한 방향으로의 벡터 B의 성분이다. 그리고 벡터 A×B의 크기는 벡터 A의 크기와 이 성분의 곱이다. 또한 그림 8.8(b)에서 벡터 A×B의 크기는 벡터 A에 수직한 방향으로의 벡터 A의 성분 $A\sin\theta$와 벡터 B의 크기의 곱이 된다.

따라서, 벡터 A×B의 크기는 벡터 A와 벡터 B가 이루는 평행사변형의 면적과 같다.

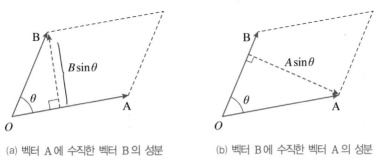

(a) 벡터 A에 수직한 벡터 B의 성분   (b) 벡터 B에 수직한 벡터 A의 성분

[그림 8.8] 벡터의 외적 크기

두 벡터 A와 벡터 B의 외적 C = A×B에서 벡터 C의 방향은 오른손 법칙에 따라 정해진다. 즉, 그림 8.9에서와 같이, 벡터 A와 벡터 B가 이루는 평면 위에서 벡터 A를 회전시켜 벡터 B와 일치시키도록 회전하는 방향과, 이 평면에 수직한 축을 오른손으로 잡고 엄지를 제외한 나머지 손가락들이 축을 감싸는 방향과 서로 일치하도록 잡은 후, 엄지손가락을 축에 평행하도록 펴면 엄지손가락이 향하는 방향이 두 벡터의 외적 A×B의 방향이 된다.

즉, 두 벡터의 외적의 결과, 벡터가 향하는 방향은 두 벡터가 이루는 평면에 수직한 벡터의 방향과 같다.

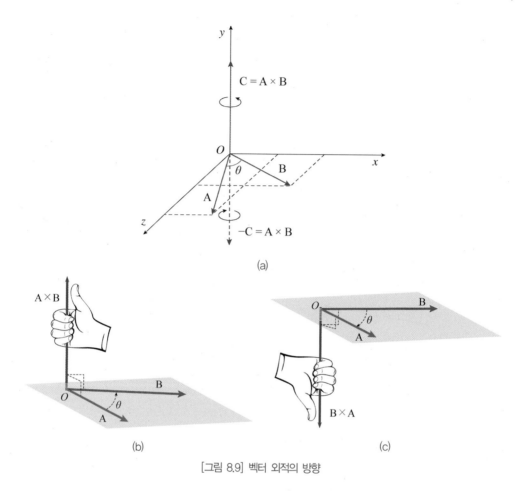

[그림 8.9] 벡터 외적의 방향

단위벡터끼리 외적의 결과를 알아보기 위하여 외적 연산의 크기 계산식 (8.11)과 오른손 법칙을 사용하여 보자. 서로 다른 방향의 단위벡터는 직각을 이루므로 서로 다른 방향의 단위벡터끼리의 곱은 다음과 같은 방식으로 계산된다.

$$|i \times j| = 1 \cdot 1 \sin 90° = 1$$

x축(i 방향)을 y축(j 방향)에 일치시키기 위하여 회전하여야 할 축의 방향은 z축의 회전 방향 즉, k 방향이다.

같은 방향의 단위벡터끼리의 곱은 다음과 같은 방식으로 계산된다.

$$|i \times i| = 1 \cdot 1 \sin 0^\circ = 0$$

위에서 보는 바와 같이 단위벡터끼리의 외적을 할 때 서로 같은 방향의 두 단위벡터의 외적은 0이 되며, 서로 다른 방향의 두 단위벡터의 외적은 크기가 1이고, 방향은 오른손(right-handed) 법칙에 따라 결정된다. 서로 직교하는 단위벡터 i, j, k에 대한 단위벡터의 연산 결과는 다음과 같다.

$$
\begin{aligned}
&i \times j = k, \quad j \times k = i, \quad k \times i = j, \\
&j \times i = -k, \quad k \times j = -i, \quad i \times k = -j, \\
&i \times i = 0, \quad j \times j = 0, \quad k \times k = 0
\end{aligned}
\tag{8.14}
$$

윗 식을 유도하는 데 외적 연산을 하는 두 벡터는 이동 방향을 나타내는 단위벡터이고 결과 벡터는 회전 방향을 나타내는 단위벡터로서 나타내었다.

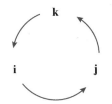

[그림 8.10] 외적의 방향부호

그림 8.10은 외적의 방향부호를 알려주는 그림으로, 그림에 나타나있는 방향으로 두 벡터를 외적하면 결과의 부호는 양이 되며, 반대방향으로 외적하면 결과의 부호가 음이 된다.

위의 결과는 거리와 힘의 외적으로 모멘트를 구할 때도 쓰이며, 각속도와 거리벡터의 외적으로 속도를 구할 때에도 적용할 수 있다. 즉, 회전 방향을 나타내는 단위벡터와 이동 방향을 나타내는 단위벡터를 외적한 결과는 이동 방향을 나타내는 단위벡터로 나타난다.

두 벡터의 외적을 연산할 때에는 두 벡터의 각 방향 성분을 나타내는 식을 전개하여 스칼라 성분은 스칼라 성분끼리 계산하고 벡터성분은 벡터성분끼리 연산한다. 단위벡터 성분끼리의 연산은 단위벡터의 외적 연산법칙을 적용하면 된다.

외적을 수행하고자 하는 두 벡터의 성분이 $A = A_x i + A_y j + A_z k$, $B = B_x i + B_y j + B_z k$라 할 때, 두 벡터의 외적은 다음과 같이 표현할 수 있다.

$$A \times B = (A_x i + A_y j + A_z k) \times (B_x i + B_y j + B_z k)$$

두 벡터의 요소들을 전개하면 다음과 같다.

$$\begin{aligned}
A \times B = {} & A_x B_x \, i \times i + A_x B_y \, i \times j + A_x B_z \, i \times k \\
& + A_y B_x \, j \times i + A_y B_y \, j \times j + A_y B_z \, j \times k \\
& + A_z B_x \, k \times i + A_z B_y \, k \times j + A_z B_z \, k \times k
\end{aligned}$$

단위벡터의 외적 연산법칙을 적용하면 같은 방향의 벡터성분끼리의 곱은 0이 되며 다음과 같다.

$$\begin{aligned}
A \times B = {} & A_x B_x \cdot 0 + A_x B_y \, k + A_x B_z \, (-j) \\
& + A_y B_x \, (-k) + A_y B_y \cdot 0 + A_y B_z \, i \\
& + A_z B_x \, j + A_z B_y \, (-i) + A_z B_z \cdot 0
\end{aligned}$$

정리하면 두 벡터의 외적은 다음과 같다.

$$A \times B = (A_y B_z - A_z B_y) \, i + (A_z B_x - A_x B_z) \, j + (A_x B_y - A_y B_x) \, k \qquad \text{(8.15)}$$

위와 같은 결과를 다음과 같은 행렬식으로 표현할 수도 있다.

CORE   **두 벡터의 외적** $A \times B$

두 벡터의 외적은 다음과 같다.

$$A \times B = \begin{vmatrix} i & j & k \\ A_x & A_y & A_z \\ B_x & B_y & B_z \end{vmatrix} = i\begin{vmatrix} A_y & A_z \\ B_y & B_z \end{vmatrix} - j\begin{vmatrix} A_x & A_z \\ B_x & B_z \end{vmatrix} + k\begin{vmatrix} A_x & A_y \\ B_x & B_y \end{vmatrix} \qquad (8.16)$$

같은 원리가 단위 벡터의 곱에서 뿐만 아니라 벡터의 곱에도 적용할 수 있다. 동일한 두 벡터끼리의 곱은 같은 방향 벡터끼리의 곱이 되므로 0이 된다.

연산의 순서를 바꾸면 결과가 달라진다(교환법칙이 성립되지 않는다). 즉, 곱하는 순서를 반대로 하면 크기는 같지만 방향이 반대로 된다. 또한 분배법칙이 성립하며 스칼라는 곱하는 순서와 관계없다.

$$A \times B = -B \times A \qquad (8.17a)$$

$$A \times (B+C) = A \times B + A \times C \qquad \text{(배분법칙)} \qquad (8.17b)$$

$$m(A \times B) = (mA) \times B = A \times (mB) = (A \times B)m \qquad \text{(실수 } m) \qquad (8.17c)$$

⚙ **예제 8.3**

두 벡터 $A = 3i - 4j$, $B = i + 2j$ 일 때, 두 벡터의 외적 $A \times B$를 구하고, 두 벡터가 이루는 평행사변형의 면적을 구하라.

풀이

$$A \times B = (3i - 4j) \times (i + 2j)$$
$$= 3 \cdot 1\ i \times i + 3 \cdot 2\ i \times j + (-4) \cdot 1\ j \times i + (-4) \cdot 2\ j \times j = 10k$$

평행사변형의 면적은 두 벡터의 외적 크기와 같으므로 $|10k| = 10$이 된다.

답 외적: $10\,k$, 면적: 10

예제 8.4

공간상의 두 벡터 $a = i - 2j + 3k$, $b = 2i + j - k$ 가 이루는 평행사변형의 면적을 구하고, 이 평행사변형에 수직인 단위벡터를 구하라.

풀이

외적 $a \times b = \begin{vmatrix} i & j & k \\ 1 & -2 & 3 \\ 2 & 1 & -1 \end{vmatrix}$

$$= i \begin{vmatrix} -2 & 3 \\ 1 & -1 \end{vmatrix} - j \begin{vmatrix} 1 & 3 \\ 2 & -1 \end{vmatrix} + k \begin{vmatrix} 1 & -2 \\ 2 & 1 \end{vmatrix} = -i + 7j + 5k$$

외적의 크기는 $\sqrt{1^2 + 7^2 + 5^2} = \sqrt{75} = 5\sqrt{3}$ 이므로 평행사변형의 넓이는 $5\sqrt{3}$ 이다.

또한, 평행사변형에 수직인 단위 벡터는 $\pm \dfrac{1}{5\sqrt{3}}(-i + 7j + 5k)$ 이다.

📋 $5\sqrt{3}$, $\pm \dfrac{\sqrt{3}}{15}(-i + 7j + 5k)$

8.1.8 외적의 응용

🧩 CORE   **힘의 모멘트**

역학(mechanics) 문제에 있어서, 힘의 모멘트(moment of force, torque, [Nm])는 다음과 같이 변위 d와 힘 F 의 외적으로 정의된다.

$$M_O = d_O \times F \tag{8.18}$$

여기서, d_O는 기준점 O로부터의 변위를 의미하며, M_O는 기준점 O에 대한 힘의 모멘트를 의미한다.

예제 8.5

다음의 구조물에 100 N의 힘이 작용하는 경우 점 O에 대한 모멘트를 구하라.

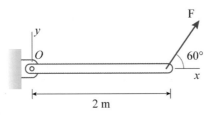

풀이

$M_O = d_O \times F$ 에서

$\qquad = 2i \times 100(\cos60°i + \sin60°j) = 173.2k \, Nm$

답 $173.2 \, Nm$

CORE   원주 속도

원운동을 하는 물체의 원주 속도 v(velocity, [m/s])는 다음과 같이 외적 형태로 표현된다.

$$v = \omega \times r \qquad (8.19)$$

여기서, ω는 회전각속도(angular velocity, [rad/s]), r([m])은 회전중심으로부터 물체까지의 변위이다.

예제 8.6

시계방향으로 3 rad/s의 각속도로 회전하는 막대에서 중심 O로부터 우측으로 2 m만큼 떨어진 막대 끝 점 A의 속도를 구하라.

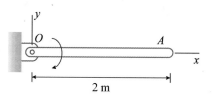

풀이

$$\mathbf{v} = \omega \times \mathbf{r} = (-3\mathbf{k}) \times (2\mathbf{i}) = -6\mathbf{j}$$

답 6 m/s ↓

8.1.9 스칼라 삼중적

> **CORE 스칼라 삼중적**
>
> 세 벡터 A, B, C의 스칼라 삼중적(scalar triple product)은 (A B C)로 표기하며, 다음과 같이 정의한다. 그 계산 결과는 스칼라이다.
>
> $$(\text{A B C}) = \text{A} \cdot (\text{B} \times \text{C}) \tag{8.20}$$

식 (8.19)에서, B×C의 크기는 두 벡터 B, C가 이루는 평행사변형의 면적이고, B×C의 방향은 두 벡터 B, C가 이루는 면의 수직 방향이다. 벡터 A와 벡터 B×C의 내적 결과는 두 벡터 B, C가 이루는 평행사변형의 면적에 벡터 A를 벡터 B×C의 방향에 투영한 길이, 즉 $|\text{A}|\cos\theta$(그림 8.11에서 높이 h에 해당)를 곱한 값이 된다. 따라서, 스칼라 삼중적의 크기 $|(\text{A B C})|$는 세 개 벡터 A, B, C가 이루는 평행육면체의 부피(체적, volume)가 된다.

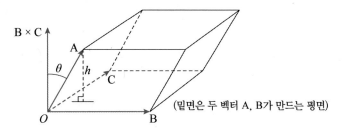

[그림 8.11] 스칼라 삼중적의 기하학적 해석

예제 8.7

세 벡터 A, B, C로 만들어지는 사면체의 부피를 구하라.

$$A = (2, \ 1, \ 0), \ B = (1, \ 0, \ 3), \ C = (0, \ 2, \ 2)$$

풀이

삼중적 $(A \ B \ C) = A \cdot (B \times C)$이므로,

먼저 $B \times C = \begin{vmatrix} i & j & k \\ 1 & 0 & 3 \\ 0 & 2 & 2 \end{vmatrix} = -6i - 2j + 2k$

$$A \cdot (B \times C) = (2, \ 1, \ 0) \cdot (-6, \ -2, \ 2) = -14$$

세 벡터 A, B, C로 만들어지는 평행육면체의 부피는 14이다.

따라서, 세 벡터 A, B, C로 만들어지는 사면체의 부피는 평행육면체 부피의 $\dfrac{1}{6}$이므로 $\dfrac{7}{3}$이다.

답 $\dfrac{7}{3}$

※ 다음 두 벡터의 내적 A · B 을 구하고, 두 벡터의 사잇각을 계산하라. [1 ~ 6]

1. $A = i + 2j$, $B = 2i - 2j$

2. $A = i - 3j$, $B = 3i + j$

3. $A = i - 2j + 3k$, $B = 3i - 2j - k$

4. $A = i + 3j + 2k$, $B = 4i - 3k$

5. $A = (3, -2)$, $B = (2, 3)$

6. $A = (2, 1, -2)$, $B = (0, 1, 2)$

※ 다음 두 벡터가 이루는 평행사변형의 면적을 구하라. [7 ~ 12]

7. $A = i + 2j$, $B = 3i - 2j$

8. $A = i - 3j$, $B = 3i + j$

9. $A = i - 2j + 3k$, $B = 3i - j - k$

10. $A = -i + 3j + 2k$, $B = 2i - 3k$

11. $A = (-2, 3, 1)$, $B = (2, 1, 1)$

12. $A = (3, 1, -2)$, $B = (0, 1, 2)$

※ 다음 세 벡터 A, B, C 로 만들어지는 평행육면체의 부피를 구하라. [13 ~ 16]

13. $A = (2, 0, 0)$, $B = (0, 3, 0)$, $C = (0, 0, 4)$

14. $A = (1, 3, 0)$, $B = (0, -1, 2)$, $C = (2, 0, 3)$

15. $A = i - 2j + 3k$, $B = 3i - j - k$, $C = 2i + j + 2k$

16. $A = -i + 2j + k$, $B = 2i - 2j + 3k$, $C = i + 2k$

※ 다음 세 벡터 A, B, C 로 만들어지는 사면체의 부피를 구하라. [17 ~ 18]

17. $A = (3, 0, 0), B = (0, 1, 0), C = (0, 0, 2)$

18. $A = i + 2j + 3k, B = 2i + k, C = i + 2j$

※ 다음 물음에 답하라. [19 ~ 24]

19. 꼭짓점의 좌표가 $A(1, 2, 0), B(5, -1, 0), C(3, 4, 0)$인 삼각형 ABC의 면적을 구하라.

20. 꼭짓점의 좌표가 $A(2, 3, 1), B(3, -1, 2), C(1, 2, 0)$인 삼각형 ABC의 면적을 구하라.

21. 꼭짓점의 좌표가 $A(1, 2, 0), B(5, -1, 0), C(7, 1, 0), D(3, 4, 0)$인 평행사변형 $ABCD$의 면적을 구하라.

22. 꼭짓점의 좌표가 $A(2, 2, 1), B(3, 0, 2), C(2, 1, 0), D(1, 3, -1)$인 평행사변형 $ABCD$의 면적을 구하라.

23. 꼭짓점의 좌표가 $A(2, 0, 0), B(2, 3, 0), C(0, 3, 0), D(0, 0, 4)$인 사면체 $ABCD$의 부피를 구하라.

24. 꼭짓점의 좌표가 $A(2, 2, 1), B(3, 0, 2), C(2, 3, 8), D(1, 3, -1)$인 사면체 $ABCD$의 부피를 구하라.

8.2 벡터함수와 스칼라함수의 도함수, 벡터함수의 방향

8.2.1 벡터함수(vector function)와 스칼라함수(scalar function)

먼저, 벡터함수(vector function) $\mathbf{r}$ 과 스칼라함수(scalar function) f 에 대하여 알아보기로 하자.

🧩 CORE   벡터함수

점 P 가 영역 내의 한 점이라 할 때, 벡터함수(vector function) $\mathbf{r}$ 은 점 P 의 함수로서, 다음과 같이 정의한다.

$$\mathbf{r} = \mathbf{r}(P) = \{x(P),\, y(P),\, z(P)\} = x(P)\mathbf{i} + y(P)\mathbf{j} + z(P)\mathbf{k} \qquad (8.21)$$

반면에 스칼라함수 f 는 다음과 같이 스칼라 형태로 정의한다.

$$f = f(P) \qquad\qquad (8.22)$$

벡터함수 $\mathbf{r} = \mathbf{r}(P)$ 와 스칼라함수 $f = f(P)$ 는 점 P 에 따라 변하는 함수이며, 벡터함수가 나타내는 영역을 벡터장(vector field), 스칼라함수가 나타내는 영역을 스칼라장(scalar field)이라 한다. 벡터장에는 접선벡터장, 법선벡터장, 속도장 등이 있으며, 스칼라장에는 온도장, 압력장, 에너지장 등이 있다.

8.2.2 연쇄법칙(chain rule)

스칼라함수 $f = f(x, y)$ 가 xy 평면영역에서 연속이며, 연속인 도함수(derivative)를 가지고, x, y 는 각각 변수 u, v 로 나타난다고 한다면, 즉, $x = x(u, v)$, $y = y(u, v)$ 라 할 때, 스칼라함수의 편도함수(partial derivative) $\dfrac{\partial f}{\partial u}$, $\dfrac{\partial f}{\partial v}$ 는 다음 식

으로 정리된다.

$$\frac{\partial f}{\partial u} = \frac{\partial f}{\partial x}\frac{\partial x}{\partial u} + \frac{\partial f}{\partial y}\frac{\partial y}{\partial u} \tag{8.23a}$$

$$\frac{\partial f}{\partial v} = \frac{\partial f}{\partial x}\frac{\partial x}{\partial v} + \frac{\partial f}{\partial y}\frac{\partial y}{\partial v} \tag{8.23b}$$

또한, 스칼라함수 $f = f(x, y, z)$가 xyz 공간영역에서 연속이며, 연속인 1차도함수를 가지고, x, y, z를 각각 변수 u, v로 나타낸다고 한다면, 즉, $x = x(u, v)$, $y = y(u, v)$, $z = z(u, v)$라 할 때, 스칼라함수의 편도함수 $\dfrac{\partial f}{\partial u}$, $\dfrac{\partial f}{\partial v}$ 는 다음 식으로 정리된다.

$$\frac{\partial f}{\partial u} = \frac{\partial f}{\partial x}\frac{\partial x}{\partial u} + \frac{\partial f}{\partial y}\frac{\partial y}{\partial u} + \frac{\partial f}{\partial z}\frac{\partial z}{\partial u} \tag{8.24a}$$

$$\frac{\partial f}{\partial v} = \frac{\partial f}{\partial x}\frac{\partial x}{\partial v} + \frac{\partial f}{\partial y}\frac{\partial y}{\partial v} + \frac{\partial f}{\partial z}\frac{\partial z}{\partial v} \tag{8.24b}$$

⊛ 예제 8.8

$f = f(x, y) = x^2 + 2y^2$에서 $x = r\cos\theta$, $y = r\sin\theta$로 표현될 때, $\dfrac{\partial f}{\partial r}$ 와 $\dfrac{\partial f}{\partial \theta}$ 를 각각 계산하라.

풀이

$$\frac{\partial f}{\partial r} = \frac{\partial f}{\partial x}\frac{\partial x}{\partial r} + \frac{\partial f}{\partial y}\frac{\partial y}{\partial r} = 2x \cdot \cos\theta + 4y \cdot \sin\theta$$

$$= 2r\cos\theta \cdot \cos\theta + 4r\sin\theta \cdot \sin\theta = 2r(1 + \sin^2\theta)$$

$$\frac{\partial f}{\partial \theta} = \frac{\partial f}{\partial x}\frac{\partial x}{\partial \theta} + \frac{\partial f}{\partial y}\frac{\partial y}{\partial \theta} = 2x \cdot (-r\sin\theta) + 4y \cdot r\cos\theta$$

$$= 2r\cos\theta \cdot (-r\sin\theta) + 4r\sin\theta \cdot r\cos\theta = 2r^2\sin\theta\cos\theta = r^2\sin2\theta$$

답 $2r(1 + \sin^2\theta)$, $r^2\sin2\theta$

8.2.3 벡터함수의 도함수

스칼라함수의 도함수와 유사한 형태로, 벡터함수의 도함수는 다음과 같이 정의된다.

🧩 CORE   벡터의 도함수

벡터 $\mathbf{r}(t)$의 시간 t에 대한 도함수 $\mathbf{r}'(t)$의 정의는 다음과 같다.

$$\mathbf{r}'(t) = \frac{d\mathbf{r}}{dt} = \lim_{\Delta t \to 0} \frac{\mathbf{r}(t + \Delta t) - \mathbf{r}(t)}{\Delta t} \tag{8.25}$$

두 벡터함수 $\mathbf{u}$, $\mathbf{v}$의 도함수에 대한 연산법칙은 다음과 같다.

$$(\mathbf{u} + \mathbf{v})' = \mathbf{u}' + \mathbf{v}' \tag{8.26a}$$

$$(\mathbf{u} \cdot \mathbf{v})' = \mathbf{u}' \cdot \mathbf{v} + \mathbf{u} \cdot \mathbf{v}' \tag{8.26b}$$

$$(\mathbf{u} \times \mathbf{v})' = \mathbf{u}' \times \mathbf{v} + \mathbf{u} \times \mathbf{v}' \tag{8.26b}$$

⚙️ 예제 8.9

$\mathbf{v} = \mathbf{v}(x, y) = (x^2 - y^2)\mathbf{i} + (x^2 + y^2)\mathbf{j} + xy\mathbf{k}$ 에서 $\dfrac{\partial \mathbf{v}}{\partial x}$ 와 $\dfrac{\partial \mathbf{v}}{\partial y}$ 를 각각 계산하라.

풀이

$$\frac{\partial \mathbf{v}}{\partial x} = 2x\mathbf{i} + 2x\mathbf{j} + y\mathbf{k}, \quad \frac{\partial \mathbf{v}}{\partial y} = -2y\mathbf{i} + 2y\mathbf{j} + x\mathbf{k}$$

답 $2x\mathbf{i} + 2x\mathbf{j} + y\mathbf{k}, \ -2y\mathbf{i} + 2y\mathbf{j} + x\mathbf{k}$

8.2.4 매개변수로 표현하는 직선의 벡터방정식

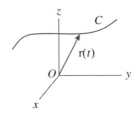

[그림 8.12] 공간상의 위치벡터

그림 8.12에서 보는 바와 같이, 공간상에서 경로 C의 위치는 다음과 같이 표현할 수 있다.

$$\mathbf{r}(t) = \{x(t),\, y(t),\, z(t)\} = x(t)\mathbf{i} + y(t)\mathbf{j} + z(t)\mathbf{k} \tag{8.27}$$

여기서, t는 매개변수(parameter)이며, $t = t_0$일 때의 위치는 $\mathbf{r}(t_0) = \{x(t_0), y(t_0),$ $z(t_0)\}$가 된다. 이렇게 매개변수를 이용하여 표현하는 방법을 매개변수 표현법(para-metric representation)이라 한다.

직선 벡터 $\mathbf{r}$이 벡터 $\mathbf{a}$와 평행을 이룬다면(즉, $\mathbf{r} /\!/ \mathbf{a}$), 다음 식이 성립된다.

$$\mathbf{r} = t\,\mathbf{a} \tag{8.28a}$$

여기서, t는 임의의 실수인 매개변수이다. 또한, 어느 특정 위치 r_0를 지나는 직선이 벡터 $\mathbf{a}$와 평행을 이룬다면, 이 직선상의 임의의 점을 나타내는 벡터 $\mathbf{r}(t)$는 다음과 같이 쓸 수 있다.

$$\mathbf{r}(t) - \mathbf{r}_0 = t\,\mathbf{a} \tag{8.28b}$$

여기서, 벡터 $\mathbf{a}$를 방향벡터라 하며, $\dfrac{\mathbf{a}}{|\mathbf{a}|}$를 방향 코싸인(direction cosine)이라 한다.

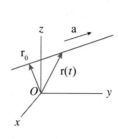

[그림 8.13] 직선 방정식

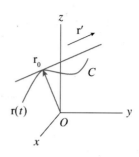

[그림 8.14] 접선 방정식

그림 8.14에서 보는 바와 같이, 위치벡터 $\mathbf{r}(t)$가 곡선 C를 나타낼 때 곡선 상의 한 점(접점) $\mathbf{r}_0$에서의 접선 방정식 $\mathbf{q}(t)$를 표현하여 보자. 식 (8.28)에서 벡터 $\mathbf{a}$는 접선 벡터 $\mathbf{r}'$으로 대체되므로, 접선의 벡터 방정식은 다음 식으로 나타난다.

$$\mathbf{q}(t) = \mathbf{r}_0 + t\,\mathbf{r}' \tag{8.29}$$

⚙ 예제 8.10

타원 $\dfrac{x^2}{9} + \dfrac{y^2}{4} = 1$ 상의 한 점 $\left(\dfrac{3\sqrt{2}}{2},\ \sqrt{2}\right)$에서의 접선의 방정식을 구하라.

 풀이

타원의 방정식은

$$\mathbf{r} = (3\cos\theta,\, 2\sin\theta)$$

로 나타나며, 접점 $\left(\dfrac{3\sqrt{2}}{2},\ \sqrt{2}\right)$는 $\theta = \dfrac{\pi}{4}$에서의 값이고, 그 도함수는

$$\mathbf{r}' = (-3\sin\theta,\, 2\cos\theta)$$

이다. 따라서,

$$\mathbf{r}'\big|_{\theta=\pi/4} = (-3\sin\theta,\, 2\cos\theta)\big|_{\theta=\pi/4} = \left(-\dfrac{3\sqrt{2}}{2},\ \sqrt{2}\right)$$

이다. 따라서, 접선의 방정식은

$$\mathbf{q}(t) = \left(\frac{3\sqrt{2}}{2},\ \sqrt{2}\right) + t\left(-\frac{3\sqrt{2}}{2},\ \sqrt{2}\right) = \left(\frac{3\sqrt{2}}{2}(1-t),\ \sqrt{2}(1+t)\right)$$

와 같이 표현된다.

답 $\mathbf{q}(t) = \left(\dfrac{3\sqrt{2}}{2}(1-t),\ \sqrt{2}(1+t)\right)$

검토

$\mathbf{q}(t) = \left(\dfrac{3\sqrt{2}}{2}(1-t),\ \sqrt{2}(1+t)\right)$ 는

$$x = \frac{3\sqrt{2}}{2}(1-t),\, y = \sqrt{2}(1+t)$$

를 의미하므로 매개변수 t 를 소거하면

$$\frac{x}{3\sqrt{2}} + \frac{y}{2\sqrt{2}} = 1$$

이 된다.

별해

타원 $\dfrac{x^2}{9} + \dfrac{y^2}{4} = 1$ 상의 접점 $(x_0,\, y_0)$ 에서의 접선의 방정식은

$$\frac{x_0 x}{9} + \frac{y_0 y}{4} = 1$$

이므로 접점 $\left(\dfrac{3\sqrt{2}}{2},\ \sqrt{2}\right)$ 를 대입하면 접선의 방정식은

$$\frac{x}{3\sqrt{2}} + \frac{y}{2\sqrt{2}} = 1$$

이 된다.

※ 다음 물음에 답하라. [1 ~ 4]

1. 스칼라함수 $f = f(x, y) = 2xy$에서 $x = r\cos\theta$, $y = r\sin\theta$로 표현될 때, $\dfrac{\partial f}{\partial r}$와

   $\dfrac{\partial f}{\partial \theta}$를 각각 계산하라.

2. 스칼라함수 $f = f(x, y, z) = x^2 + y^2 + z^2$에서 $x = r\cos\theta$, $y = r\sin\theta$, $z = r^2$으

   로 표현될 때, $\dfrac{\partial f}{\partial r}$와 $\dfrac{\partial f}{\partial \theta}$를 각각 계산하라.

3. 벡터함수 $\mathbf{r} = \mathbf{r}(t) = (2\cos t)\mathbf{i} + (2\sin t)\mathbf{j} + (3t)\mathbf{k}$의 도함수를 구하라.

4. 벡터함수 $\mathbf{v} = \mathbf{v}(x, y) = (e^{-x}\cos y)\mathbf{i} + (e^{-x}\sin y)\mathbf{j} + (3xy)\mathbf{k}$를 편미분하라.

※ 다음을 매개변수 표현법으로 나타내어라. [5 ~ 10]

5. 중심이 $(2, 3)$이고 원점을 지나는 원

6. 점 $(1, 2, 3)$을 지나고 벡터 $(2, -1, 1)$에 평행인 직선

7. 두 점 $(1, 2, 3)$, $(0\ 1, -1)$을 지나는 직선

8. $y = 2x + 1$, $z = 2x$인 직선

9. $x^2 + \dfrac{y^2}{2} = 1$, $z = 2x$로 주어지는 도형

10. $x^2 - \dfrac{y^2}{2} = 1$, $z = 2$로 주어지는 도형

※ 다음 물음에 답하라. [11 ~ 14]

11. 원 $x^2 + y^2 = 4$상의 한 점 $(1, \sqrt{3})$에서의 접선의 방정식을 구하라.

12. 타원 $\dfrac{x^2}{4} + y^2 = 1$상의 한 점 $\left(\sqrt{2,} \ -\dfrac{\sqrt{2}}{2}\right)$에서의 접선의 방정식을 구하라.

13. 쌍곡선 $x^2 - y^2 = 1$상의 한 점 $(2, \sqrt{3})$에서의 접선의 방정식을 구하라.

14. 쌍곡선 $x^2 - \dfrac{y^2}{4} = 1$상의 한 점 $\left(2, -2\sqrt{3}\right)$에서의 접선의 방정식을 구하라.

8.3 스칼라장의 기울기, 방향도함수

8.3.1 스칼라장(scalar field)의 기울기(gradient)

> **⊹ CORE   스칼라장의 기울기(gradient)**
>
> 기울기(gradient)는 스칼라장으로부터 벡터장을 얻게 하는 대표적인 함수로, 스칼라함수 $f = f(x, y, z)$의 기울기는 다음과 같이 정의한다.
>
> $$grad\, f = \nabla f = \left\{ \frac{\partial f}{\partial x},\ \frac{\partial f}{\partial y},\ \frac{\partial f}{\partial z} \right\} = \frac{\partial f}{\partial x}\mathbf{i} + \frac{\partial f}{\partial y}\mathbf{j} + \frac{\partial f}{\partial z}\mathbf{k} \tag{8.30}$$

여기서, ∇f는 nabla f라 읽으며, 공간 상 $f = f(x, y, z)$에서 각 방향 별 변화율(기울기)을 의미한다. 새롭게 정의된 ∇는 다음과 같이 정의되는 미분연산자이다.

$$\nabla = \frac{\partial}{\partial x}\mathbf{i} + \frac{\partial}{\partial y}\mathbf{j} + \frac{\partial}{\partial z}\mathbf{k} \tag{8.31}$$

참고로, ∇^2은 다음과 같이 Laplace 연산자(Laplace operator)로 정의된다.

$$\nabla^2 = \Delta = \frac{\partial^2}{\partial x^2} + \frac{\partial^2}{\partial y^2} + \frac{\partial^2}{\partial z^2} \tag{8.32}$$

여기서, ∇^2은 nabla 제곱 또는 델타(Δ)라 읽는다.

예를 들어, 스칼라장 $f = f(x, y) = y - 2x - 5 = 0$에 대하여 $grad\, f$를 구하여 보자.

$$grad\, f = \frac{\partial f}{\partial x}\mathbf{i} + \frac{\partial f}{\partial y}\mathbf{j} = -2\mathbf{i} + \mathbf{j}$$

가 된다. 이는 직선 $y = 2x + 5$가 나타내는 기울기 2와 수직인 법선의 기울기 $-\frac{1}{2}$을 의미한다.

예제 8.11

$f = x^2 + y^2 - 25 = 0$으로 나타나는 도형 상의 한 점 $(-4, 3)$에서의 기울기를 구하라.

풀이

$f = x^2 + y^2 - 25 = 0$에서 임의의 점 $(-4, 3)$에서의 $grad\,f$는

$$grad\,f = \frac{\partial f}{\partial x}\mathbf{i} + \frac{\partial f}{\partial y}\mathbf{j} = 2x\,\mathbf{i} + 2y\,\mathbf{j}\,\Big|_{(-4,\,3)} = -8\mathbf{i} + 6\mathbf{j}$$

가 된다. 즉 기울기는 $-8\mathbf{i} + 6\mathbf{j}$ 이 된다.

답 $-8\mathbf{i} + 6\mathbf{j}$

8.3.2 곡면의 법선벡터(normal vector)

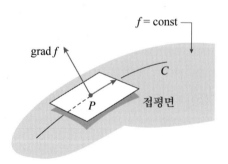

[그림 8.15] 곡면의 법선벡터

그림 8.15에서 보는 바와 같이, $f = f(x, y, z) = $ 상수로 표현되는 곡면 S를 고려하자. 여기서, $f = f(x, y, z)$는 미분가능한 함수이며, 곡면 S는 등위곡면(level surface)이라 한다. 그림에서 곡선 C는 곡면 S 상의 점 P를 지나는 곡면 S상의 곡선이라 하자. 곡선 C는 공간상의 곡선이므로 $\mathbf{r}(t) = \{x(t), y(t), z(t)\}$로 나타낼 수 있다. 또한 곡선 C는 곡면 S 위에 놓여 있으므로 $\mathbf{r}(t)$의 각 성분들은 $f(x, y, z) = $상수를 만족한다. 즉,

$$f[x(t),\, y(t),\, z(t)] = 상수 \tag{8.33}$$

따라서, 곡선 C의 접선벡터는 $\mathbf{r}'(t) = \{x'(t),\, y'(t),\, z'(t)\}$가 된다. 또한 곡면 S 위의 점 P를 지나는 곡면 S 위의 접선벡터들은 한 평면을 구성한다. 이 평면을 접점 P에서의 곡면 S의 접평면(tangent plane)이라 한다. 이 평면의 법선을 접점 P에서의 곡면 S의 곡면법선(surface normal)이라 하며, 이 곡면법선과 평행한 벡터를 접점 P에서의 곡면 S의 곡면법선벡터(surface normal vector)라 한다.

식 (8.33)을 매개변수 t에 대하여 미분하면 다음 식을 얻는다.

$$\frac{\partial f}{\partial x}x' + \frac{\partial f}{\partial y}y' + \frac{\partial f}{\partial z}z' = (grad\,f)\cdot \mathbf{r}' = 0 \tag{8.34}$$

$grad\,f$와 $\mathbf{r}'$의 내적이 0이므로, $grad\,f$와 $\mathbf{r}'$은 서로 수직한다. 따라서 $grad\,f$는 접평면 위의 모든 벡터 $\mathbf{r}'$과 수직한 법선벡터가 된다.

CORE   곡면의 단위법선벡터 (unit normal vector)

$grad\,f$는 접평면 위의 모든 벡터 $\mathbf{r}'$과 수직한 법선벡터가 된다. 즉, 곡선의 단위법선벡터 $\mathbf{n}$은 다음과 같다.

$$\mathbf{n} = \frac{grad\,f}{|grad\,f|} = \frac{\nabla f}{|\nabla f|} \tag{8.35}$$

여기서, $f(=상수)$는 곡면을 나타내는 방정식이다.

 예제 8.12

$3x + 2y + z = 6$으로 나타나는 평면에 대한 단위법선벡터 $\mathbf{n}$을 구하라.

풀이

$f = 3x + 2y + z - 6 = 0$에서

$$grad\,f = \nabla f = 3\mathbf{i} + 2\mathbf{j} + \mathbf{k}$$

따라서, $\mathbf{n} = \dfrac{\nabla f}{|\nabla f|} = \dfrac{3\mathbf{i} + 2\mathbf{j} + \mathbf{k}}{\sqrt{3^2 + 2^2 + 1}} = \dfrac{1}{\sqrt{14}}(3\mathbf{i} + 2\mathbf{j} + \mathbf{k})$

답 $\dfrac{\sqrt{14}}{14}(3\mathbf{i} + 2\mathbf{j} + \mathbf{k})$

⚙ 예제 8.13

점 $P(1, -1, 2)$에서 회전체 $z^2 = 2(x^2 + y^2)$의 단위법선벡터 $\mathbf{n}$을 구하라.

풀이

회전체 $z^2 = 2(x^2 + y^2)$에서 $f = f(x, y, z) = 2(x^2 + y^2) - z^2 = 0$의 등위곡면이다.

$$grad\,f = \nabla f = \frac{\partial f}{\partial x}\mathbf{i} + \frac{\partial f}{\partial y}\mathbf{j} + \frac{\partial f}{\partial z}\mathbf{k} = 4x\mathbf{i} + 4y\mathbf{j} - 2z\mathbf{k}$$

$$grad\,f(P) = 4\mathbf{i} - 4\mathbf{j} - 4\mathbf{k}$$

따라서, $\mathbf{n} = \dfrac{grad\,f(P)}{|grad\,f(P)|} = \dfrac{1}{\sqrt{3}}(\mathbf{i} - \mathbf{j} - \mathbf{k})$

답 $\mathbf{n} = \dfrac{\sqrt{3}}{3}(\mathbf{i} - \mathbf{j} - \mathbf{k})$

8.3.3 방향도함수(directional derivative)

🧩 CORE 방향도함수

스칼라함수 $f = f(x, y, z)$의 방향도함수(directional derivative) $D_{\mathbf{a}}f$라 함은 공간 상의 한 점 $P(x_0, y_0, z_0)$에서 벡터 $\mathbf{a}$ 방향으로 향하는 도함수를 의미하는 것으로서, 다음과 같이 정의된다. (그림 8.16 참조)

$$D_{\mathbf{a}}f = \frac{df}{ds} = \lim_{s \to 0} \frac{f(Q) - f(P)}{s} \tag{8.36}$$

여기서, 점 Q는 벡터 a 방향으로 직선 L상에 존재하는 점이며, $|s|$는 점 P와 점 Q 사이의 거리를 나타낸다. 만약 점 Q는 벡터 a와 같은 방향에 위치하면 $s > 0$이 되며, 점 Q는 벡터 a와 반대 방향에 위치하면 $s < 0$이 된다.

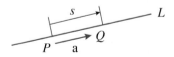

[그림 8.16] 방향도함수

직교좌표계에서 벡터 a가 단위벡터라 가정하면, 직선 L은 다음과 같이 표현된다.

$$\mathbf{r}(s) = x(s)\mathbf{i} + y(s)\mathbf{j} + z(s)\mathbf{k} = \mathbf{p}_0 + s\mathbf{a}\,(\text{단},\ |\mathbf{a}| = 1) \tag{8.37}$$

여기서, $\mathbf{p}_0$는 점 $P(x_0, y_0, z_0)$의 위치벡터이다. 연쇄법칙을 사용하여 식 (8.36)을 다시 정리하면 다음과 같다.

$$D_\mathbf{a}f = \frac{df}{ds} = \frac{\partial f}{\partial x}x' + \frac{\partial f}{\partial y}y' + \frac{\partial f}{\partial z}z' = \left(\frac{\partial f}{\partial x}\mathbf{i} + \frac{\partial f}{\partial y}\mathbf{j} + \frac{\partial f}{\partial z}\mathbf{k}\right) \cdot (x'\mathbf{i} + y'\mathbf{j} + z'\mathbf{k})$$

$$D_\mathbf{a}f = \mathbf{a} \cdot grad\,f \tag{8.38}$$

만약, 벡터 a가 단위벡터가 아닌 경우에는 다음 식을 사용한다.

$$D_\mathbf{a}f = \frac{\mathbf{a}}{|\mathbf{a}|} \cdot grad\,f \tag{8.39}$$

따라서, 스칼라함수 $f = f(x, y, z)$의 방향도함수 $D_\mathbf{a}f$는 공간상의 한 점 $P(x_0, y_0, z_0)$에서 벡터 a의 단위벡터$\left(\dfrac{\mathbf{a}}{|\mathbf{a}|}\right)$와 스칼라함수의 법선벡터($grad\,f$)와의 내적으로 계산된다.

🔆 예제 8.14

점 $P(1, -2, 2)$에서 벡터 $a = (2, 1, -3)$ 방향으로의 $f = x^2 + 2y^2 + z^2$의 방향도 함수를 구하라.

풀이

벡터 a의 단위벡터는 $\dfrac{a}{|a|} = \dfrac{1}{\sqrt{14}}(2i + j - 3k)$이고,

$$grad\, f = \nabla f = \frac{\partial f}{\partial x}i + \frac{\partial f}{\partial y}j + \frac{\partial f}{\partial z}k = 2xi + 4yj + 2zk$$

이다. 이에 점 $P(1, -2, 2)$을 대입하면

$$grad\, f(P) = 2i - 8j + 4k$$

이므로, 따라서,

$$D_a f = \frac{a}{|a|} \cdot grad\, f = \frac{1}{\sqrt{14}}(2i + j - 3k) \cdot (2i - 8j + 4k) = -\frac{16}{\sqrt{14}}$$

이다.

답 $-\dfrac{8}{7}\sqrt{14}$

※ 다음 스칼라장 f에 대하여 $grad\ f = \nabla f$를 계산하라. [1 ~ 4]

  1. $f = f(x,\ y) = x^2 - xy + y^2$

  2. $f = f(x,\ y) = x^2 + 2y^2$

  3. $f = f(x,\ y,\ z) = \dfrac{x^2 z}{y}$

  4. $f = f(x,\ y,\ z) = (x+1)^2 + (y-2)^2 + z^2$

※ 다음 점 P에서 벡터 $\mathbf{a}$ 방향으로의 스칼라장 f의 방향도함수를 구하라. [5 ~ 10]

  5. $f = 2x^2 + y^2$, $P(1,\ 2)$, $\mathbf{a} = \{2,\ -1\}$

  6. $f = 2x^2 - y$, $P(-1,\ 2)$, $\mathbf{a} = \{1,\ 2\}$

  7. $f = x^2 + y^2 + z^2$, $P(1,\ -1,\ 2)$, $\mathbf{a} = \{1,\ 2,\ 3\}$

  8. $f = x^2 - y^2 + yz$, $P(2,\ 0,\ -1)$, $\mathbf{a} = \{2,\ -2,\ 1\}$

  9. $f = \ln(x^2 + y^2)$, $P(3,\ 1)$, $\mathbf{a} = \{2,\ -1\}$

  10. $f = xyz$, $P(-1,\ 2,\ 3)$, $\mathbf{a} = \{0,\ 2,\ -1\}$

※ 다음 점 P에서 곡면(또는 곡선)의 단위법선벡터 $\mathbf{n}$ 을 구하라. [11 ~ 18]

  11. $P(1,\ 2)$, $y = x^2 + 1$

  12. $P(e,\ e)$, $y = x\ln x$

  13. $P(3,\ 2)$, $x - y = 1$

  14. $P(4, 2)$, $(x-1)^2 + (y+2)^2 = 25$

  15. $P(1, 2, 5)$, $z = x^2 + y^2$

  16. $P(1,\ 1,\ -1)$, $3 = x^2 + y^2 + z^2$

  17. $P(1,\ -1,\ 2)$, $4 = x^2 + y^2 + z$

  18. $P(-1, 2,\ 3)$, $z = x^3 + y^3 - 4$

8.4 벡터장의 발산과 회전

8.4.1 벡터장의 발산(divergence)

8.3절에서는 기울기를 도입하여 스칼라장으로부터 벡터장을 유도하였다. 본 장에서는 벡터장에 발산(divergence)을 도입하여 벡터장으로부터 스칼라장을 유도하는 과정을 학습하게 될 것이며, 또한 벡터장에 회전(curl)을 도입하여 벡터장으로부터 또 다른 벡터장을 유도하는 과정을 학습하게 될 것이다.

벡터의 발산과 회전은 물리학과 유체역학(fluid dynamics) 등에서 주로 사용되는 중요한 개념이다.

🧩 CORE   벡터장의 발산 (divergence)

직교좌표계에서 벡터 $\mathbf{v} = \mathbf{v}(x, y, z)$가 미분가능 벡터함수이고, 벡터 $\mathbf{v}$의 각 성분을 v_1, v_2, v_3이라 한다면, 벡터 $\mathbf{v}$의 발산은 다음과 같이 정의한다.

$$\mathrm{div}\ \mathbf{v} = \frac{\partial v_1}{\partial x} + \frac{\partial v_2}{\partial y} + \frac{\partial v_3}{\partial z} \tag{8.40}$$

또는,

$$\mathrm{div}\ \mathbf{v} = \nabla \cdot \mathbf{v} = \left\{ \frac{\partial}{\partial x},\ \frac{\partial}{\partial y},\ \frac{\partial}{\partial z} \right\} \cdot \{v_1,\ v_2,\ v_3\}$$

$$= \left(\frac{\partial}{\partial x}\mathbf{i} + \frac{\partial}{\partial y}\mathbf{j} + \frac{\partial}{\partial z}\mathbf{k} \right) \cdot (v_1\mathbf{i} + v_2\mathbf{j} + v_3\mathbf{k})$$

$$= \frac{\partial v_1}{\partial x} + \frac{\partial v_2}{\partial y} + \frac{\partial v_3}{\partial z}$$

여기서, ∇f는 식 (8.30)에서 정의된 $grad\,f$를 의미한다.

따라서, 기울기에 대한 발산은 다음과 같은 Laplacian(라플라시안)이 된다.

$$\mathrm{div}\ (grad\,f) = \nabla \cdot (grad\,f) = \nabla \cdot (\nabla f) = \nabla^2 f \tag{8.41}$$

발산에 대한 물리학적 의미를 알기 위해서 그림 8.18에서 보는 바와 같은 유체역학 문제를 고려하여 보자. (*선택가능)

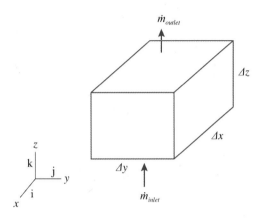

[그림 8.18] 발산의 물리적 의미

그림 8.18에서 직육면체의 제어 체적(control volume) ΔV에 유입되고 유출되는 단위시간당 미소 질량흐름(mass flow, $\Delta \dot{m} = \rho \Delta \dot{V} = \rho v \Delta A$ [kg/s])을 계산하여 보자.

유체의 밀도 ρ, 제어체적은 $\Delta V = \Delta x \Delta y \Delta z$, 각 단면적은 $\Delta x \Delta y$, $\Delta y \Delta z$, $\Delta z \Delta x$로 구성되며, 속도벡터 $\mathbf{v} = \{v_1, v_2, v_3\} = v_1 \mathbf{i} + v_2 \mathbf{j} + v_3 \mathbf{k}$일 때, 단위시간 Δt 동안 밑면으로 유입되는 미소질량과 윗면으로 유출(발산)되는 미소질량(Δm, [kg])은 다음과 같다.

$$\Delta m_{inlet} = (\rho v_3)_z \Delta x \Delta y \Delta t$$
$$\Delta m_{outlet} = (\rho v_3)_{z+\Delta z} \Delta x \Delta y \Delta t$$

즉, 제어 체적의 윗면과 아랫면에서 유출(발산)된 미소질량은

$$\Delta m = \Delta m_{outlet} - \Delta m_{inlet} = \{(\rho v_3)_{z+\Delta z} - (\rho v_3)_z\} \Delta x \Delta y \Delta t$$
$$= \frac{(\rho v_3)_{z+\Delta z} - (\rho v_3)_z}{\Delta z} \Delta V \Delta t = \frac{\Delta(\rho v_3)}{\Delta z} \Delta V \Delta t$$

같은 방법으로 옆면들에서 유출(발산)된 미소질량을 모두 합산하면 다음과 같다.

$$\left\{ \frac{\Delta(\rho v_1)}{\Delta x} + \frac{\Delta(\rho v_2)}{\Delta y} + \frac{\Delta(\rho v_3)}{\Delta z} \right\} \Delta V \Delta t$$

이는 Δx, Δy, Δz가 각각 0에 접근하면

$$\left\{ \frac{\partial(\rho v_1)}{\partial x} + \frac{\partial(\rho v_2)}{\partial y} + \frac{\partial(\rho v_3)}{\partial z} \right\} \Delta V \Delta t = \text{div}(\rho \mathbf{v}) \Delta V \Delta t \tag{8.42}$$

가 된다. 한편 제어 체적(control volume) ΔV 내부의 질량손실은 밀도 변화에 의해 발생한다. 따라서 이 값을 계산하면

$$-\frac{\partial \rho}{\partial t} \Delta V \Delta t \tag{8.43}$$

가 된다. 식 (8.42)와 (8.43)으로부터 다음과 같은 연속 방정식(continuity equation)이 유도된다.

$$\frac{\partial \rho}{\partial t} + \text{div}(\rho \mathbf{v}) = 0 \tag{8.44}$$

따라서, 벡터장에서의 발산은 유출에서 유입을 뺀 물리량(본 절에서는 질량을 의미함)의 의미를 갖고 있음을 알 수 있다.

🧩 **CORE**　**연속 방정식 (continuity equation)**

$$\frac{\partial \rho}{\partial t} + \text{div}(\rho \mathbf{v}) = 0 \tag{8.43}$$

벡터장에서의 발산은 유출에서 유입을 뺀 물리량의 의미를 갖는다.

예제 8.15

$\mathbf{v} = \mathbf{v}(x, y, z) = \left(x^2, \ -3y, \ 2z^2\right)$일 때, 점 $P(1, \ -1, \ 2)$에서의 발산을 구하라.

풀이

$$\mathrm{div} \qquad\qquad \mathbf{v} = \nabla \cdot \mathbf{v} \qquad\qquad = \left(\frac{\partial}{\partial x}\mathbf{i} + \frac{\partial}{\partial y}\mathbf{j} + \frac{\partial}{\partial z}\mathbf{k}\right) \cdot \left(v_1\mathbf{i} + v_2\mathbf{j} + v_3\mathbf{k}\right)$$

$$= \frac{\partial v_1}{\partial x} + \frac{\partial v_2}{\partial y} + \frac{\partial v_3}{\partial z} = 2x - 3 + 4z$$

따라서, 점 $P(1, \ -1, \ 2)$에서의 발산은

$$\mathrm{div}\,\mathbf{v}\,|_{(1,\,-1,\,2)} = (2x - 3 + 4z)\,|_{(1,\,-1,\,2)}$$
$$= 2 \cdot 1 - 3 + 4 \cdot 2 = 7$$

이다.

답 7

8.4.2 벡터장의 회전(curl)

CORE   벡터장의 회전 (curl)

직교좌표계에서 미분가능한 속도벡터 $\mathbf{v} = (v_1, \ v_2, \ v_3) = v_1\mathbf{i} + v_2\mathbf{j} + v_3\mathbf{k}$에 대한 회전은 다음과 같이 정의된다.

$$curl\,\mathbf{v} = \nabla \times \mathbf{v} = \left(\frac{\partial}{\partial x}\mathbf{i} + \frac{\partial}{\partial y}\mathbf{j} + \frac{\partial}{\partial z}\mathbf{k}\right) \times \left(v_1\mathbf{i} + v_2\mathbf{j} + v_3\mathbf{k}\right)$$

$$= \begin{vmatrix} \mathbf{i} & \mathbf{j} & \mathbf{k} \\ \frac{\partial}{\partial x} & \frac{\partial}{\partial y} & \frac{\partial}{\partial z} \\ v_1 & v_2 & v_3 \end{vmatrix} = \left(\frac{\partial v_3}{\partial y} - \frac{\partial v_2}{\partial z}\right)\mathbf{i} + \left(\frac{\partial v_1}{\partial z} - \frac{\partial v_3}{\partial x}\right)\mathbf{j} + \left(\frac{\partial v_2}{\partial x} - \frac{\partial v_1}{\partial y}\right)\mathbf{k} \quad (8.44)$$

여기서, $curl\,\mathbf{v}$ 대신에 $rot\,\mathbf{v}$를 사용하기도 한다.

만약, $curl\,\mathbf{v} = 0$으로 계산되면 회전이 없다는 것(비회전, irrotation)을 의미한다.

벡터장의 회전에 대한 연산법칙은 다음과 같다.

$$curl\,(\mathbf{u}+\mathbf{v}) = curl\,(\mathbf{u}) + curl\,(\mathbf{v}) \tag{8.45a}$$

$$curl\,(grad\,f) = \nabla \times (\nabla f) = 0 \tag{8.45b}$$

$$\text{div}(curl\,\mathbf{v}) = 0 \tag{8.45c}$$

⚙ 예제 8.16

직교좌표계에서 속도벡터 $\mathbf{v} = xy\,\mathbf{i} + yz\,\mathbf{j} - z\,\mathbf{k}$ 에 대하여 $curl\,\mathbf{v}$ 를 계산하라.

풀이

$$curl\,\mathbf{v} = \nabla \times \mathbf{v} = \begin{vmatrix} \mathbf{i} & \mathbf{j} & \mathbf{k} \\ \dfrac{\partial}{\partial x} & \dfrac{\partial}{\partial y} & \dfrac{\partial}{\partial z} \\ xy & yz & -z \end{vmatrix} = (0-y)\mathbf{i} - (0-0)\mathbf{j} + (0-x)\mathbf{k}$$

답 $-y\,\mathbf{i} - x\,\mathbf{k}$

※ 벡터 $\mathbf{v}$가 다음과 같을 때, 점 P에서의 발산을 구하라. [1 ~ 4]

1. $\mathbf{v} = \mathbf{v}(x,\, y) = (2x,\, -3y^2)$, 점 $P(-1,\, 1)$

2. $\mathbf{v} = \mathbf{v}(x,\, y) = \left(\dfrac{x}{\sqrt{x^2 + y^2}},\, \dfrac{y}{\sqrt{x^2 + y^2}} \right)$, 점 $P(1,\, -2)$

3. $\mathbf{v} = \mathbf{v}(x,\, y,\, z) = (x + y,\, xy,\, 2z)$, 점 $P(1,\, 3,\, -2)$

4. $\mathbf{v} = \mathbf{v}(x,\, y,\, z) = (x^2 y,\, xy^2,\, z^2)$, 점 $P(1,\, -2,\, 1)$

※ 직교좌표계에서 속도벡터 $\mathbf{v}$에 대하여 $curl\,\mathbf{v}$를 계산하라. [5 ~ 8]

5. $\mathbf{v} = x^2 \mathbf{i} + z^2 \mathbf{j} - y^2 \mathbf{k}$

6. $\mathbf{v} = z \ln y\, \mathbf{i} + z \ln x\, \mathbf{j} - z^2 \mathbf{k}$

7. $\mathbf{v} = e^x \cos y\, \mathbf{i} + e^x \sin y\, \mathbf{j} + z^2 \mathbf{k}$

8. $\mathbf{v} = e^{-xy} \sin z\, \mathbf{i} + e^{-xy} \cos z\, \mathbf{j} + e^{-xy} \mathbf{k}$

8.5* MATLAB의 활용 (*선택가능)

MATLAB을 활용하면 벡터의 크기(norm.m), 두 벡터의 내적(dot.m)과 외적(cross.m) 등을 손쉽게 계산할 수 있다.

M_prob 8.1 다음을 계산하라.

(a) $A = [2\ 3\ -1]$의 크기를 구하라.

(b) $A = [2\ 3\ -1]$, $B = [-1\ 1\ 2]$일 때, 두 벡터의 내적 $A \cdot B$를 구하라.

(c) $A = [2\ 3\ -1]$, $B = [-1\ 1\ 2]$일 때, 두 벡터의 외적 $A \times B$를 구하라.

풀이

(a) % norm.m

```
a= [ 2 3 -1];
norm(a)
```

답 3.7417

(b) % dot.m

```
a= [ 2 3 -1]; b= [ -1 1 2];
dot(a,b)
```

답 -1

(c) % cross.m

```
a= [ 2 3 -1]; b= [ -1 1 2];
cross(a,b)
```

답 $7i - 3j + 5k$

CHAPTER

9

벡터적분, 적분정리

벡터적분은 벡터장에 대한 적분을 의미한다. 이는 공간상의 경로나 면, 체적 등에서 벡터장의 성질을 나타내기 위해 사용된다.

벡터적분은 공학과 물리학 분야에서 매우 중요한 개념으로 특히 고체역학, 유체역학, 전기자기학 및 열역학 등, 다양한 응용 분야에서 사용된다. 예를 들면, 고체역학에서는 응력과 변형률 벡터장을 적분하여 면적과 체적을 구하는데 사용되며, 유체역학에서는 유체의 속도 벡터장과 압력 분포를 적분하여 유체의 유동량, 힘 및 모멘트를 구하는데 사용된다. 또한 전기자기학에서는 전기장과 자기장 벡터장을 적분하여 전하와 전류, 자기 모멘트를 구하는데 사용된다.

본 교재에서는 곡선상에서의 벡터장의 성질을 나타내기 위한 선적분(9.1절), 정적분을 2 변수 함수로 확장한 이중적분(9.2절), 경계선에 대한 선적분의 2차원 평면 영역의 이중적분으로의 변환 및 그 역변환과 관련한 Green 정리(9.3절), 곡면상에서의 벡터장의 성질을 나타내기 위한 면적분(9.4절), 면적분의 삼중적분으로의 변환 및 그 역변환과 관련한 Gauss 정리(9.5절), 그리고 선적분의 면적분으로의 변환 및 그 역변환과 관련한 Stokes 정리(9.6절)를 설명한다.

9.1 선적분

9.1.1 선적분(line integral)의 정의

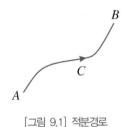

[그림 9.1] 적분경로

그림 9.1에서 보는 바와 같이, 공간좌표에서 적분경로(path of integration)가 되는 곡선 C를 따라 적분하는 것을 의미한다.

> 🧩 **CORE**　**선적분**
>
> 경로 C 상의 벡터 $\mathbf{r}(t)$에서 벡터함수 $\mathbf{F}(\mathbf{r})$의 선적분(line integral)은 일반적으로 다음과 같이 정의한다.
>
> $$\int_C \mathbf{F}(\mathbf{r}) \cdot d\mathbf{r} = \int_a^b \mathbf{F}(\mathbf{r}(t)) \cdot \mathbf{r}'(t)dt \qquad (9.1)$$

여기서, $d\mathbf{r} = \{dx, dy, dz\} = dx\,\mathbf{i} + dy\,\mathbf{j} + dz\,\mathbf{k}$이고, $\mathbf{F}(\mathbf{r}) = \{F_x, F_y, F_z\} = F_x\mathbf{i} + F_y\mathbf{j} + F_z\mathbf{k}$이라면

$$\int_C \mathbf{F}(\mathbf{r}) \cdot d\mathbf{r} = \int_C (F_x dx + F_y dy + F_z dz) = \int_a^b (F_x x' + F_y y' + F_z z')dt \qquad (9.2)$$

가 된다. 여기서, $x' = \dfrac{dx}{dt}$, $y' = \dfrac{dy}{dt}$, $z' = \dfrac{dz}{dt}$ 이다.

> 🔎 **검토** 일(Work)
>
> 벡터함수 $\mathbf{F}(\mathbf{r})$가 물리량인 힘 벡터(force vector)를 의미한다면 이에 대한 선적분(line integral)은 새로운 물리량인 일(work)을 의미한다.
>
> $$U_{1 \to 2} = \int_{\mathbf{r}_1}^{\mathbf{r}_2} \mathbf{F}(\mathbf{r}) \cdot d\mathbf{r} \tag{9.3}$$

> ⚙️ **예제 9.1**
>
> 벡터함수 $\mathbf{F}(\mathbf{r}) = [y^2,\ xy]$이고, 벡터 $\mathbf{r}(t)$가 다음의 경로를 따라 $O(0,\ 0)$에서 $A(1,\ 2)$까지 움직인다고 할 때, 선적분 값을 계산하라.
>
> (a) 경로 C_1 (직선 $y = 2x$)
>
> (b) 경로 C_2 (곡선 $y = 2x^2$)
>
>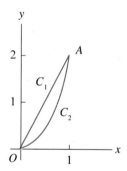

풀이

(a) 경로 C_1: $y = 2x$이므로, $\mathbf{r}(t) = [t,\ 2t]$이며 $\mathbf{r}'(t) = [1,\ 2]$이다.

$$\mathbf{F}(\mathbf{r}) = [y^2,\ xy] = [4t^2,\ 2t^2],\ (0 \le t \le 1)$$

선적분 $\displaystyle\int_{C_1} \mathbf{F}(\mathbf{r}) \cdot d\mathbf{r} = \int_0^1 \mathbf{F}[\mathbf{r}(t)] \cdot \mathbf{r}'(t)dt$

$$= \int_0^1 [4t^2,\ 2t^2] \cdot [1,\ 2]dt = \int_0^1 8t^2 dt = \frac{8}{3}$$

(b) 경로 C_2: $y = 2x^2$이므로, $\mathbf{r}(t) = [t,\ 2t^2]$이며 $\mathbf{r}'(t) = [1,\ 4t]$이다.

$$\mathbf{F}(\mathbf{r}) = [y^2,\ xy] = [4t^4,\ 2t^3],\ (0 \le t \le 1)$$

선적분 $\displaystyle\int_{C_2} \mathbf{F}(\mathbf{r}) \cdot d\mathbf{r} = \int_0^1 \mathbf{F}[\mathbf{r}(t)] \cdot \mathbf{r}'(t)dt$

$$= \int_0^1 [4t^4,\ 2t^3] \cdot [1,\ 4t]dt = \int_0^1 (4t^4 + 8t^4)dt = \frac{12}{5}$$

답 (a) $\dfrac{8}{3}$, (b) $\dfrac{12}{5}$

 예제 9.2

벡터함수는 $\mathbf{F}(\mathbf{r}) = yz\mathbf{i} + zx\mathbf{j} + z\mathbf{k}$이고, 벡터 $\mathbf{r}(t)$가 그림의 경로 C를 따라 움직인다고 할 때, 선적분 값을 계산하라. 단, $\mathbf{r}(t) = (\cos t,\ \sin t,\ 2t) = \cos t\mathbf{i} + \sin t\mathbf{j} + 2t\mathbf{k}$ $(0 < t < \pi)$ 이다.

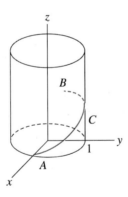

풀이

$x(t) = \cos t,\ y(t) = \sin t,\ z(t) = 2t$에서

$$dx = -\sin t\, dt,\ dy = \cos t\, dt,\ dz = 2\, dt$$

이며

$$F_x = yz = 2t\sin t,\ F_y = zx = 2t\cos t,\ F_z = z = 2t$$

이므로

$$\int_C \mathbf{F}(\mathbf{r}) \cdot d\mathbf{r} = \int_C (F_x dx + F_y dy + F_z dz)$$

$$= \int_0^\pi \{2t\sin t(-\sin t) + 2t\cos t\cos t + 2t\,2\}dt$$

$$= \int_0^\pi (2t\cos 2t + 4t\,)dt = 2\pi^2$$

이다.

답 $2\pi^2$

🧠 **검토 부분적분법**

$$\int t\cos 2t\, dt = t\frac{\sin 2t}{2} - \int \frac{\sin 2t}{2}dt = t\frac{\sin 2t}{2} + \frac{\cos 2t}{4}$$

이다. 따라서

$$\int_0^\pi t\cos 2t\, dt = t\frac{\sin 2t}{2} + \frac{\cos 2t}{4}\,\bigg|_0^\pi = 0$$

이다.

9.1.2 선적분의 경로 무관성

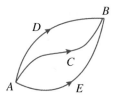

[그림 9.2] 경로의 무관성

일반적으로 선적분 식 (9.1)은 일반적으로 경로에 의존하여 각각 다른 값을 갖는다. 그러나, 공간상의 모든 경로에 관계없이 식 (9.2)의 선적분이 같은 값을 갖는다면, 선적분은 경로에 무관하다.

> ### 🧩 CORE 경로의 무관성
>
> 선적분이 경로 무관성을 가질 필요충분조건은 다음의 세 가지 경우이다.
>
> i) $\mathbf{F}(\mathbf{r}) = grad\,f$ (이때, f는 $\mathbf{F}$ 의 퍼텐셜(potential)이라 하며, 스칼라이다.)
>
> ii) 경로 C가 폐곡선인 경우에는 적분한 값이 항상 0이다.
>
> iii) 공간영역에서 $curl\,\mathbf{F} = 0$

i)의 증명

$$\mathbf{F} = grad\,f = \nabla f = \frac{\partial f}{\partial x}\mathbf{i} + \frac{\partial f}{\partial y}\mathbf{j} + \frac{\partial f}{\partial z}\mathbf{k}$$

이므로,

$$
\begin{aligned}
\mathbf{F}(\mathbf{r}) \cdot d\mathbf{r} &= \nabla f \cdot d\mathbf{r} \\
&= \left(\frac{\partial f}{\partial x}\mathbf{i} + \frac{\partial f}{\partial y}\mathbf{j} + \frac{\partial f}{\partial z}\mathbf{k} \right) \cdot (dx\,\mathbf{i} + dy\,\mathbf{i} + dz\,\mathbf{k}) \\
&= F_x dx + F_y dy + F_z dz
\end{aligned}
$$

가 된다. 여기서,

$$F_x = \frac{\partial f}{\partial x}, \; F_y = \frac{\partial f}{\partial y}, \; F_z = \frac{\partial f}{\partial z}$$

이다. 그림 9.2에서 $t = t_1$일 때의 위치는 $A\,[\,x(t_1),\, y(t_1),\, z(t_1)\,]$이고, $t = t_2$일 때의 위치는 $B\,[\,x(t_2),\, y(t_2),\, z(t_2)\,]$라 한다면, 선적분 식 (9.1)은 다음과 같이 계산되어 경로에 무관하게 같은 값이 계산된다.

$$\int_C \mathbf{F}(\mathbf{r}) \cdot d\mathbf{r} = \int_C \left(F_x dx + F_y dy + F_z dz \right)$$

$$= \int_C \left(\frac{\partial f}{\partial x} dx + \frac{\partial f}{\partial y} dy + \frac{\partial f}{\partial z} dz \right)$$

$$= \int_C \left(\frac{\partial f}{\partial x} \frac{dx}{dt} + \frac{\partial f}{\partial y} \frac{dy}{dt} + \frac{\partial f}{\partial z} \frac{dz}{dt} \right) dt$$

$$= \int_C \left(\frac{df}{dt} \right) dt = f(x(t),\, y(t),\, z(t)) \Big|_{t=t_1}^{t=t_2}$$

$$= f\left[x(t_2),\, y(t_2),\, z(t_2) \right] - f\left[x(t_1),\, y(t_1),\, z(t_1) \right]$$

$$= f(B) - f(A)$$

ii)의 증명

그림 9.2에서 경로에 무관하여 경로 C와 경로 D의 적분 값이 같은 값 k(상수)를 갖는다면, 즉,

$$\int_C \mathbf{F}(\mathbf{r}) \cdot d\mathbf{r} = \int_D \mathbf{F}(\mathbf{r}) \cdot d\mathbf{r} = k$$

라면, 위치 A를 출발하여 경로 C를 거쳐 위치 B를 지나 다시 경로 D를 거쳐(역방향 경로) 위치 A로 돌아오는 폐곡선에 대하여 계산하면 다음과 같이 0이 된다.

$$\oint \mathbf{F}(\mathbf{r}) \cdot d\mathbf{r} = \int_C \mathbf{F}(\mathbf{r}) \cdot d\mathbf{r} + \left(-\int_D \mathbf{F}(\mathbf{r}) \cdot d\mathbf{r} \right) = k - k = 0$$

물론 역으로, 위치 A를 출발하여 경로 C를 거쳐 위치 B를 지나 다시 경로 D를 거쳐(역경로) 위치 A로 돌아오는 폐곡선에 대하여 적분의 계산 값이 0이라면, 경로 C와 경로 D의 적분 값이 같게 된다.

iii)의 증명

9.1.1절에서 증명한 $\mathbf{F} = grad\, f = \nabla f = \dfrac{\partial f}{\partial x}\mathbf{i} + \dfrac{\partial f}{\partial y}\mathbf{j} + \dfrac{\partial f}{\partial z}\mathbf{k}$ 를 $curl\,\mathbf{F}$ 에 대입하면,

즉,

$$curl\,\mathbf{F} = \nabla \times \mathbf{F} = \nabla \times (\nabla f) = 0$$

또한,

$$curl\,\mathbf{F} = \nabla \times \mathbf{F} = \left(\frac{\partial}{\partial x}\mathbf{i} + \frac{\partial}{\partial y}\mathbf{j} + \frac{\partial}{\partial z}\mathbf{k}\right) \times (F_x\mathbf{i} + F_y\mathbf{j} + F_z\mathbf{k})$$

$$= \begin{vmatrix} \mathbf{i} & \mathbf{j} & \mathbf{k} \\ \frac{\partial}{\partial x} & \frac{\partial}{\partial y} & \frac{\partial}{\partial z} \\ F_x & F_y & F_z \end{vmatrix} = \mathbf{i}\left(\frac{\partial F_z}{\partial y} - \frac{\partial F_y}{\partial z}\right) + \mathbf{j}\left(\frac{\partial F_x}{\partial z} - \frac{\partial F_z}{\partial x}\right) + \mathbf{k}\left(\frac{\partial F_y}{\partial x} - \frac{\partial F_x}{\partial y}\right) = 0$$

따라서, 다음 조건이 만족하면 경로에 무관하다.

CORE   경로의 무관성 조건

xy 평면에서의 선적분이 다음 조건식을 만족하면 경로에 무관하다.

$$\frac{\partial F_x}{\partial y} = \frac{\partial F_y}{\partial x} \tag{9.4a}$$

xyz 공간상에서의 선적분이 다음 조건식을 만족하면 경로에 무관하다. 이 때, 공간상에서 완전(exact)하다고 한다.

$$\frac{\partial F_x}{\partial y} = \frac{\partial F_y}{\partial x}, \quad \frac{\partial F_y}{\partial z} = \frac{\partial F_z}{\partial y}, \quad \frac{\partial F_z}{\partial x} = \frac{\partial F_x}{\partial z} \tag{9.4b}$$

예제 9.3

다음 선적분에 대하여 경로의 무관성을 보이고, 또한 점 $A(0, 0)$에서 점 $B(0, \pi/2)$까지의 적분값을 구하라.

$$I = \int_C \left[\{x + \sin(x+y)\}dx + \{y^2 + \sin(x+y)\}dy \right]$$

풀이

문제로부터 $F_x = x + \sin(x+y)$ ①

      $F_y = y^2 + \sin(x+y)$ ②

이고,

$$\frac{\partial F_x}{\partial y} = \frac{\partial}{\partial y}\{x + \sin(x+y)\} = \cos(x+y)$$

$$\frac{\partial F_y}{\partial x} = \frac{\partial}{\partial x}\{y^2 + \sin(x+y)\} = \cos(x+y)$$

$$\therefore \ \frac{\partial F_x}{\partial y} = \frac{\partial F_y}{\partial x}$$

이므로 경로에 무관하다.

식 ①과 ②를 각각 적분하면,

$$f = \frac{x^2}{2} - \cos(x+y) + h(y),$$

$$f = \frac{y^3}{3} - \cos(x+y) + g(x)$$

가 된다. 따라서, y 만의 함수 $f(y)$와 x 만의 함수 $g(x)$를 비교하여 함수 f를 완성하면,

$$f = f(x, y) = \frac{x^2}{2} - \cos(x+y) + \frac{y^3}{3}$$

이다. 따라서, 선적분은

$$f(B) - f(A) = \left[\frac{x^2}{2} - \cos(x+y) + \frac{y^3}{3} \right]_{(0,\, \pi/2)} - \left[\frac{x^2}{2} - \cos(x+y) + \frac{y^3}{3} \right]_{(0,\, 0)}$$

$$= \frac{\pi^3}{24} + 1$$

이다.

답 $\dfrac{\pi^3}{24} + 1$

예제 9.4

다음 선적분에 대하여 경로에 무관함을 보이고, 또한 점 $A(0, 0, 0)$에서 점 $B(1, 0, \pi/2)$ 까지의 적분값을 구하라.

$$I = \int_C \left[\{y^2 z^2 - y \sin(xy + z)\} dx + \{2xyz^2 - x \sin(xy + z)\} dy \right.$$
$$\left. + \{2xy^2 z - \sin(xy + z)\} dz \right]$$

풀이

문제로부터 $F_x = y^2 z^2 - y \sin(xy + z)$ ①

$F_y = 2xyz^2 - x \sin(xy + z)$ ②

$F_z = 2xy^2 z - \sin(xy + z)$ ③

$$\frac{\partial F_x}{\partial y} = \frac{\partial F_y}{\partial x} = 2yz^2 - \sin(x + y) - xy \cos(xy + z)$$

$$\frac{\partial F_y}{\partial z} = \frac{\partial F_z}{\partial y} = 4xyz - x \cos(xy + z)$$

$$\frac{\partial F_z}{\partial x} = \frac{\partial F_x}{\partial z} = 2y^2 z - y \cos(xy + z)$$

이므로, 경로에 무관하다.

식 ①, ②, ③을 각각 적분하면,

$$f = xy^2 z^2 + \cos(xy + z) + g_1(y, z),$$
$$f = xy^2 z^2 + \cos(xy + z) + g_2(x, z),$$
$$f = xy^2 z^2 + \cos(xy + z) + g_3(x, y)$$

가 된다. 따라서, 함수 f를 완성하면,

$$f = f(x, y, z) = xy^2 z^2 + \cos(xy + z)$$

따라서, 선적분은

$$f(B) - f(A) = \left[xy^2 z^2 + \cos(xy + z) \right]_{(1, 0, \pi/2)} - \left[xy^2 z^2 + \cos(xy + z) \right]_{(0, 0, 0)}$$
$$= -1$$

답 -1

※ 벡터함수 $\mathbf{F}(\mathbf{r})$이고, 벡터 $\mathbf{r}(t)$가 경로 C_1 또는 C_2를 따라 위치 A에서 위치 B까지 움직인다고 할 때, 각각의 경로에 따라 다음 선적분을 계산하라. [1 ~ 2]

1. $\mathbf{F}(\mathbf{r}) = (2xy,\ xy^2)$

   (a) 경로 C_1 (직선), (b) 경로 C_2 ($y = x^2$의 곡선)

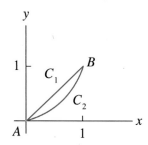

2. $\mathbf{F}(\mathbf{r}) = (x,\ y^2)$

   (a) 경로 C_1 (직선), (b) 경로 C_2 ($x^2 + y^2 = 4$의 원주)

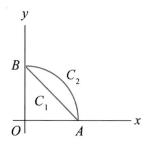

※ 벡터함수 $\mathbf{F}(\mathbf{r})$와 $\mathbf{r}(t)$가 다음과 같이 주어질 때, 선적분을 계산하라. [3 ~ 6]

3. $\mathbf{F}(\mathbf{r}) = (x^2,\ y^2, 2z),\ \mathbf{r}(t) = (2\cos t,\ 2\sin t,\ e^t)\ (0 \le t \le \dfrac{\pi}{2})$

4. $\mathbf{F}(\mathbf{r}) = (x+y,\ y+z, z+x),\ \mathbf{r}(t) = (2t,\ 3t,\ t)\ (0 \le t \le 1)$

5. $\mathbf{F}(\mathbf{r}) = (x^2,\ y,\ 2z),\ \mathbf{r}(t) = (t,\ t^2,\ t^3)\ (-1 \le t \le 1)$

6. $\mathbf{F}(\mathbf{r}) = (x^2,\ xy,\ y^2),\ \mathbf{r}(t) = (\cos t,\ \sin t,\ t)\ (0 \le t \le \pi)$

※ 다음 선적분에 대하여 경로에 무관함을 보이고, 또한 위치 A에서 위치 B까지의 선적분을 계산하라. [7 ~ 14]

7. $I = \displaystyle\int_C \{(2e^{2x}\sin 2y)dx + (2e^{2x}\cos 2y)dy\},\quad A(0,\ \dfrac{\pi}{4}),\ B(1,\ \dfrac{\pi}{4})$

8. $I = \displaystyle\int_C [\{(x+1)e^x + e^{2y}\}dx + 2xe^{2y}dy],\quad A(0,\ 0),\ B(1,\ 1)$

9. $I = \displaystyle\int_C \{(2xye^{x^2y})dx + x^2e^{x^2y}dy\},\quad A(-1,\ -1),\ B(1,\ 1)$

10. $I = \displaystyle\int_C [\{-2x\sin(x^2 + y)\}dx - \sin(x^2 + y)dy],\quad A(0,\ 0),\ B(0,\ \dfrac{\pi}{2})$

11. $I = \displaystyle\int_C [ydx + (x+z)dy + (y-2z)dz],\quad A(0,\ 0,\ 0),\ B(1,\ 1,\ 0)$

12. $I = \displaystyle\int_C (yz\cos xydx + zx\cos xydy + \sin xydz),\quad A(0,\ 0,\ 0),\ B(1,\ \dfrac{\pi}{2},\ 1)$

13. $I = \displaystyle\int_C e^{2x}(2\sin yz\,dx + z\cos yz\,dy + y\cos yz\,dz),\quad A(0,\ 0,\ 0),\ B(1,\ \dfrac{\pi}{2},\ 1)$

14. $I = \displaystyle\int_C (yz\cosh zx\,dx + \sinh zx\,dy + xy\cosh zx\,dz),\quad A(0,\ 0,\ 0),\ B(1,\ 1,\ 1)$

9.2 이중적분(double integral)

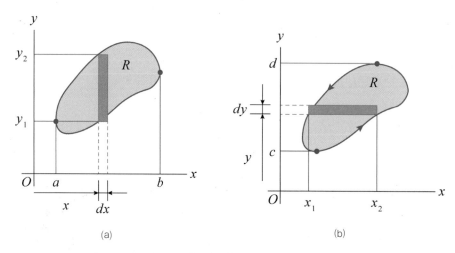

(a)

(b)

[그림 9.3] 영역 R

그림 9.3(a)에서 xy-평면 상의 영역 R의 면적 A는 다음과 같이 계산된다. (단, $a \leqq x \leqq b$)

$$A = \int_a^b dA = \int_a^b (y_2 - y_1)\,dx \tag{9.5a}$$

또한, 그림 9.3(b)에서 xy-평면 상의 영역 R의 면적 A는 다음과 같이 계산된다. (단, $c \leqq y \leqq d$)

$$A = \int_c^d dA = \int_c^d (x_2 - x_1)\,dy \tag{9.5b}$$

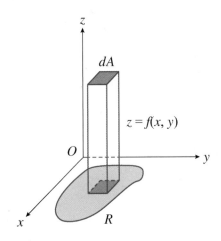

[그림 9.4] 미소 체적 $dV = f(x, y)\,dA$

그림 9.4에서 xy-평면 상의 영역 R을 밑면적으로 하고 높이가 $z = f(x, y)$인 도형의 부피를 구하면 다음과 같이 된다.

$$V = \iint_R f(x, y)\,dA \tag{9.6}$$

그림 9.3에서 보는 바와 같이, 영역 R에서 이중적분은 다음과 같이 계산된다.

$$R: y_1(x) \leq y \leq y_2(x), \ \ a \leq x \leq b$$
$$R: x_1(y) \leq x \leq x_2(y), \ \ c \leq y \leq d$$

(i) x축 기준

$$\iint_R f(x, y)\,dA = \int_a^b \left\{ \int_{y_1(x)}^{y_2(x)} f(x, y)dy \right\} dx \tag{9.7a}$$

(ii) y축 기준

$$\iint_R f(x, y)\,dA = \int_c^d \left\{ \int_{x_1(y)}^{x_2(y)} f(x, y)dx \right\} dy \tag{9.7b}$$

> ### 🧩 CORE 이중적분 (double integral)
>
> 이중적분을 이용하여 도형의 면적 S와 체적 V를 구할 수 있다.
>
> (i) $f(x, y) = 1$일 때, $S = \iint_R dA$ (9.8a)
>
> (ii) 높이 $z = f(x, y)\,(>0)$일 때, $V = \iint_R f(x, y)\,dA$ (9.8b)

⚙ 예제 9.5

$y = x^2,\ y = 0,\ x = 1$로 둘러싸인 영역 R에서 다음의 이중적분을 계산하라.

$$\iint_R x^2 y^3\, dA$$

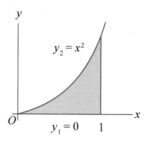

풀이

영역 R은 x축, y축 기준으로 다 가능하며, 먼저 x축을 기준으로 계산하면,

$$y_1 = 0,\, y_2 = x^2$$

이 된다.

$$\iint_R x^2 y^3\, dA = \int_0^1 \left(\int_{y_1}^{y_2} x^2 y^3\, dy \right) dx$$

$$= \int_0^1 x^2 \left(\int_0^{x^2} y^3\, dy \right) dx$$

$$= \int_0^1 x^2 \left[\frac{y^4}{4} \right]_0^{x^2} dx$$

$$= \int_0^1 \frac{1}{4} x^{10} dx = \frac{1}{44}$$

답 $\dfrac{1}{44}$

별해

y축을 기준으로 계산하면,

$$x_1 = \sqrt{y}\ ,\ x_2 = 1$$

이 된다.

$$
\begin{aligned}
\iint_R x^2 y^3\, dA &= \int_0^1 y^3 \left(\int_{\sqrt{y}}^1 x^2 dx \right) dy \\
&= \int_0^1 y^3 \left[\frac{x^3}{3} \right]_{\sqrt{y}}^1 dy \\
&= \int_0^1 \frac{1}{3} (y^3 - y^{9/2}) dy = \frac{1}{44}
\end{aligned}
$$

9.2.1 변수변환(variation of variables)

이중적분(double integral)에서 다음 식과 같이, 적분변수 x, y를 u, v로 변환하는 것이 가능하다.

$$\iint_R f(x,\ y)\, dx\, dy = \iint_{R^*} f\{x(u,\ v),\ y(u,\ v)\} J\, du\, dv \tag{9.9}$$

여기서, 영역 R은 x, y의 구간을 의미하며, 영역 R^*는 u, v의 구간을 의미한다. 또한, Jacobian(야코비안) J는 다음과 같이 계산된다.

$$J = \frac{\partial(x,\ y)}{\partial(u,\ v)} = \begin{vmatrix} \dfrac{\partial x}{\partial u} & \dfrac{\partial x}{\partial v} \\ \dfrac{\partial y}{\partial u} & \dfrac{\partial y}{\partial v} \end{vmatrix} = \frac{\partial x}{\partial u}\frac{\partial y}{\partial v} - \frac{\partial y}{\partial u}\frac{\partial x}{\partial v} \tag{9.10}$$

만약, $x = x(r, \theta) = r\cos\theta$, $y = y(r, \theta) = r\sin\theta$로 치환되는 경우에 Jacobian J는 다음과 같다.

$$J = \frac{\partial(x, y)}{\partial(r, \theta)} = \frac{\partial x}{\partial r}\frac{\partial y}{\partial \theta} - \frac{\partial y}{\partial r}\frac{\partial x}{\partial \theta} = \cos\theta \cdot r\cos\theta - \sin\theta \cdot (-r\sin\theta) = r \quad (9.11)$$

따라서, 이중적분을 극좌표계로 변환하면 다음과 같다.

$$\iint_R f(x, y)\,dx\,dy = \iint_{R^*} f(r\cos\theta, r\sin\theta)r\,dr\,d\theta \qquad (9.12)$$

 예제 9.6

극좌표계를 사용하여 다음 이중적분을 계산하라.

$$\int_0^{\sqrt{3}} \int_{x/\sqrt{3}}^{\sqrt{4-x^2}} \frac{1}{3+x^2+y^2}\,dy\,dx$$

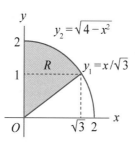

풀이

$x = x(r, \theta) = r\cos\theta$, $y = y(r, \theta) = r\sin\theta$ 이므로

$$
\int_0^{\sqrt{3}} \int_{x/\sqrt{3}}^{\sqrt{4-x^2}} \frac{1}{3+x^2+y^2} dydx = \int_{\pi/6}^{\pi/2} \int_0^2 \frac{1}{3+r^2} r\, dr\, d\theta
$$

$$
= \int_{\pi/6}^{\pi/2} \left[\frac{1}{2} \ln(3+r^2) \right]_0^2 d\theta
$$

$$
= \int_{\pi/6}^{\pi/2} \frac{1}{2} \ln\frac{7}{3} d\theta = \frac{\pi}{6} \ln\frac{7}{3}
$$

답 $\dfrac{\pi}{6} \ln\dfrac{7}{3}$

※ 영역 R에서 다음 이중적분을 계산하라. [1 ~ 8]

1. $\displaystyle\iint_R (y + 4y^3)\, dA$, $y = \sqrt{x}$, $y = 0$, $x = 2$

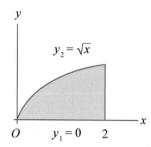

2. $\displaystyle\iint_R (x^2 + 3y^2)\, dA$, $y = x$, $y = 0$, $x = 1$

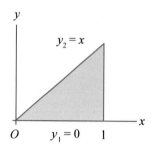

3. $\displaystyle\iint_R xy\, dA$, $y = x$, $y = \sqrt{x+2}$, $x = 0$

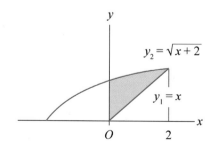

4. $\displaystyle\iint_R 2(x+2)y\,dA\,,\ \ y=-x\,,\ y=x^2\,,\ x=1$

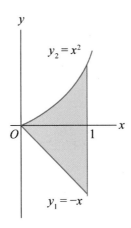

5. $\displaystyle\iint_R (x+2)\,dA\,,\ y=x\,,\ x+y=4\,,\ y=1\,,\ y=0$

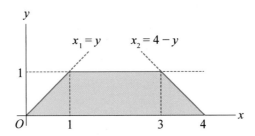

6. $\displaystyle\iint_R e^{x+2y}\,dA\,,\ y=0\,,\ y=1\,,\ y=x\,,\ y=-\dfrac{x}{2}+2$

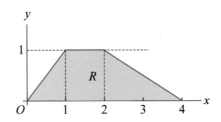

7. $\displaystyle\iint_R xy\,dA$, $y = x^2$, $y = x+2$, $y = 0$

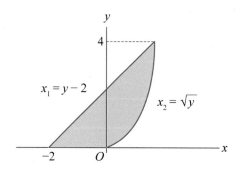

8. $\displaystyle\iint_R (2x+y)\,dA$, $y = \sqrt{x}$, $y = x-2$, $y = 0$

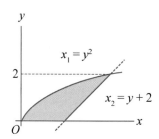

※ 극좌표계를 사용하여 다음 이중적분을 계산하라. [9 ~ 12]

9. $\displaystyle\int_{-2}^{2}\int_{0}^{\sqrt{4-x^2}} (x^2 + y^2)\,dy\,dx$

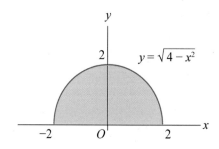

10. $\displaystyle\int_0^1 \int_0^{\sqrt{1-x^2}} e^{x^2+y^2} dy dx$

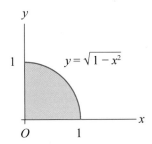

11. $\displaystyle\int_0^{2\sqrt{2}} \int_0^{\sqrt{8-y^2}} \frac{y}{x^2+y^2} dx\, dy$

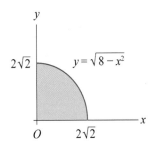

12. $\displaystyle\int_0^1 \int_{\sqrt{1-x^2}}^{\sqrt{2-x^2}} \frac{y^2}{x^2+y^2} dy\, dx + \int_1^{\sqrt{2}} \int_0^{\sqrt{2-x^2}} \frac{y^2}{x^2+y^2} dy\, dx$

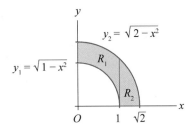

9.3 평면에서의 Green 정리

2차원 평면에서 Green 정리를 이용하면, 경계선에 대한 선적분을 2차원 평면 영역의 이중적분으로 변환하는 것이 가능하며, 또한 그 역변환도 가능하다.

🧩 **CORE** **평면에서의 Green 정리 (Green's theorem)**

경계선 C가 영역 R을 둘러싸고 있는 매끄러운 폐곡선이고, 함수 $P(x, y)$, $Q(x, y)$, $\dfrac{\partial P}{\partial y}$와 $\dfrac{\partial Q}{\partial x}$가 영역 R에서 연속이면, 다음 식을 만족한다.

$$\oint_C (P\,dx + Q\,dy) = \iint_R \left(\frac{\partial Q}{\partial x} - \frac{\partial P}{\partial y} \right) dA \tag{9.13}$$

여기서, 영역 R은 경계선 C가 진행하는 방향의 왼쪽에 위치한다. 따라서, 영역 R이 폐(closed) 영역인 경우에는 경계선 C이 항상 반시계방향을 이루게 된다.

증명

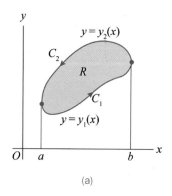
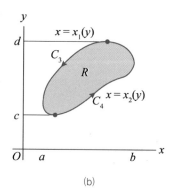

(a)   (b)

[그림 9.5] 영역 R과 경계선 C

그림 9.5에서 영역 R은 다음과 같이 존재한다고 하자.

$$R: a \leq x \leq b, \;\; y_1(x) \leq y \leq y_2(x)$$

$$R: x_1(y) \leq x \leq x_2(y), \;\; c \leq y \leq d$$

그림 9.5(a)에서 경계선 C_1은 구간 $a \leq x \leq b$를 $y = y_1(x)$를 따라 움직이는 경계선이며, 경계선 C_2는 구간 $a \leq x \leq b$를 $y = y_2(x)$를 따라 움직이는 경계선을 나타낸다. 따라서, 경계선 C_1과 경계선 C_2를 합하여 폐곡선 C를 이루게 되며, 영역 R은 각각의 경계선 C_1, C_2가 진행하는 방향의 왼쪽에 위치함을 알 수 있다.

$$
\begin{aligned}
-\iint_R \frac{\partial P}{\partial y}\, dA &= -\int_a^b \int_{y_1(x)}^{y_2(x)} \frac{\partial P}{\partial y}\, dy\, dx \\
&= -\int_a^b \left[P(x,\, y_2(x)) - P(x,\, y_1(x)) \right] dx \\
&= \int_a^b P(x,\, y_1(x)) dx + \int_b^a P(x,\, y_2(x)) dx \\
&= \oint_C P(x,\, y) dx
\end{aligned}
\tag{9.14a}
$$

가 되며, 같은 방법으로 그림 9.5(b)에서 경계선 C_3는 구간 $c \leq y \leq d$를 $x = x_1(y)$를 따라 움직이는 경계선이며, 경계선 C_4는 구간 $c \leq y \leq d$를 $x = x_2(y)$를 따라 움직이는 경계선을 나타낸다. 따라서, 경계선 C_3와 경계선 C_4를 합하여 폐곡선 C를 이루게 되며, 영역 R은 각각의 경계선 C_3, C_4가 진행하는 방향의 왼쪽에 위치함을 알 수 있다.

$$
\begin{aligned}
\iint_R \frac{\partial Q}{\partial x}\, dA &= \int_c^d \int_{x_1(y)}^{x_2(y)} \frac{\partial Q}{\partial x}\, dx\, dy \\
&= \int_c^d \left[Q(x_2(y),\, y) - Q(x_1(y),\, y) \right] dy \\
&= \int_c^d Q(x_2(y),\, y) dy + \int_d^c Q(x_1(y),\, y) dy \\
&= \oint_C Q(x,\, y) dy
\end{aligned}
\tag{9.14b}
$$

이다. 식 (9.14a)와 (9.14b)를 합하면 Green 정리 식 (9.13)이 유도된다. 그러나, 이는 복잡한 형상의 영역에서는 성립되지 않는다.

🧩 CORE   평면에서의 Green 정리 (Green's theorem)

경계선 C는 영역 R을 둘러싸고 있는 매끄러운 폐곡선이고, 함수 $P(x, y)$, $Q(x, y)$, $\dfrac{\partial P}{\partial y}$ 와 $\dfrac{\partial Q}{\partial x}$ 가 영역 R에서 연속일 때, $\mathbf{F} = P(x, y)\mathbf{i} + Q(x, y)\mathbf{j}$ 와 $\mathbf{r} = x\mathbf{i} + y\mathbf{j}$ 라고 놓는다면 Green 정리는 다음 식으로 표현된다.

$$\oint_C \mathbf{F} \cdot d\mathbf{r} = \iint_R (curl\,\mathbf{F}) \cdot \mathbf{k}\, dxdy \tag{9.15}$$

여기서, $curl\,\mathbf{F} = \nabla \times \mathbf{F} = \left(\dfrac{\partial}{\partial x}\mathbf{i} + \dfrac{\partial}{\partial y}\mathbf{j} \right) \times (P\mathbf{i} + Q\mathbf{j}) = \left(\dfrac{\partial Q}{\partial x} - \dfrac{\partial P}{\partial y} \right)\mathbf{k}$ 를 의미하며, 영역 R은 경계선 C가 진행하는 방향의 왼쪽에 위치한다.

즉, $\mathbf{F}$ 의 접선방향 성분에 대한 선적분은 $curl\,\mathbf{F}$ 의 법선방향 성분에 대한 이중적분과 같다.

⚙ 예제 9.7

그림과 같이 C가 영역 R을 둘러싸고 있는 폐경계일 때, 다음을 계산하라.

$$\oint_C \{(x^3 - y^3)dx + (4y - x)dy\}$$

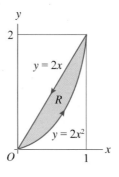

풀이

$$P = P(x, y) = x^3 - y^3, \ Q = Q(x, y) = 4y - x$$

$$\frac{\partial P}{\partial y} = -3y^2, \ \frac{\partial Q}{\partial x} = -1$$

이므로

$$
\begin{aligned}
\oint_C (Pdx + Qdy) &= \iint_R \left(\frac{\partial Q}{\partial x} - \frac{\partial P}{\partial y} \right) dA \\
&= \iint_R (-1 + 3y^2) dA \\
&= \int_0^1 \int_{2x^2}^{2x} (-1 + 3y^2) dy dx \\
&= \int_0^1 \left[-y + y^3 \right]_{2x^2}^{2x} dx \\
&= \int_0^1 \{ (-2x + 8x^3) - (-2x^2 + 8x^6) \} dx = \frac{11}{21}
\end{aligned}
$$

이다.

답 $\dfrac{11}{21}$

예제 9.8

C가 원 $(x-1)^2 + (y-2)^2 = 4$일 때, 다음을 계산하라.

$$\oint_C \{ (x^2 + 2y)dx + (4x - y^2)dy \}$$

풀이

$$P = P(x, y) = x^2 + 2y, \ Q = Q(x, y) = 4x - y^2$$

$$\frac{\partial P}{\partial y} = 2, \ \frac{\partial Q}{\partial x} = 4$$

이므로

$$
\begin{aligned}
\oint_C (Pdx + Qdy) &= \iint_R \left(\frac{\partial Q}{\partial x} - \frac{\partial P}{\partial y} \right) dA \\
&= \iint_R (4-2) dA
\end{aligned}
$$

$$= 2 \iint_R dA$$

$$= 8\pi \quad (\text{원의 면적이 } 4\pi \text{이므로})$$

이다.

답 8π

 예제 9.9

영역 R이 꼭짓점이 (0, 0), (2, 0), (2, 1), (0, 1)인 직사각형일 때, R의 경계곡선 C를 따라 반시계방향으로 $\oint_C \mathbf{F} \cdot d\mathbf{r}$ 을 계산하라.

$$\mathbf{F} = (e^{2x} - y)\mathbf{i} + (2x - e^y)\mathbf{j}$$

풀이

$$P = e^x - y, \ Q = 2x - e^y$$

$$\frac{\partial P}{\partial y} = -1, \ \frac{\partial Q}{\partial x} = 2$$

이다.

$$\oint_C (Pdx + Qdy) = \iint_R \left(\frac{\partial Q}{\partial x} - \frac{\partial P}{\partial y} \right) dA$$

$$= \iint_R \{2 - (-1)\} dA$$

$$= 3 \iint_R dA = 6 \qquad (\text{영역 } R \text{의 면적이 } 2 \text{이므로})$$

답 6

※ 경계곡선 C가 영역 R을 반시계방향으로 둘러싸고 있는 폐경계일 때, 다음을 계산하라. [1 ~ 6]

1. $\displaystyle\oint_C \{(x-y)dx + x^2 y\,dy\}$　C: $y = x$, $y = 0$, $x = 1$

2. $\displaystyle\oint_C (x^2 dx + 2xy\,dy)$　C: $y = x$, $y = \sqrt{x+2}$, $x = 0$

3. $\displaystyle\oint_C (y^2 dx + x^2 dy)$,　C: $y = x^2$, $y = x+2$, $y = 0$

4. $\displaystyle\oint_C \{xy^2 dx + (x^2 + y)dy\}$　C: $y = \sqrt{x}$, $y = x-2$, $y = 0$

5. $\displaystyle\oint_C \{(2x^2 - y)dx + (3x + y^2)dy\}$　C: 원 $(x+1)^2 + (y+1)^2 = 1$

6. $\displaystyle\oint_C (-y\,dx + x\,dy)$　C: 타원 $\dfrac{(x-2)^2}{4} + \dfrac{(y+1)^2}{9} = 1$

※ 평면에서의 Green 정리를 이용하여, 주어진 영역 R의 경계곡선 C를 따라 반시계방향으로 $\displaystyle\oint_C \mathbf{F} \cdot d\mathbf{r}$ 을 계산하라. [7 ~ 10]

7. $\mathbf{F} = xe^y \mathbf{i} + ye^x \mathbf{j}$,　R: 꼭짓점이 $(0, 0)$, $(1, 0)$, $(1, 2)$, $(0, 2)$인 직사각형

8. $\mathbf{F} = (2x^2 + 3y)\mathbf{i} + (4x - 2y^2)\mathbf{j}$,　R: 꼭짓점이 $(1, 1)$, $(3, 1)$, $(3, 3)$, $(1, 3)$인 정사각형

9. $\mathbf{F} = (x^2 + y^2)\mathbf{i} + (x^2 - y^2)\mathbf{j}$,　R: $1 \le x^2 + y^2 \le 4$, $x \ge 0$, $y \ge x$

10. $\mathbf{F} = (2x - y)\mathbf{i} + (3x + y)\mathbf{j}$,　R: $0 \le x^2 + y^2 \le 3$, $y \ge -x$, $y \ge x$

9.4 면적분

선적분은 공간상의 곡선 위에서 적분을 하는 반면에, 면적분은 공간상의 곡면 위에서 적분을 한다. 이 절에서는 곡면에 대한 매개변수 표현(parametric representation)을 익히고, 이를 이용한 면적분에 대해 학습하기로 한다. 또한, 면적분을 이용하여 3차원 공간에서 곡면의 넓이를 구하는 방법을 살펴보기로 한다.

9.4.1 면적분에서의 곡면

공간상의 곡면 S는 2변수 함수로 다음과 같이 나타낼 수 있다.

$$z = f(x, y) \text{ 또는 } g(x, y, z) = 0$$

곡면 S에 대한 면적분을 위해서는 평면상의 곡선 C에서와 마찬가지로 곡면 S에 대한 매개변수 표현을 사용하는 것이 보다 실용적이다. 곡면은 2차원이므로 두 개의 매개변수 u, v를 이용하여 다음과 같이 나타낼 수 있다.

$$\mathbf{r}(u, v) = [x(u, v), y(u, v), z(u, v)] = x(u, v)\mathbf{i} + y(u, v)\mathbf{j} + z(u, v)\mathbf{k} \quad (9.16)$$

 예제 9.10

원기둥 $x^2 + y^2 = a^2$, $0 \leq z \leq h$는 밑면의 반지름 a이고, 높이 h이고, z축을 중심축으로 하는 도형이다. 이 원기둥의 옆면을 나타내는 벡터 $\mathbf{r}$를 각도 매개변수 u와 높이 매개변수 v를 사용하여 표현하라.

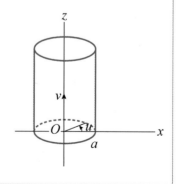

풀이

우선 원의 방정식 $x^2 + y^2 = a^2$을 매개변수 u를 이용하여 나타내면 다음과 같다.

$$0 \leq u \leq 2\pi \text{에서 } x = a\cos u, \; y = a\sin u$$

또한, 높이 z를 매개변수 v로 대체하면

$$0 \leq v \leq h \text{에서 } z = v$$

가 된다.

따라서, 원기둥의 표면 벡터 $\mathbf{r}$은 다음과 같이 나타낼 수 있다.

$$\mathbf{r}(u, v) = [a\cos u, \, a\sin u, \, v] = a\cos u \mathbf{i} + a\sin u \mathbf{j} + v\mathbf{k}$$

여기서, 매개변수 u, v는 uv-평면의 직사각형 $R : 0 \leq u \leq 2\pi, \; 0 \leq v \leq h$ 내에서 변한다.

　　📋 $\mathbf{r}(u, v) = [a\cos u, \, a\sin u, \, v] \; (0 \leq u \leq 2\pi, \; 0 \leq v \leq h)$

⚙️ 예제 9.11

반지름이 a인 구의 방정식 $x^2 + y^2 + z^2 = a^2$을 두 개의 각도 매개변수 u, v를 사용하여 표현하라.

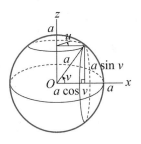

풀이

구의 방정식을 매개변수로 표현하면 다음과 같다.

$$\mathbf{r}(u, v) = a\cos v \, (\cos u \mathbf{i} + \sin u \mathbf{j}) + a\sin v \mathbf{k}$$
$$= a\cos v \cos u \mathbf{i} + a\cos v \sin u \mathbf{j} + a\sin v \mathbf{k}$$

여기서, 매개변수 u, v는 uv-평면에서 $0 \leq u \leq 2\pi, \; -\pi/2 \leq v \leq \pi/2$로 주어지는 직사각형 영역 R 내에서 변한다.

　　📋 $\mathbf{r}(u, v) = a\cos v \cos u \mathbf{i} + a\cos v \sin u \mathbf{j} + a\sin v \mathbf{k} \; (0 \leq u \leq 2\pi, \; -\pi/2 \leq v \leq \pi/2)$

9.4.2 면적분

면적분을 정의하기 위하여 식 (9.16)과 같은 곡면 S를 정의하면, 곡면 S는 모든 점에서(단, 다면체의 모서리나 원뿔에서의 첨점 등은 제외) 다음과 같은 단위법선벡터를 갖는다.

만일, 곡면 S의 방정식이 $g(x, y, z) = 0$으로 주어지면 단위법선벡터 $\mathbf{n}$은 다음과 같다.

$$\mathbf{n} = \frac{\nabla g}{|\nabla g|} \tag{9.17}$$

여기서, ∇g는 $grad\ g$로서 $\nabla g = \frac{\partial g}{\partial x}\mathbf{i} + \frac{\partial g}{\partial y}\mathbf{j} + \frac{\partial g}{\partial z}\mathbf{k}$를 의미한다.

또한, 곡면 S가 $\mathbf{r}(u, v) = x(u, v)\mathbf{i} + y(u, v)\mathbf{j} + z(u, v)\mathbf{k}$로 표현되면, 곡면 상의 임의의 점 P에서의 곡면 S의 단위법선벡터 $\mathbf{n}$은 다음과 같이 주어진다.

$$\mathbf{n} = \frac{\mathbf{N}}{|\mathbf{N}|} \tag{9.18}$$

여기서, 법선벡터 $\mathbf{N} = \mathbf{r}_u \times \mathbf{r}_v$이며, $\mathbf{r}_u$, $\mathbf{r}_v$는 각각의 아랫 첨자 u, v에 대한 편미분을 의미한다. 또한 $|\mathbf{N}|$는 두 변 $\mathbf{r}_u$, $\mathbf{r}_v$이 만드는 평행사변형의 면적과 같다.

이 경우에 단위법선벡터가 $\mathbf{n}$인 방향이 있는 곡면 위에서 연속인 벡터함수 $\mathbf{F}$의 면적분을 다음과 같이 정의할 수 있다.

$$\iint_S \mathbf{F} \cdot \mathbf{n}\, dA = \iint_R \mathbf{F}\left[\mathbf{r}(u, v)\right] \cdot \mathbf{N}(u, v)\, du\, dv \tag{9.19}$$

여기서, $\mathbf{n}\, dA = \mathbf{n}|\mathbf{N}|\, du\, dv = \mathbf{N}\, du\, dv$이다. 보통 이 적분을 곡면 S를 가로지르는 $\mathbf{F}$의 유속(flux)이라고 부른다.

한편, 방향을 고려하지 않는 또다른 면적분의 형식은 다음과 같다.

$$\iint_S G(\mathbf{r})\, dA = \iint_R G[\mathbf{r}(u,\, v)]\, |\mathbf{N}(u,\, v)|\, du\, dv \tag{9.20}$$

이에 대한 대표적인 응용으로, $G(\mathbf{r})$이 곡면 S의 질량밀도(단위면적당 질량)이면, 식 (9.20)은 곡면 S의 총질량이 된다.

만약, $G(\mathbf{r}) = 1$이면,

$$A(S) = \iint_S dA = \iint_R |\mathbf{r}_u \times \mathbf{r}_v|\, du\, dv \tag{9.21}$$

가 되며 $A(S)$는 곡면 S의 면적이 된다.

 예제 9.12

반지름이 1인 구 $x^2 + y^2 + z^2 = 1$의 제 1 팔분공간 $(x \geq 0,\, y \geq 0,\, z \geq 0)$을 가로지르는 벡터장 $\mathbf{F}(x,\, y,\, z) = [\, 0,\, x,\, 0\,]$의 유속을 구하라.

풀이

곡면 S에 대한 매개변수 표현은 다음과 같다.

$$\mathbf{r}(u, v) = [\cos u \cos v,\, \sin u \cos v,\, \sin v], \quad \left(0 \leq u \leq \frac{\pi}{2},\, 0 \leq v \leq \frac{\pi}{2}\right)$$

$u,\, v$에 대한 편미분을 구하면

$$\mathbf{r}_u = [-\sin u \cos v,\, \cos u \cos v,\, 0]$$
$$\mathbf{r}_v = [-\cos u \sin v,\, -\sin u \sin v,\, \cos v]$$

이므로, 법선벡터

$$\mathbf{N} = \mathbf{r}_u \times \mathbf{r}_v = \left[\cos u \cos^2 v,\, \sin u \cos^2 v,\, \sin v \cos v\right]$$

가 된다. 또한

$$\mathbf{F}(x,\, y,\, z) = [\,0,\, x,\, 0\,]$$

으로부터

$$\mathbf{F} = \mathbf{F}(\mathbf{r}(u,\, v)) = [\,0,\, \cos u \cos v,\, 0\,]$$

이다. 따라서

$$\mathbf{F} \cdot \mathbf{N} = [\cos u \cos^2 v,\; \sin u \cos^2 v,\; \sin v \cos v] \cdot [\,0,\, \cos u \cos v,\, 0\,]$$
$$= \sin u \cos u \cos^3 v$$

이 된다. $\mathbf{F}$ 의 유속은 다음과 같이 계산된다.

$$\iint_S \mathbf{F} \cdot \mathbf{n}\, dA = \iint_R \mathbf{F} \cdot \mathbf{N}\, du\, dv$$
$$= \int_0^{\pi/2} \int_0^{\pi/2} (\sin u \cos u \cos^3 v)\, du\, dv$$
$$= \int_0^{\pi/2} \sin u \cos u\, du \int_0^{\pi/2} \cos^3 v\, dv$$
$$= \int_0^{\pi/2} \frac{1}{2} \sin 2u\, du \int_0^{\pi/2} \cos^3 v\, dv$$
$$= \left(\frac{1}{2}\right) \cdot \left(\frac{2}{3}\right) = \frac{1}{3}$$

답 $\displaystyle\iint_S \mathbf{F} \cdot \mathbf{n}\, dA = \frac{1}{3}$

🔍 **검토**

$$\int_0^{\pi/2} \cos^n v\, dv = \frac{n-1}{n} \cdot \frac{n-3}{n-2} \cdot \cdots \cdot \frac{2}{3} \quad (n \text{이 홀수인 경우})$$

$$\int_0^{\pi/2} \sin^n v\, dv = \frac{n-1}{n} \cdot \frac{n-3}{n-2} \cdot \cdots \cdot \frac{2}{3} \quad (n \text{이 홀수인 경우})$$

예제 9.13

반지름이 a이고 높이가 h인 원기둥에 대한 옆면의 면적을 구하라.

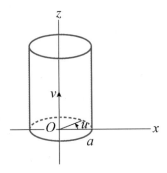

풀이

원기둥 곡면 S에 대한 매개변수 표현은 다음과 같다.

$$\mathbf{r}(u, v) = [a\cos u, a\sin u, v], \quad (0 \le u \le 2\pi, 0 \le v \le h)$$

u, v에 대한 편미분을 구하면

$$\mathbf{r}_u = [-a\sin u, a\cos u, 0]$$
$$\mathbf{r}_v = [0, 0, 1]$$

이므로

$$\mathbf{N} = \mathbf{r}_u \times \mathbf{r}_v = [a\cos u, a\sin u, 0]$$

이 된다. 따라서, 옆면의 면적은

$$
\begin{aligned}
A(S) &= \iint_S dA = \iint_R |\mathbf{r}_u \times \mathbf{r}_v|\, du\, dv \\
&= \int_0^h \int_0^{2\pi} \sqrt{a^2\cos^2 u + a^2\sin^2 u}\, du dv \\
&= \int_0^h \int_0^{2\pi} a\, du dv = 2\pi ah
\end{aligned}
$$

답 $A(S) = 2\pi ah$

예제 9.14

반지름이 a인 구의 겉넓이를 구하라.

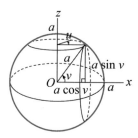

풀이

구의 곡면 S를 매개변수로 표현하면 다음과 같다.

$$\mathbf{r}(u,v) = [a\cos u \cos v, \, a\sin u \cos v, \, a\sin v] \quad \left(0 \le u \le 2\pi, \; -\frac{\pi}{2} \le v \le \frac{\pi}{2}\right)$$

u, v에 대한 편미분을 구하면

$$\boldsymbol{r}_u = [-a\sin u \cos v, \, a\cos u \cos v, \, 0]$$
$$\boldsymbol{r}_v = [-a\cos u \sin v, \, -a\sin u \sin v, \, a\cos v]$$

이므로

$$\mathbf{N} = \mathbf{r}_u \times \mathbf{r}_v = a^2(\cos u \cos^2 v\, \mathbf{i} + \sin u \cos^2 v\, \mathbf{j} + \sin v \cos v\, \mathbf{k})$$
$$|\mathbf{N}| = a^2 |\cos v|$$

가 된다. 따라서, 구의 겉넓이는 다음과 같다.

$$A(S) = a^2 \int_{-\pi/2}^{\pi/2} \int_0^{2\pi} |\cos v|\, du\, dv = 2\pi a^2 \int_{-\pi/2}^{\pi/2} \cos v\, dv = 4\pi a^2$$

답 $A(S) = 4\pi a^2$

※ 주어진 벡터장 F와 곡면 S에 대하여, $\iint_S \mathbf{F} \cdot \mathbf{n}\, dA$를 구하라. [1 ~ 6]

1. $\mathbf{F} = [-x^2,\ y^2,\ 0]$, $S: \mathbf{r} = [u,\ v,\ 3u - 2v]$ $(0 \leq u \leq 1,\ -3 \leq v \leq 3)$

2. $\mathbf{F} = [x,\ y,\ z]$, $S: \mathbf{r} = [u\cos v,\ u\sin v,\ u^2]$ $(0 \leq u \leq 2,\ -\pi \leq v \leq \pi)$

3. $\mathbf{F} = [\cosh y,\ 0,\ \sinh x]$, $S: z = x + y^2$ $(0 \leq y \leq x,\ 0 \leq x \leq 1)$

4. $\mathbf{F} = [\tan xy,\ x,\ y]$, $S: y^2 + z^2 = 1$ $(0 \leq x \leq 2,\ y \geq 0,\ z \geq 0)$

5. $\mathbf{F} = [1,\ 1,\ 1]$, $S: x^2 + y^2 + 4z^2 = 4$ $(z \geq 0)$

6. $\mathbf{F} = [x,\ xy,\ z]$, $S: x^2 + y^2 = 1$ $(0 \leq z \leq 2)$

※ 주어진 곡면 S에 대하여, $\iint_S G(\mathbf{r})\, dA$를 구하라. [7 ~ 10]

7. $G = x$, S는 제1 팔분공간 내의 $x + y + z = 1$

8. $G = x + y + z$, $S: z = x + 2y$ $(0 \leq x \leq \sqrt{6},\ 0 \leq y \leq x)$

9. $G = ax + by + cz$, $S: x^2 + y^2 + z^2 = 1$, $y = 0$, $z = 0$

10. $G = (1 + 9xz)^{3/2}$, $S: \mathbf{r} = [u,\ v,\ u^3]$ $(0 \leq u \leq 1,\ 0 \leq v \leq 2)$

9.5 삼중적분과 Gauss 정리

삼중적분(triple integral)은 이중적분을 한 차원 더 확장한 개념으로, 3차원 공간의 임의의 영역 V에서 피적분함수 $f(x, y, z)$를 적분하는 것을 의미한다. 따라서 삼중적분은 다음과 같이 표기할 수 있다.

$$\iiint_T f(x, y, z) \, dV = \iiint_T f(x, y, z) dx dy dz \tag{9.22}$$

식 (9.22)에서 보는 바와 같이 삼중적분은 적분을 연속하여 세 번 반복하므로, 적분을 연속하여 두 번 반복하는 이중적분과 연산 방식이 유사하다.

Gauss에 의하여 제안되고 증명된 발산정리(divergence theorem)는 곡면 S에서의 면적분을 체적 V에 대한 삼중적분으로 변환시키는 것과 그 역변환에 관한 내용을 담고 있다.

8장에서 정의한 바와 같이 임의의 벡터함수 $\mathbf{F} = [F_1, F_2, F_3] = F_1\mathbf{i} + F_2\mathbf{j} + F_3\mathbf{k}$ 에 대한 발산은 다음과 같다.

$$div\,\mathbf{F} = \frac{\partial F_1}{\partial x} + \frac{\partial F_2}{\partial y} + \frac{\partial F_3}{\partial z}$$

⚙ CORE   Gauss 정리 (Gauss' theorem)

발산의 정의를 포함한 Gauss의 발산정리는 다음의 식으로 주어진다.

$$\iiint_T div\,\mathbf{F} \, dV = \iint_S \mathbf{F} \cdot \mathbf{n} \, dA \tag{9.23}$$

식 (9.23)에서 면적분을 계산할 때에는 곡면에 수직한 벡터의 방향을 체적에서 바깥으로 나오는 방향으로 선택하여 계산한다. 식 (9.23)은 다음과 같이 벡터의 성분으로 나타낼 수 있다.

$$\iiint_T \left(\frac{\partial F_1}{\partial x} + \frac{\partial F_2}{\partial y} + \frac{\partial F_3}{\partial z} \right) dx \, dy \, dz = \iint_S \left(F_1 \, dy \, dz + F_2 \, dz \, dx + F_3 \, dx \, dy \right) \tag{9.24}$$

예제 9.15

벡터장 $F(x, y, z) = x^3 \mathbf{i} + y^3 \mathbf{j} + z^3 \mathbf{k}$ 에 대하여, S는 반지름이 R인 구의 표면이라 할 때, Gauss의 발산정리를 이용하여 면적분 $\iint_S F \cdot \mathbf{n} \, dA$ 를 구하라.

풀이

$div\,F = 3x^2 + 3y^2 + 3z^2 = 3(x^2 + y^2 + z^2)$ 이므로

Gauss의 발산정리에 의하여

$$\iint_S F \cdot \mathbf{n}\, dA = \iiint_{ak} 3(x^2+y^2+z^2)\,dV = \int_{-\frac{\pi}{2}}^{\frac{\pi}{2}} \int_0^{2\pi} \int_0^R (3r^2)(dr)(r\cos\phi d\theta)(rd\phi)$$

$$= \int_{-\frac{\pi}{2}}^{\frac{\pi}{2}} \left(\frac{3}{5}R^5\right)\left(\int_0^{2\pi} d\theta\right)\cos\phi d\phi = \frac{3}{5}R^5 \cdot 2\pi \cdot \int_{-\frac{\pi}{2}}^{\frac{\pi}{2}} \cos\phi d\phi = \frac{12}{5}\pi R^5$$

답 $\dfrac{12}{5}\pi R^5$

 예제 9.16

벡터장 $F(x, y, z) = 2x^2 \mathbf{i} + y^2 \mathbf{j} + z^2 \mathbf{k}$ 가 $0 \le x \le 1, 0 \le y \le 1, 0 \le z \le 1$에서 정의되는 경우에, $\iint_S F \cdot \mathbf{n}\, dA$의 값을 구하라.

풀이

$div\,F = 4x + 2y + 2z$ 이므로

Gauss의 발산정리에 의하여

$$\iint_S F \cdot \mathbf{n}\, dA = \iiint_T (4x + 2y + 2z)\,dx\,dy\,dz$$

$$= 2\int_0^1 \int_0^1 \int_0^1 (2x + y + z)\,dx\,dy\,dz$$

$$= 2\int_0^1 \int_0^1 (1 + y + z)\,dy\,dz$$

$$= 2\int_0^1 \left(\frac{3}{2} + z\right)dz = 4$$

답 4

※ 주어진 벡터장 F와 곡면 S에 대하여, Gauss의 발산정리를 이용하여 $\iint_S \mathbf{F} \cdot \mathbf{n} \, dA$ 를 구하라. [1 ~ 10]

1. $\mathbf{F} = [x^2, \, 0, \, z^2]$, S: $|x| \leq 1, \, |y| \leq 1, \, |z| \leq 1$ 인 정육면체의 표면

2. $\mathbf{F} = [x^3 - y^3, \, y^3 - z^3, \, z^3 - x^3]$, S: $x^2 + y^2 + z^2 \leq 1$, $z \geq 0$ 의 표면

3. $\mathbf{F} = [\sin y, \, \cos x, \, \cos z]$, S: $x^2 + y^2 \leq 4$, $|z| \leq 1$의 표면

4. $\mathbf{F} = [2x^2, \, \frac{1}{2}y^2, \, \sin \pi z]$ S: 꼭짓점이 $(0, 0, 0)$, $(1, 0, 0)$, $(0, 1, 0)$, $(0, 0, 1)$ 인 사면체의 표면

5. $\mathbf{F} = [x^2, \, y^2, \, z^2]$, S: $x^2 + y^2 \leq z^2$, $0 \leq z \leq 1$ 인 원뿔의 표면

6. $\mathbf{F} = [xy, \, yz, \, zx]$, S: $x^2 + y^2 \leq 4z^2$, $0 \leq z \leq 2$ 인 원뿔의 표면

7. $\mathbf{F} = [ax, \, by, \, cz]$, S: $x^2 + y^2 + z^2 = 9$ 인 구의 구면

8. $\mathbf{F} = [x + y^2, \, y + z^2, \, z + x^2]$, S: $\dfrac{x^2}{a^2} + \dfrac{y^2}{b^2} + \dfrac{z^2}{c^2} = 1$인 타원체의 표면

9. $\mathbf{F} = [y + z, \, 20y, \, 2z^3]$, S: $0 \leq x \leq 1$, $0 \leq y \leq 2$, $0 \leq z \leq y$의 표면

10. $\mathbf{F} = [x + y, \, y + z, \, z + x]$, S: 중심이 O이고 반지름이 3인 구의 표면

9.6 3차원 공간에서의 Stokes 정리

앞 절에서 배운 평면에서의 Green 정리를 3차원으로 확장하면 Stokes 정리 (Stokes' theorem)가 된다. Green 정리는 영역의 경계선에 대한 선적분을 이중적분 으로 변환하는 것이 가능하며, 그 역변환도 가능하였던 반면에, Stokes 정리는 면적 분을 선적분으로 변환하는 것이 가능하며, 그 역변환도 가능하다.

🧩 CORE　Stokes 정리 (Stokes' theorem)

양의 방향을 갖는 매끄러운 폐곡선 C를 경계로 하는 양의 방향의 매끄러운 곡면 을 S라고 할 때, 곡면 S를 포함하는 3차원 공간에서 함수 P, Q, R과 1계 편도함수 가 연속인 벡터장 $\mathbf{F}(x, y, z) = P(x, y, z)\mathbf{i} + Q(x, y, z)\mathbf{j} + R(x, y, z)\mathbf{k}$ 일 때, 다 음 식을 만족한다.

$$\oint_C \mathbf{F} \cdot d\mathbf{r} = \iint_S (curl\,\mathbf{F}) \cdot \mathbf{n}\, dA \tag{9.25}$$

여기서, $\displaystyle\oint_C \mathbf{F} \cdot d\mathbf{r} = \oint_C \mathbf{F} \cdot \mathbf{r}'(t)dt$ 이며,

$$curl\,\mathbf{F} = \begin{vmatrix} \mathbf{i} & \mathbf{j} & \mathbf{k} \\ \dfrac{\partial}{\partial x} & \dfrac{\partial}{\partial y} & \dfrac{\partial}{\partial z} \\ P & Q & R \end{vmatrix} = \left(\dfrac{\partial R}{\partial y} - \dfrac{\partial Q}{\partial z}\right)\mathbf{i} + \left(\dfrac{\partial P}{\partial z} - \dfrac{\partial R}{\partial x}\right)\mathbf{j} + \left(\dfrac{\partial Q}{\partial x} - \dfrac{\partial P}{\partial y}\right)\mathbf{k}$$ 이고,

$\mathbf{n}$ 은 곡면 S에서의 단위법선벡터[식 (9.17) 참조]이다.

참고로, 매끄러운 폐곡선 C를 경계로 하는 양의 방향의 매끄러운 3차원 곡면 S가 $z = g(x, y)$로 표현된 경우, $f = z - g(x, y) = 0$이라 놓으면 $\nabla f = -\dfrac{\partial g}{\partial x}\mathbf{i} - \dfrac{\partial g}{\partial y}\mathbf{j} + \mathbf{k}$ 가 된다. 따라서 곡면 S에서의 단위법선벡터 $\mathbf{n}$ 은 다음 식으로 계산된다.

$$\mathbf{n} = \frac{\nabla f}{|\nabla f|} = \frac{-\dfrac{\partial g}{\partial x}\mathbf{i} - \dfrac{\partial g}{\partial y}\mathbf{j} + \mathbf{k}}{\sqrt{\left(\dfrac{\partial g}{\partial x}\right)^2 + \left(\dfrac{\partial g}{\partial y}\right)^2 + 1}} \tag{9.26}$$

또한 Stokes 정리는 다음 식으로 변형된다.

$$\iint_S (curl\,\mathbf{F}) \cdot \mathbf{n}\, dA = \iint_R (curl\,\mathbf{F}) \cdot \mathbf{N}\, dxdy \qquad (9.27)$$

여기서, 영역 R에서의 법선벡터는 $\mathbf{N} = \nabla f$로 계산된다.

⚙ 예제 9.17

벡터장 $\mathbf{F}(x, y, z) = y^3\mathbf{i} + z^3\mathbf{j} + x^3\mathbf{k}$에 대하여, 3차원 곡면 S가 다음 식을 만족한다고 할 때, $\oint_C \mathbf{F} \cdot d\mathbf{r}$을 계산하라.

$$z = g(x, y) = 4 - (x^2 + y^2), \quad z \geqq 0$$

풀이

곡면 S의 경계선 C는 $z = 0$이 되어 $x^2 + y^2 = 4$인 원이 된다.

즉,

$$\mathbf{r}(v) = (2\cos v,\ 2\sin v,\ 0),\ (0 \leq v \leq 2\pi)$$

이다. 이를 미분하면

$$\mathbf{r}'(v) = (-2\sin v,\ 2\cos v,\ 0)$$

이다. 한편,

$$\mathbf{F}(x, y, z) = (y^3,\ z^3,\ x^3) = (8\sin^3 v,\ 0,\ 8\cos^3 v)$$

이다. 따라서

$$
\begin{aligned}
\oint_C \mathbf{F} \cdot d\mathbf{r} &= \oint_C \mathbf{F} \cdot \mathbf{r}'(v)dv \\
&= \int_0^{2\pi} (8\sin^3 v,\ 0,\ 8\cos^3 v) \cdot (-2\sin v,\ 2\cos v,\ 0)\, dv \\
&= -16 \int_0^{2\pi} \sin^4 v\, dv \\
&= -16 \cdot 4 \int_0^{\pi/2} \sin^4 v\, dv
\end{aligned}
$$

$$=-16 \cdot 4 \cdot \left(\frac{3}{4} \cdot \frac{1}{2} \cdot \frac{\pi}{2}\right)=-12\pi$$

답 -12π

검토

$$\int_0^{\pi/2} \cos^n v \, dv = \frac{n-1}{n} \cdot \frac{n-3}{n-2} \cdot \ \cdots \ \cdot \frac{1}{2} \cdot \frac{\pi}{2} \quad (n\text{이 짝수인 경우})$$

$$\int_0^{\pi/2} \sin^n v \, dv = \frac{n-1}{n} \cdot \frac{n-3}{n-2} \cdot \ \cdots \ \cdot \frac{1}{2} \cdot \frac{\pi}{2} \quad (n\text{이 짝수인 경우})$$

예제 9.18

벡터장 $\mathbf{F}(x, y, z) = y^3\mathbf{i} + z^3\mathbf{j} + x^3\mathbf{k}$ 에 대하여, 3차원 곡면 S가 다음 식을 만족한다고 할 때, Stokes 정리를 이용하여 $\iint_S (curl\,\mathbf{F}) \cdot \mathbf{n}\, dS$를 계산하라.

$$z = g(x, y) = 4 - (x^2 + y^2), \quad z \geq 0$$

풀이

곡면 S에서 $f = z + x^2 + y^2 - 4 = 0$이므로

법선벡터는

$$\mathbf{N} = \nabla f = 2x\mathbf{i} + 2y\mathbf{j} + \mathbf{k}$$

이다.

곡면 S에서

$$\mathbf{F}(x, y, z) = y^3\mathbf{i} + z^3\mathbf{j} + x^3\mathbf{k}$$

이므로

$$P = y^3, \quad Q = z^3, \quad R = x^3$$

이다.

$$curl\,\mathbf{F} = \begin{vmatrix} \mathbf{i} & \mathbf{j} & \mathbf{k} \\ \frac{\partial}{\partial x} & \frac{\partial}{\partial y} & \frac{\partial}{\partial z} \\ y^3 & z^3 & x^3 \end{vmatrix} = -3z^2\mathbf{i} - 3x^2\mathbf{j} - 3y^2\mathbf{k}$$

한편, 곡면 S의 경계선 C는 $z=0$이므로

$$curl\,\mathbf{F} = -3x^2\mathbf{j} - 3y^2\mathbf{k}$$

이며, 또한

$$curl\,\mathbf{F}\cdot\mathbf{N} = (0,\ -3x^2,\ -3y^2)\cdot(2x,\ 2y,\ 1) = -6x^2y - 3y^2$$

이다. 따라서

$$\iint_S (curl\,\mathbf{F})\cdot\mathbf{n}\,dS = \iint_R (curl\,\mathbf{F})\cdot\mathbf{N}\,dxdy$$

$$= \iint_R (-6x^2y - 3y^2)\,dxdy \quad (\text{영역 } R\text{은 } x^2+y^2=4\text{의 내부이므로 } r,\ \theta\text{로 치환})$$

$$= \int_0^{2\pi}\int_0^2 (-6\cdot r^3\cos^2\theta\sin\theta - 3\cdot r^2\sin^2\theta)\,rdrd\theta$$

$$= \int_0^{2\pi}\cos^2\theta\sin\theta\,d\theta\int_0^2 (-6\,r^4)\,dr + \int_0^{2\pi}\sin^2\theta\,d\theta\int_0^2 (-3\,r^3)\,dr$$

$$= \int_0^{2\pi}\left(-\frac{1}{3}\cos^3\theta\right)d\theta\int_0^2(-6\,r^4)\,dr + \int_0^{2\pi}\frac{1}{2}(1-\cos 2\theta)\,d\theta\int_0^2(-3\,r^3)\,dr$$

$$= 0 + \pi\cdot(-12) = -12\pi$$

이다.

답 -12π

🧩 CORE Stokes 정리 (Stokes' theorem)

벡터장 $\mathbf{F}(x,\ y,\ z) = P(x,\ y,\ z)\mathbf{i} + Q(x,\ y,\ z)\mathbf{j} + R(x,\ y,\ z)\mathbf{k}$ 에 대하여, 경계선 C의 xy 평면에 대한 정사영 C_{xy}가 $a \le t \le b$에서 매개변수 $x = x(t)$, $y = y(t)$라면, 경계선 C의 방정식은 $a \le t \le b$에서 $x = x(t)$, $y = y(t)$, $z = g[x(t),\ y(t)]$로 표현된다. Stokes 정리는 다음과 같이 표현된다.

$$\oint_C \mathbf{F}\cdot d\mathbf{r} = \oint_C (Pdx + Qdy + Rdz)$$

$$= \iint_R \left[-\left(\frac{\partial R}{\partial y} - \frac{\partial Q}{\partial z}\right)\frac{\partial g}{\partial x} - \left(\frac{\partial P}{\partial z} - \frac{\partial R}{\partial x}\right)\frac{\partial g}{\partial y} + \left(\frac{\partial Q}{\partial x} - \frac{\partial P}{\partial y}\right) \right] dA \tag{9.28}$$

연쇄법칙에 의하여 $dz = \left(\dfrac{\partial g}{\partial x} \dfrac{dx}{dt} + \dfrac{\partial g}{\partial y} \dfrac{dy}{dt} \right) dt$로 주어지므로, 식 (9.17)의 우변은 다음과 같이 계산된다.

$$\oint_C \mathbf{F} \cdot d\mathbf{r} = \oint_C (Pdx + Qdy + Rdz)$$

$$= \int_a^b \left[P\dfrac{dx}{dt} + Q\dfrac{dy}{dt} + R\left(\dfrac{\partial g}{\partial x} \dfrac{dx}{dt} + \dfrac{\partial g}{\partial y} \dfrac{dy}{dt} \right) \right] dt$$

$$= \oint_C \left\{ \left(P + R\dfrac{\partial g}{\partial x} \right) dx + \left(Q + R\dfrac{\partial g}{\partial y} \right) dy \right\}$$

$$= \iint_R \left\{ \dfrac{\partial}{\partial x}\left(Q + R\dfrac{\partial g}{\partial y} \right) - \dfrac{\partial}{\partial y}\left(P + R\dfrac{\partial g}{\partial x} \right) \right\} dA \ \text{(Green 정리에 의해)} \quad (9.29)$$

이중적분 내의 첫째항을 다시 정리하면,

$$\dfrac{\partial}{\partial x}\left(Q + R\dfrac{\partial g}{\partial y} \right) = \dfrac{\partial}{\partial x}\left[Q(x,\, y,\, g(x,\, y)) + R(x,\, y,\, g(x,\, y))\dfrac{\partial g}{\partial y} \right]$$

$$= \dfrac{\partial Q}{\partial x} + \dfrac{\partial Q}{\partial z}\dfrac{\partial g}{\partial x} + \left(\dfrac{\partial R}{\partial x} + \dfrac{\partial R}{\partial z}\dfrac{\partial g}{\partial x} \right)\dfrac{\partial g}{\partial y} + R\dfrac{\partial^2 g}{\partial x \partial y}$$

$$= \dfrac{\partial Q}{\partial x} + \dfrac{\partial Q}{\partial z}\dfrac{\partial g}{\partial x} + \dfrac{\partial R}{\partial x}\dfrac{\partial g}{\partial y} + \dfrac{\partial R}{\partial z}\dfrac{\partial g}{\partial x}\dfrac{\partial g}{\partial y} + R\dfrac{\partial^2 g}{\partial x \partial y} \quad (9.30)$$

가 된다. 같은 방법으로, 이중적분 내의 두 번째 항을 다시 정리하면,

$$\dfrac{\partial}{\partial y}\left(P + R\dfrac{\partial g}{\partial x} \right) = \dfrac{\partial P}{\partial y} + \dfrac{\partial P}{\partial z}\dfrac{\partial g}{\partial y} + \dfrac{\partial R}{\partial y}\dfrac{\partial g}{\partial x} + \dfrac{\partial R}{\partial z}\dfrac{\partial g}{\partial y}\dfrac{\partial g}{\partial x} + R\dfrac{\partial^2 g}{\partial y \partial x} \quad (9.31)$$

가 된다. 식 (9.30)과 식 (9.31)을 식 (9.29)에 대입하면

$$\oint_C \mathbf{F} \cdot d\mathbf{r} = \oint_C (Pdx + Qdy + Rdz)$$

$$= \iint_R \left[-\left(\frac{\partial R}{\partial y} - \frac{\partial Q}{\partial z} \right) \frac{\partial g}{\partial x} - \left(\frac{\partial P}{\partial z} - \frac{\partial R}{\partial x} \right) \frac{\partial g}{\partial y} + \left(\frac{\partial Q}{\partial x} - \frac{\partial P}{\partial y} \right) \right] dA$$

(9.28의 반복)

이므로, Stokes 정리의 식 (9.28)이 증명된다.

※ 주어진 벡터장 $\mathbf{F}$ 와 곡면 S 또는 곡면 S의 경계선 C에 대하여, Stokes 정리를 이용하여

$$\oint_C \mathbf{F} \cdot d\mathbf{r} \text{ 또는 } \iint_S (curl\,\mathbf{F}) \cdot \mathbf{n}\, dS \text{를 구하라. } [1 \sim 10]$$

1. $\mathbf{F}(x, y, z) = y\mathbf{i} + 2x\mathbf{j} + 3z\mathbf{k}$, C: 꼭짓점이 $(0, 0, 0)$, $(2, 0, 0)$, $(0, 3, 3)$, $(2, 3, 3)$인 직사각형

2. $\mathbf{F}(x, y, z) = e^{-z}\mathbf{i} + 2x\mathbf{j} + x\mathbf{k}$, C: 꼭짓점이 $(0, 0, 2)$, $(4, 0, 2)$, $(4, 3, 2)$, $(0, 3, 2)$ 인 직사각형

3. $\mathbf{F}(x, y, z) = -2y\mathbf{i} + 3x\mathbf{j} + z\mathbf{k}$, C: $x^2 + y^2 = 4$, $z = 1$인 원

4. $\mathbf{F}(x, y, z) = z^2\mathbf{i} + 2x\mathbf{j}$, S: $x^2 + y^2 \leq 9$, $z = 0$

5. $\mathbf{F}(x, y, z) = z^2\mathbf{i} + x^2\mathbf{j} + y^2\mathbf{k}$, S: $z = x^2$, $(0 \leq x \leq 1, \ 0 \leq y \leq 3)$

6. $\mathbf{F}(x, y, z) = x^2\mathbf{i} + xy\mathbf{j} + z^2\mathbf{k}$, S: $z = xy$, $(0 \leq x \leq 1, \ 0 \leq y \leq 2)$

7. $\mathbf{F}(x, y, z) = z^2\mathbf{i} + x\mathbf{j} + y\boldsymbol{k}$, S: $z = x^2 + y^2$, $(0 \leq z \leq 4)$

8. $\mathbf{F}(x, y, z) = -y\mathbf{i} + 3x\mathbf{j} + 2z\boldsymbol{k}$, S: $z = \sqrt{x^2 + y^2}$, $(0 \leq z \leq 3, \ y \geq 0)$

9. $\mathbf{F}(x, y, z) = yz\mathbf{i} + x^2\mathbf{j} + 2z^2\boldsymbol{k}$, S: $\mathbf{r} = (u, u^2, v)$, $0 \leq u \leq 3, \ -2 \leq v \leq 2$

10. $\mathbf{F}(x, y, z) = xz\mathbf{i} + yz\mathbf{j} + z^2\boldsymbol{k}$, S: $\mathbf{r} = (u, v, uv)$, $0 \leq u \leq 2, 0 \leq v \leq 1$

10

Engineering Mathematics with MATLAB

Fourier 해석

Fourier 급수(Fourier series)는 임의의 주기함수를 sine 함수와 cosine 함수의 무한급수로 나타내는 방법이다. 반면에 Fourier 적분(Fourier integral)은 주기를 갖지 않은 임의의 함수를 sine 함수와 cosine 함수의 무한급수로 나타내는 방법이다.

주기가 2π인 함수와 주기가 $2L$인 함수, 우함수와 기함수에 대한 Fourier 급수를 10.1절에서 설명한다. 또한 Fourier 급수의 계산에서 유용하게 쓰이는 함수의 직교성(orthogonality)에 대하여 간략하게 정의한다.

10.2절에서는 주기함수가 아닌 임의의 함수 $f(x)$를 표현하는 방법으로 Fourier 적분을 설명한다.

10.1 Fourier 급수

10.1.1 주기가 2π인 주기함수

주기가 2π인 임의의 함수 $f(x)$를 식 (10.1)과 같이 대표적인 주기함수인 sine 함수와 cosine 함수의 무한급수로 표현하는 방법을 Fourier 급수(Fourier series)라고 한다.

⚙ CORE   주기가 2π인 함수 $f(x)$의 Fourier 급수

$$f(x) = a_0 + \sum_{k=1}^{\infty} \left(a_k \cos kx + b_k \sin kx \right) \tag{10.1}$$

여기서

$$a_0 = \frac{1}{2\pi} \int_{-\pi}^{\pi} f(x)\,dx \tag{10.2a}$$

$$a_k = \frac{1}{\pi} \int_{-\pi}^{\pi} f(x)\cos kx\,dx,\ (k=1,\ 2,\ 3,\ \cdots) \tag{10.2b}$$

$$b_k = \frac{1}{\pi} \int_{-\pi}^{\pi} f(x)\sin kx\,dx,\ (k=1,\ 2,\ 3,\ \cdots) \tag{10.2c}$$

---

(1) 식 (10.2a)의 증명

구간 $[-\pi,\ \pi]$에서 식 (10.1)을 적분하면

$$(우변):\ \int_{-\pi}^{\pi} f(x)\,dx$$

$$(좌변):\ a_0 \int_{-\pi}^{\pi} dx + \sum_{k=1}^{\infty} a_k \int_{-\pi}^{\pi} \cos kx\,dx + \sum_{k=1}^{\infty} b_k \int_{-\pi}^{\pi} \sin kx\,dx = 2\pi a_0$$

따라서

$$a_0 = \frac{1}{2\pi} \int_{-\pi}^{\pi} f(x)dx$$

이다.

🧠 **검토**

$$\int_{-\pi}^{\pi} \cos kx\, dx = 0 \,,\quad \int_{-\pi}^{\pi} \sin kx\, dx = 0$$

---

(2) 식 (10.2b)의 증명

구간 $[-\pi, \pi]$에서 식 (10.1)에 $\cos lx$(단, l은 임의의 양의 정수)를 곱한 후 적분하면

(우변): $\displaystyle\int_{-\pi}^{\pi} f(x)\cos lx\, dx$

(좌변): $\displaystyle a_0 \int_{-\pi}^{\pi} \cos lx\, dx + \sum_{k=1}^{\infty} a_k \int_{-\pi}^{\pi} \cos kx \cos lx\, dx + \sum_{k=1}^{\infty} b_k \int_{-\pi}^{\pi} \sin kx \cos lx\, dx$

$\qquad = a_k \pi$

따라서

$$a_k = \frac{1}{\pi} \int_{-\pi}^{\pi} f(x) \cos kx\, dx$$

이다.

> **검토**
>
> $$\int_{-\pi}^{\pi} \cos lx\, dx = 0,$$
>
> $$\int_{-\pi}^{\pi} \cos kx \cos lx\, dx = \frac{1}{2}\int_{-\pi}^{\pi}\cos(k+l)x dx + \frac{1}{2}\int_{-\pi}^{\pi}\cos(k-l)x dx$$
>
> $$= 0 + \frac{1}{2}(2\pi) = \pi \quad (k = l\text{에서만 적분 값 } 2\pi\text{를 가짐})$$
>
> $$\int_{-\pi}^{\pi} \sin kx \cos lx\, dx = \frac{1}{2}\int_{-\pi}^{\pi}\sin(k+l)x dx + \frac{1}{2}\int_{-\pi}^{\pi}\sin(k-l)x dx = 0$$

(2) 식 (10.2c)의 증명

구간 $[-\pi, \pi]$에서 식 (10.1)에 $\sin lx$(단, l은 임의의 양의 정수)를 곱한 후 적분하면

(우변): $\displaystyle\int_{-\pi}^{\pi} f(x)\sin lx\, dx$

(좌변): $\displaystyle a_0 \int_{-\pi}^{\pi}\sin lx dx + \sum_{k=1}^{\infty} a_k \int_{-\pi}^{\pi}\cos kx \sin lx dx + \sum_{k=1}^{\infty} b_k \int_{-\pi}^{\pi}\sin kx \sin lx dx$

$\qquad = b_k \pi$

따라서

$$b_k = \frac{1}{\pi}\int_{-\pi}^{\pi} f(x)\sin kx dx$$

이다.

검토

$$\int_{-\pi}^{\pi} \sin lx \, dx = 0,$$

$$\int_{-\pi}^{\pi} \cos kx \sin lx \, dx = \frac{1}{2} \int_{-\pi}^{\pi} \sin(k+l)x dx - \frac{1}{2} \int_{-\pi}^{\pi} \sin(k-l)x dx = 0$$

$$\int_{-\pi}^{\pi} \sin kx \sin lx \, dx = -\frac{1}{2} \int_{-\pi}^{\pi} \cos(k+l)x dx + \frac{1}{2} \int_{-\pi}^{\pi} \cos(k-l)x dx$$

$$= 0 + \frac{1}{2}(2\pi) = \pi \quad (k = l \text{에서만 적분 값 } 2\pi \text{를 가짐})$$

예제 10.1

주기가 2π인 함수 $f(x)$에 대한 Fourier 급수를 구하라.

$$f(x) = \begin{cases} 0 & (-\pi < x < 0) \\ 1 & (0 < x < \pi) \end{cases}$$

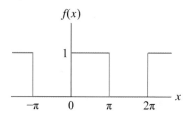

풀이

$f(x) = a_0 + \sum_{k=1}^{\infty} (a_k \cos kx + b_k \sin kx)$ 에서

$$a_0 = \frac{1}{2\pi} \int_{-\pi}^{\pi} f(x) dx = \frac{1}{2\pi} \int_{0}^{\pi} 1 dx = \frac{1}{2}$$

$$a_k = \frac{1}{\pi} \int_{-\pi}^{\pi} f(x) \cos kx dx = \frac{1}{\pi} \int_{0}^{\pi} \cos kx dx = \frac{1}{\pi} \left[\frac{\sin kx}{k} \right]_{0}^{\pi} = 0$$

$$b_k = \frac{1}{\pi} \int_{-\pi}^{\pi} f(x) \sin kx dx = \frac{1}{\pi} \int_{0}^{\pi} \sin kx \, dx = \frac{1}{\pi} \left[-\frac{\cos kx}{k} \right]_{0}^{\pi} = \frac{1}{\pi} \frac{1-(-1)^k}{k}$$

따라서

$$f(x) = \frac{1}{2} + \frac{1}{\pi} \sum_{k=1}^{\infty} \left(\frac{1-(-1)^k}{k} \sin kx \right) = \frac{1}{2} + \frac{2}{\pi} \left(\sin x + \frac{\sin 3x}{3} + \frac{\sin 5x}{5} + \cdots \right)$$

이다.

답　$f(x) = \frac{1}{2} + \frac{2}{\pi} \left(\sin x + \frac{\sin 3x}{3} + \frac{\sin 5x}{5} + \cdots \right)$

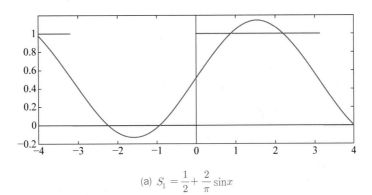

(a) $S_1 = \frac{1}{2} + \frac{2}{\pi} \sin x$

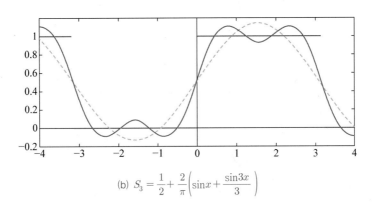

(b) $S_3 = \frac{1}{2} + \frac{2}{\pi} \left(\sin x + \frac{\sin 3x}{3} \right)$

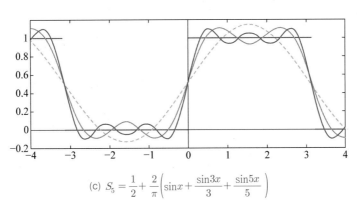

(c) $S_5 = \frac{1}{2} + \frac{2}{\pi} \left(\sin x + \frac{\sin 3x}{3} + \frac{\sin 5x}{5} \right)$

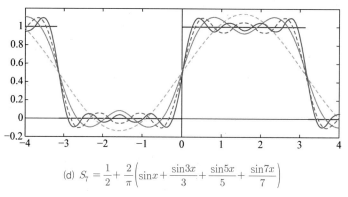

(d) $S_7 = \dfrac{1}{2} + \dfrac{2}{\pi}\left(\sin x + \dfrac{\sin 3x}{3} + \dfrac{\sin 5x}{5} + \dfrac{\sin 7x}{7}\right)$

[그림 10.1] Fourier 급수의 초기 부분 합

10.1.2 주기가 $2L$인 주기함수

주기가 $2L$인 임의의 함수 $f(x)$에 대한 Fourier 급수는 식 (10.1)과 (10.2)의 적분 구간 $[-\pi, \pi]$가 $[-L, L]$로 바뀌며, kx는 $\dfrac{k\pi}{L}x$로 바뀌게 된다.

🧩 CORE **주기가 $2L$인 함수 $f(x)$의 Fourier 급수**

$$f(x) = a_0 + \sum_{k=1}^{\infty}\left(a_k\cos\frac{k\pi x}{L} + b_k\sin\frac{k\pi x}{L}\right) \tag{10.3}$$

여기서

$$a_0 = \frac{1}{2L}\int_{-L}^{L} f(x)dx \tag{10.4a}$$

$$a_k = \frac{1}{L}\int_{-L}^{L} f(x)\cos\frac{k\pi x}{L}dx, \ (k=1,\,2,\,3,\,\cdots) \tag{10.4b}$$

$$b_k = \frac{1}{L}\int_{-L}^{L} f(x)\sin\frac{k\pi x}{L}dx, \ (k=1,\,2,\,3,\,\cdots) \tag{10.4c}$$

예제 10.2

주기가 2인 함수 $f(x)$에 대한 Fourier 급수를 구하라.

$$f(x) = \begin{cases} x & (0 < x < 1) \\ 0 & (1 < x < 2) \end{cases}$$

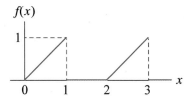

풀이

$f(x) = a_0 + \sum_{k=1}^{\infty} \left(a_k \cos k\pi x + b_k \sin k\pi x \right)$ 에서 $L = 1$ 이다.

$$a_0 = \frac{1}{2L} \int_{-L}^{L} f(x) dx = \frac{1}{2} \int_0^1 x dx = \frac{1}{4}$$

$$a_k = \frac{1}{L} \int_{-L}^{L} f(x) \cos \frac{k\pi x}{L} dx = \int_0^1 x \cos k\pi x \, dx$$

$$= \left[x \frac{\sin k\pi x}{k\pi} \right]_0^1 - \int_0^1 \frac{\sin k\pi x}{k\pi} \, dx$$

$$= 0 + \left[\frac{\cos k\pi x}{(k\pi)^2} \right]_0^1 = \frac{(-1)^k - 1}{(k\pi)^2}$$

(k가 홀수일 때 $a_k = -\dfrac{2}{(k\pi)^2}$ 이고, k가 짝수일 때 $a_k = 0$)

$$b_k = \frac{1}{L} \int_{-L}^{L} f(x) \sin \frac{k\pi}{L} x \, dx = \int_0^1 x \sin k\pi x \, dx$$

$$= \left[x \left(-\frac{\cos k\pi x}{k\pi} \right) \right]_0^1 - \int_0^1 \left(-\frac{\cos k\pi x}{k\pi} \right) dx$$

$$= \frac{-(-1)^k}{k\pi} + \left[\frac{\sin k\pi x}{(k\pi)^2} \right]_0^1 = \frac{-(-1)^k}{k\pi}$$

답 $f(x) = \dfrac{1}{4} - \dfrac{2}{\pi^2} \left(\cos \pi x + \dfrac{\cos 3\pi x}{3^2} + \cdots \right) + \dfrac{1}{\pi} \left(\sin \pi x - \dfrac{\sin 2\pi x}{2} + \dfrac{\sin 3\pi x}{3} - + \cdots \right)$

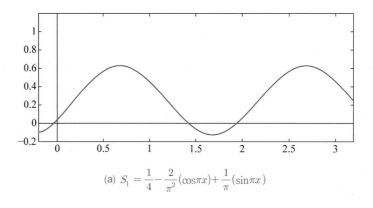

(a) $S_1 = \dfrac{1}{4} - \dfrac{2}{\pi^2}(\cos\pi x) + \dfrac{1}{\pi}(\sin\pi x)$

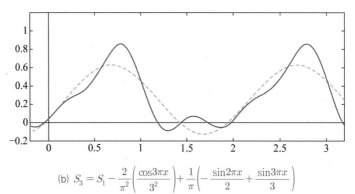

(b) $S_3 = S_1 - \dfrac{2}{\pi^2}\left(\dfrac{\cos3\pi x}{3^2}\right) + \dfrac{1}{\pi}\left(-\dfrac{\sin2\pi x}{2} + \dfrac{\sin3\pi x}{3}\right)$

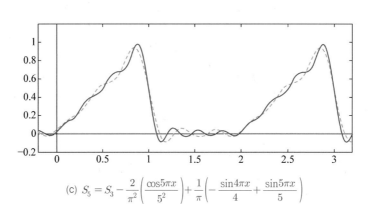

(c) $S_5 = S_3 - \dfrac{2}{\pi^2}\left(\dfrac{\cos5\pi x}{5^2}\right) + \dfrac{1}{\pi}\left(-\dfrac{\sin4\pi x}{4} + \dfrac{\sin5\pi x}{5}\right)$

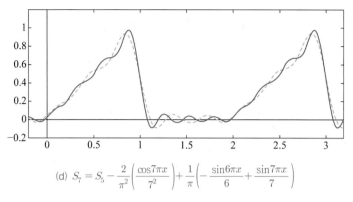

(d) $S_7 = S_5 - \dfrac{2}{\pi^2}\left(\dfrac{\cos 7\pi x}{7^2}\right) + \dfrac{1}{\pi}\left(-\dfrac{\sin 6\pi x}{6} + \dfrac{\sin 7\pi x}{7}\right)$

[그림 10.2] Fourier 급수의 초기 부분 합

10.1.3 우함수(even function)와 기함수(odd function)

우함수(even function) $f(x)$는 그림 10.1(a)와 같이 y축 대칭인 함수로 대표적인 우함수에는 $\cos x$, $|x|$, x^2, x^4, … 등이 있으며, 다음 식을 만족한다.

$$f(-x) = f(x) \tag{10.5}$$

또한 기함수(odd function) $f(x)$는 그림 10.1(b)와 같이 원점 대칭인 함수로 대표적인 기함수에는 $\sin x$, $\tan x$, x, x^3, … 등이 있으며, 다음 식을 만족한다.

$$f(-x) = -f(x) \tag{10.6}$$

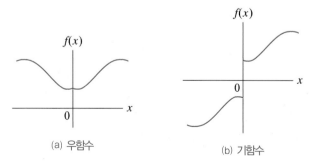

(a) 우함수

(b) 기함수

[그림 10.3] 우함수와 기함수

또한, 우함수와 기함수의 곱은 기함수가 되며, 우함수와 우함수의 곱과 기함수와 기함수의 곱은 우함수가 된다.

i) $f(x)$가 우함수일 때

식 (10.4a)에서

$$a_0 = \frac{1}{2L}\int_{-L}^{L} f(x)dx = \frac{1}{L}\int_{0}^{L} f(x)dx$$

가 되며, 식 (10.4b)에서 $f(x)\cos\dfrac{k\pi x}{L}$ (우함수와 우함수의 곱)도 우함수이므로,

$$a_k = \frac{1}{L}\int_{-L}^{L} f(x)\cos\frac{k\pi x}{L}\,dx = \frac{2}{L}\int_{0}^{L} f(x)\cos\frac{k\pi x}{L}\,dx$$

가 된다. 반면에 식 (10.4c)에서 $f(x)\sin\dfrac{k\pi x}{L}$ (우함수와 기함수의 곱)는 기함수이므로

$$b_k = \frac{1}{L}\int_{-L}^{L} f(x)\sin\frac{k\pi x}{L}dx = 0$$

이 된다.

ii) $f(x)$가 기함수일 때

식 (10.4a)에서

$$a_0 = \frac{1}{2L}\int_{-L}^{L} f(x)dx = 0$$

이 되며, 식 (10.4b)에서 $f(x)\cos\dfrac{k\pi x}{L}$ (기함수와 우함수의 곱)는 기함수이므로,

$$a_k = \frac{1}{L}\int_{-L}^{L} f(x)\cos\frac{k\pi x}{L}\,dx = 0$$

이 된다. 반면에 식 (10.4c)에서 $f(x)\sin\dfrac{k\pi x}{L}$(기함수와 기함수의 곱)은 우함수이므로

$$b_k = \frac{1}{L}\int_{-L}^{L} f(x)\sin\frac{k\pi x}{L}\,dx = \frac{2}{L}\int_{0}^{L} f(x)\sin\frac{k\pi x}{L}\,dx$$

가 된다.

따라서, 이들을 다시 정리하면 다음과 같다.

CORE   주기가 2π인 우함수 $f(x)$의 Fourier 급수

$$f(x) = a_0 + \sum_{k=1}^{\infty} a_k\cos kx \tag{10.7}$$

여기서

$$a_0 = \frac{1}{\pi}\int_{0}^{\pi} f(x)\,dx, \tag{10.8a}$$

$$a_k = \frac{2}{\pi}\int_{0}^{\pi} f(x)\cos kx\,dx, \ (k=1,\ 2,\ 3,\ \cdots) \tag{10.8b}$$

CORE   주기가 2π인 기함수 $f(x)$의 Fourier 급수

$$f(x) = \sum_{k=1}^{\infty} b_k\sin kx \tag{10.9}$$

여기서

$$b_k = \frac{2}{\pi}\int_{0}^{\pi} f(x)\sin kx\,dx, \ (k=1,\ 2,\ 3,\ \cdots) \tag{10.10}$$

CORE   **주기가 $2L$인 우함수 $f(x)$의 Fourier 급수**

$$f(x) = a_0 + \sum_{k=1}^{\infty} a_k \cos\frac{k\pi x}{L} \tag{10.11}$$

여기서

$$a_0 = \frac{1}{L}\int_0^L f(x)dx, \tag{10.12a}$$

$$a_k = \frac{2}{L}\int_0^L f(x)\cos\frac{k\pi x}{L}\,dx, \ (k=1,\ 2,\ 3,\ \cdots) \tag{10.12b}$$

CORE   **주기가 $2L$인 기함수 $f(x)$의 Fourier 급수**

$$f(x) = \sum_{k=1}^{\infty} b_k \sin\frac{k\pi x}{L} \tag{10.13}$$

여기서

$$b_k = \frac{2}{L}\int_0^L f(x)\sin\frac{k\pi x}{L}\,dx \ (k=1,\ 2,\ 3,\ \cdots) \tag{10.14}$$

예제 10.3

다음과 같이 주기가 4인 우함수 $f(x)$에 대한 Fourier 급수를 구하라.

$$f(x) = \begin{cases} -1 & (-1 < x < 1) \\ 1 & (1 < x < 3) \end{cases}$$

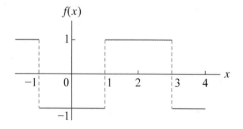

풀이

$f(x) = a_0 + \sum_{k=1}^{\infty} a_k \cos \dfrac{k\pi x}{L}$ 에서 $L = 2$ 이다.

$$a_0 = \frac{1}{L} \int_0^L f(x)\,dx$$

$$= \frac{1}{2} \left(\int_0^1 (-1)\,dx + \int_1^2 1\,dx \right) = 0$$

$$a_k = \frac{2}{L} \int_0^L f(x) \cos \frac{k\pi x}{L}\,dx$$

$$= \int_0^1 (-1) \cos \frac{k\pi x}{2}\,dx + \int_1^2 (1) \cos \frac{k\pi x}{2}\,dx$$

$$= \left[-\frac{2}{k\pi} \sin \frac{k\pi x}{2} \right]_0^1 + \left[\frac{2}{k\pi} \sin \frac{k\pi x}{2} \right]_1^2$$

$$= -\frac{4}{k\pi} \sin \frac{k\pi}{2}$$

$$f(x) = -\frac{4}{\pi} \sum_{k=1}^{\infty} \frac{1}{k} \sin \frac{k\pi}{2} \cos \frac{k\pi x}{2} = -\frac{4}{\pi} \left(\cos \frac{\pi x}{2} - \frac{1}{3} \cos \frac{3\pi x}{2} + \frac{1}{5} \cos \frac{5\pi x}{2} + \cdots \right)$$

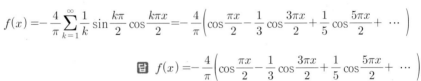

답 $f(x) = -\dfrac{4}{\pi} \left(\cos \dfrac{\pi x}{2} - \dfrac{1}{3} \cos \dfrac{3\pi x}{2} + \dfrac{1}{5} \cos \dfrac{5\pi x}{2} + \cdots \right)$

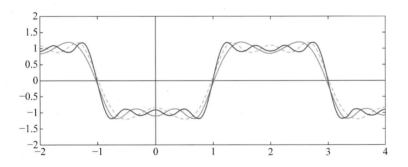

예제 10.4

다음과 같이 주기가 2인 기함수 $f(x)$에 대한 Fourier 급수를 구하라.

$$f(x) = \begin{cases} -1 & (-1 < x < 0) \\ 1 & (0 < x < 1) \end{cases}$$

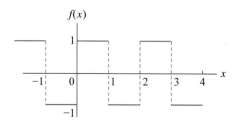

풀이

$f(x) = \displaystyle\sum_{k=1}^{\infty} b_k \sin\frac{k\pi}{L}x$ 에서 $L=1$ 이다.

$$b_k = \frac{2}{L}\int_0^L f(x)\sin\frac{k\pi x}{L}\,dx$$

$$= 2\int_0^1 \sin k\pi x\,dx$$

$$= 2\left[-\frac{\cos k\pi x}{k\pi}\right]_0^1 = \frac{2}{\pi}\frac{1-\cos k\pi}{k} = \frac{2}{\pi}\frac{1-(-1)^k}{k}$$

$$f(x) = \frac{2}{\pi}\sum_{k=1}^{\infty}\frac{1-(-1)^k}{k}\sin k\pi x = \frac{4}{\pi}\left(\sin\pi x + \frac{\sin 3\pi x}{3} + \frac{\sin 5\pi x}{5} + \cdots\right)$$

답 $f(x) = \dfrac{4}{\pi}\left(\sin\pi x + \dfrac{\sin 3\pi x}{3} + \dfrac{\sin 5\pi x}{5} + \cdots\right)$

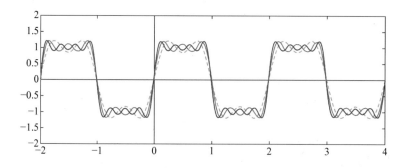

10.1.4 반구간 전개

구간 $[0,\ L]$의 함수 $f(x)$가 경계조건의 특성에 의해 주기적인 우함수 확장(even periodic extension)이나 주기적인 기함수 확장(odd periodic extension)으로 표현될 수 있다. 확장 후의 주기는 $2L$이 된다.

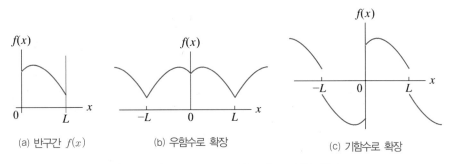

(a) 반구간 $f(x)$ 　　　(b) 우함수로 확장 　　　(c) 기함수로 확장

[그림 10.4] 반구간 함수에 대한 우함수, 기함수 확장

⚙ 예제 10.5

다음과 같이 반구간 함수를 우함수와 기함수로 각각 확장하라.

$$f(x)=\begin{cases} x & (0<x<1)\\ 2-x & (1<x<2)\end{cases}$$

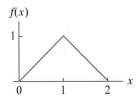

풀이

(a) 주기적 우함수로 확장

$f(x)=a_0+\displaystyle\sum_{k=1}^{\infty}a_k\cos\frac{k\pi x}{L}$ 에서 $L=2$이다.

$$a_0 = \frac{1}{L} \int_0^L f(x)\,dx = \frac{1}{2}\left(\int_0^1 x\,dx + \int_1^2 (2-x)\,dx \right) = \frac{1}{2}$$

$$a_k = \frac{2}{L} \int_0^L f(x)\cos\frac{k\pi x}{L}\,dx$$

$$= \int_0^1 x\cos\frac{k\pi x}{2}\,dx + \int_1^2 (-x+2)\cos\frac{k\pi x}{2}\,dx$$

$$= \left[\frac{x\sin(k\pi x/2)}{k\pi/2} + \frac{\cos(k\pi x/2)}{(k\pi/2)^2} \right]_0^1 + \left[\frac{(-x+2)\sin(k\pi x/2)}{k\pi/2} - \frac{\cos(k\pi x/2)}{(k\pi/2)^2} \right]_1^2$$

$$= \frac{\sin(k\pi/2)}{k\pi/2} + \frac{\cos(k\pi/2)}{(k\pi/2)^2} - \frac{1}{(k\pi/2)^2} - \frac{\cos(k\pi)}{(k\pi/2)^2} - \frac{\sin(k\pi/2)}{k\pi/2} + \frac{\cos(k\pi/2)}{(k\pi/2)^2}$$

$$= \frac{4}{(k\pi)^2}\left(2\cos\frac{k\pi}{2} - 1 - \cos k\pi \right)$$

🧠 **검토**

$$\int x\cos\frac{k\pi x}{2}\,dx = x \cdot \frac{\sin(k\pi x/2)}{k\pi/2} - 1 \cdot \left(\frac{-\cos(k\pi x/2)}{(k\pi/2)^2} \right)$$

$$\int (-x+2)\cos(k\pi x/2)\,dx = (-x+2) \cdot \frac{\sin(k\pi x/2)}{k\pi/2} - (-1) \cdot \frac{-\cos(k\pi x/2)}{(k\pi/2)^2}$$

$$f(x) = \frac{1}{2} + \frac{4}{\pi^2}\sum_{k=1}^{\infty} \frac{1}{k^2}\left(2\cos\frac{k\pi}{2} - 1 - \cos k\pi \right)\cos\frac{k\pi x}{2}$$

$$= \frac{1}{2} - \frac{4}{\pi^2}\left(\cos\pi x + \frac{1}{9}\cos 3\pi x + \frac{1}{25}\cos 5\pi x + \cdots \right)$$

답 $f(x) = \dfrac{1}{2} - \dfrac{4}{\pi^2}\left(\cos\pi x + \dfrac{1}{9}\cos 3\pi x + \dfrac{1}{25}\cos 5\pi x + \cdots \right)$

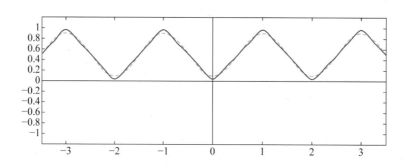

$f(x) = a_0 + \displaystyle\sum_{k=1}^{\infty} a_k \cos\frac{k\pi x}{L}$ 에서 $f(x)$이 주기적 우함수이므로 $L = 1$로 보면 계산이 간단해질 것이다.

$$a_0 = \frac{1}{L}\int_0^L f(x)dx = \int_0^1 x\,dx = \frac{1}{2}$$

$$a_k = \frac{2}{L}\int_0^L f(x)\cos\frac{k\pi x}{L}\,dx = 2\int_0^1 x\cos k\pi x\,dx$$

$$= 2\left[\frac{x\sin k\pi x}{k\pi} + \frac{\cos(k\pi x)}{(k\pi)^2}\right]_0^1 = 2\frac{\cos k\pi - 1}{(k\pi)^2}$$

$$f(x) = \frac{1}{2} + \frac{2}{\pi^2}\sum_{k=1}^{\infty}\frac{\cos k\pi - 1}{k^2}\cos k\pi x$$

$$= \frac{1}{2} - \frac{4}{\pi^2}\left(\cos\pi x + \frac{1}{9}\cos 3\pi x + \frac{1}{25}\cos 5\pi x + \cdots\right)$$

$$\int x\cos k\pi x\,dx = x\cdot\frac{\sin k\pi x}{k\pi} - 1\cdot\left(\frac{-\cos k\pi x}{(k\pi)^2}\right) = \frac{x\sin k\pi x}{k\pi} + \frac{\cos(k\pi x)}{(k\pi)^2}$$

(b) 주기적 기함수로 확장

$f(x) = \displaystyle\sum_{k=1}^{\infty} b_k\sin\frac{k\pi}{L}x$ 에서 $L = 2$이다.

$$b_k = \frac{2}{L}\int_0^L f(x)\sin\frac{k\pi x}{L}\,dx$$

$$= \int_0^1 x\sin\frac{k\pi x}{2}\,dx + \int_1^2(-x+2)\sin\frac{k\pi x}{2}\,dx$$

$$= \left[\frac{-x\cos(k\pi x/2)}{k\pi/2} + \frac{\sin(k\pi x/2)}{(k\pi/2)^2}\right]_0^1 + \left[\frac{-(-x+2)\cos(k\pi x/2)}{k\pi/2} - \frac{\sin(k\pi x/2)}{(k\pi/2)^2}\right]_1^2$$

$$= -\frac{\cos(k\pi/2)}{k\pi/2} + \frac{\sin(k\pi/2)}{(k\pi/2)^2} - \frac{\sin(k\pi)}{(k\pi/2)^2} + \frac{\cos(k\pi/2)}{k\pi/2} + \frac{\sin(k\pi/2)}{(k\pi/2)^2}$$

$$= \frac{8}{(k\pi)^2}\sin\frac{k\pi}{2}$$

$$\int x \sin\frac{k\pi x}{2}\,dx = x \cdot \frac{-\cos(k\pi x/2)}{k\pi/2} - 1 \cdot \frac{-\sin(k\pi x/2)}{(k\pi/2)^2}$$

$$\int (-x+2)\sin(k\pi x/2)\,dx = (-x+2)\cdot\frac{-\cos(k\pi x/2)}{k\pi/2} - (-1)\cdot\frac{-\sin(k\pi x/2)}{(k\pi/2)^2}$$

$$f(x) = \frac{8}{\pi^2}\sum_{k=1}^{\infty}\frac{1}{k^2}\sin\frac{k\pi}{2}\sin\frac{k\pi x}{2} = \frac{8}{\pi^2}\left(\sin\frac{\pi x}{2} - \frac{1}{3^2}\sin\frac{3\pi x}{2} + \frac{1}{5^2}\sin\frac{5\pi x}{2} + - \cdots\right)$$

답 $f(x) = \dfrac{8}{\pi^2}\left(\sin\dfrac{\pi x}{2} - \dfrac{1}{3^2}\sin\dfrac{3\pi x}{2} + \dfrac{1}{5^2}\sin\dfrac{5\pi x}{2} + - \cdots\right)$

10.1.5 함수의 직교성

Fourier 급수 식 (10.1) $f(x) = a_0 + \displaystyle\sum_{k=1}^{\infty}(a_k\cos kx + b_k\sin kx)$를 이루고 있는 각각

의 삼각함수들은 구간 $-\pi \leq x \leq \pi$에서, 임의의 정수 m, n에 대하여 다음과 같은 식을 만족하며, 이 때, 식 (10.1)은 직교성(orthogonality)을 갖는다고 한다. 따라서, Fourier 급수를 직교급수(orthogonal series)라 한다.

또한, 각각의 삼각함수들은 직교(orthogonal)한다. 이는 두 벡터의 내적이 0(영)이 될 때, 두 벡터가 직교한다는 개념과 유사하다.

$$\int_{-\pi}^{\pi}\cos mx \cos nx\,dx = 0 \qquad (m \neq n) \tag{10.15a}$$

$$\int_{-\pi}^{\pi} \sin mx \sin nx\, dx = 0 \qquad (m \neq n) \tag{10.15b}$$

$$\int_{-\pi}^{\pi} \sin mx \cos nx\, dx = 0 \qquad (m \neq n \text{ 또는 } m = n) \tag{10.15c}$$

검토

i) 식 (10.15a)의 증명 $(m \neq n)$

$$\int_{-\pi}^{\pi} \cos mx \cos nx\, dx = \frac{1}{2}\int_{-\pi}^{\pi} \cos(m+n)x\,dx + \frac{1}{2}\int_{-\pi}^{\pi} \cos(m-n)x\,dx = 0$$

ii) 식 (10.15b)의 증명 $(m \neq n)$

$$\int_{-\pi}^{\pi} \sin mx \sin nx\, dx = -\frac{1}{2}\int_{-\pi}^{\pi} \cos(m+n)x\,dx + \frac{1}{2}\int_{-\pi}^{\pi} \cos(m-n)x\,dx = 0$$

iii) 식 (10.15c)의 증명 $(m \neq n \text{ 또는 } m = n)$

$$\int_{-\pi}^{\pi} \sin mx \cos nx\, dx = \frac{1}{2}\int_{-\pi}^{\pi} \sin(m+n)x\,dx + \frac{1}{2}\int_{-\pi}^{\pi} \sin(m-n)x\,dx = 0$$

어떤 구간 $a \leq x \leq b$에서 서로 다른 정수 m, n $(m \neq n)$에 대하여 함수 $y_m(x)$, $y_n(x)$가 가중함수(weight function) $r(x)$ (> 0)를 포함한 다음 식을 만족한다면 함수 $y_m(x)$와 $y_n(x)$를 일반화된 직교함수(generalized orthogonal function)라 한다.

$$(y_m,\ y_n) = \int_a^b r(x)\,y_m(x)\,y_n(x)\,dx = 0 \qquad (m \neq n) \tag{10.16}$$

또한, $y_n(x)$의 노옴(norm) $\| y_n \|$ 은 다음과 같이 정의된다.

$$\| y_n \| = \sqrt{(y_n,\ y_n)} = \sqrt{\int_a^b r(x)\,y_n^2(x)\,dx} \tag{10.17}$$

또한, 구간 $a \leq x \leq b$에서 노옴 값이 1일 때, 그 함수를 정규직교(orthonormal)라고 칭한다.

$$(y_m,\ y_n) = \int_a^b r(x)\, y_m(x)\, y_n(x)\, dx = 0 \qquad (m \neq n) \tag{10.18a}$$

$$(y_m,\ y_n) = \int_a^b r(x)\, y_m(x)\, y_n(x)\, dx = 1 \qquad (m = n) \tag{10.18b}$$

⚙ 예제 10.6

구간 $0 \leq x \leq 2\pi$에서 (a) 함수 $\cos 2x$와 $\cos 3x$가 직교함수를 이루고 있음을 보이고, (b) 노옴 $\|\cos 2x\|$을 구하라.

풀이

(a) $(\cos 2x,\ \cos 3x) = \displaystyle\int_0^{2\pi} \cos 2x \cos 3x\, dx$

$$= \frac{1}{2}\int_0^{2\pi} \cos(3+2)x\,dx + \frac{1}{2}\int_0^{2\pi} \cos(3-2)x\,dx = 0$$

(b) $\|\cos 2x\| = \sqrt{(\cos 2x,\ \cos 2x)} = \sqrt{\displaystyle\int_0^{2\pi} \cos^2 2x\, dx}$

$$= \sqrt{\int_0^{2\pi} \frac{1+\cos 4x}{2}\, dx} = \sqrt{\frac{1}{2}\left[x + \frac{\sin 4x}{4}\right]_0^{2\pi}} = \sqrt{\pi}$$

📋 (a) 직교함수, (b) $\|\cos 2x\| = \sqrt{\pi}$

10.1.6* Sturm-Liouville 문제에서의 고유함수 직교성

일반화된 직교함수를 자세히 이해하기 위하여, 식 (10.19)와 같이 표현되는 Sturm-Liouville 문제를 도입하여 보자. 어떤 구간 $a \leq x \leq b$에서 다음 형태의 2계 상미분방정식이 있다고 하자.

$$[p(x)y(x)']' + \{q(x) + s\,r(x)\}y(x) = 0 \qquad (10.19)$$

여기서, s는 고유값(매개변수)이며, 이 방정식은 Sturm-Liouville 방정식이라 하며, $x = a$와 $x = b$에서 다음과 같은 경계조건(boundary condition)을 만족한다고 하자.

$$c_1 y'(a) + c_2 y(a) = 0 \qquad (10.20a)$$
$$d_1 y'(b) + d_2 y(b) = 0 \qquad (10.20b)$$

여기서, 실수의 상수 $c_1,\ c_2,\ d_1,\ d_2$ 중에서 적어도 하나는 0(영)이 아니어야 한다.

예를 들어, 미분방정식 $y'' + s\,y = 0,\ y(0) = 0,\ y(\pi) = 0$ 에서 고유값과 고유함수를 구하여 보자.

이 미분방정식은 식 (10.19)에서 $p(x) = 1,\ q(x) = 0,\ r(x) = 1$인 Sturm-Liouville 방정식임을 알 수 있다.

또한, $a = 0,\ b = \pi$이며, 식 (10.20)에서 $c_1 = 0,\ c_2 = 1,\ d_1 = 0,\ d_2 = 1$인 경계조건을 갖는다.

따라서, 미분방정식의 해를 $y = Ce^{\lambda x}$이라 놓고 특성방정식을 구하면

$$\lambda^2 + s = 0 \qquad (10.21)$$

이 된다. 따라서 방정식의 일반해는 다음과 같이 정리된다.

i) $s < 0$

특성방정식은 서로 다른 두 실근 $(\lambda = \pm\sqrt{-s})$을 가지므로, 방정식의 일반해는

$$y = C_1 e^{\sqrt{-s}\,x} + C_2 e^{-\sqrt{-s}\,x} \qquad (10.22)$$

이 된다. 여기에 경계조건 $y(0) = 0, \; y(\pi) = 0$을 적용시키면

$$C_1 + C_2 = 0, \; C_1 e^{\sqrt{s}\,\pi} + C_2 e^{-\sqrt{s}\,\pi} = 0$$

이 됨으로써

$$C_1 = 0, \quad C_2 = 0 \tag{10.23}$$

을 얻게 된다. 즉, $s < 0$에서는 $y \equiv 0$이 되어 고유함수가 없다.

ii) $s = 0$

특성방정식은 중근 ($\lambda = 0$)을 가지므로, 방정식의 일반해는

$$y = C_1 + C_2 x \tag{10.24}$$

가 된다. 여기에 경계조건 $y(0) = 0, \; y(\pi) = 0$을 적용시키면

$$C_1 = 0, \quad C_2 = 0 \tag{10.25}$$

을 얻게 된다. 즉, $s = 0$에서는 $y \equiv 0$이 되어 고유함수가 없다.

iii) $s > 0 \; (s = \nu^2)$

특성방정식은 서로 다른 두 허근 ($\lambda = \pm \nu i$)을 가지므로, 방정식의 일반해는

$$y(x) = A \cos \nu x + B \sin \nu x \tag{10.26}$$

가 된다. 여기에 경계조건 $y(0) = 0, \; y(\pi) = 0$을 적용시키면

$$A = 0, \; B \sin \nu \pi = 0 \tag{10.27}$$

이 된다. 식 (10.27)의 $\sin\nu\pi = 0$을 만족하는 ν를 구하면, $\nu = 1,\ 2,\ 3,\ \cdots$이 된다. 따라서, 고유값 $s\ (s = \nu^2)$는 $s = 1^2,\ 2^2,\ 3^2,\ \cdots$ 이고, $B = 1$라 놓음으로써 고유함수는 $y(x) = \sin\nu x\ (\nu = 1,\ 2,\ 3,\ \cdots)$이다.

식 (10.19)에서 $p(x),\ q(x),\ r(x)$에 대한 Sturm-Liouville 방정식은 수많은 고유값과 이에 대응하는 수많은 고유함수를 가지고 있음을 알 수 있다. 이제 이러한 고유함수들의 직교성(orthogonality)을 확인해보자.

⊞ CORE Sturm–Liouville 문제에서의 직교성 (orthogonality)

구간 $a \leq x \leq b$에서 서로 다른 고유값 $\lambda_m,\ \lambda_n\ (m \neq n)$에 대하여 서로 다른 함수 $y_m,\ y_n$이 각각 Sturm-Liouville 방정식이라 한다면, 가중함수 $r(x)\ (> 0)$에 대한 함수 $y_m,\ y_n$은 서로 직교한다. 즉,

$$(y_m,\ y_n) = \int_a^b r(x)\, y_m(x)\, y_n(x)\, dx = 0\, (m \neq n) \qquad \text{(10.16의 반복)}$$

증명

서로 다른 함수 $y_m,\ y_n$이 Sturm-Liouville 문제의 방정식 (10.19)를 만족하므로, 다음 식이 성립한다.

$$[p\, y_m{}']' + (q + \lambda_m r)\, y_m = 0 \qquad\qquad (10.28a)$$

$$[p\, y_n{}']' + (q + \lambda_n r)\, y_n = 0 \qquad\qquad (10.28b)$$

식 (10.28a)에 y_n을 곱하고, 식 (10.28b)에 y_m을 곱한 후, 두 식을 빼면,

$$\begin{aligned}
(\lambda_m - \lambda_n)\, r\, y_m y_n &= y_m\, [p\, y_n{}']' - y_n\, [p\, y_m{}']' \\
&= \{y_m{}'\, (p\, y_n{}') + y_m\, [p\, y_n{}']'\} - \{y_n{}'\, (p\, y_m{}') + y_n\, [p\, y_m{}']'\} \\
&= [y_m\, (p\, y_n{}') - y_n\, (p\, y_m{}')]' \\
&= [p\, (y_m y_n{}' - y_m{}' y_n)]'
\end{aligned}$$

이 된다. 구간 $a \leq x \leq b$에서 적분하면

$$(\lambda_m - \lambda_n) \int_a^b r\, y_m\, y_n\, dx = [p\,(y_m\, y_n{}' - y_m{}'\, y_n)]_a^b$$

$$= p(b)\{y_m(b)\, y_n{}'(b) - y_m{}'(b)\, y_n(b)\}$$

$$- p(a)\{y_m(a)\, y_n{}'(a) - y_m{}'(a)\, y_n(a)\} \qquad (10.29)$$

가 된다. $\lambda_m \neq \lambda_n$ 이므로, 식 (10.29)의 우변이 0(영)이 된다면 직교성이 증명될 것이다. 따라서, $p(a)$, $p(b)$의 조건에 따라서 다음과 같이 나누어 판단해보기로 하자.

i) $p(a) = 0$, $p(b) = 0$인 경우, 식 (10.29)의 우변 전체가 0이 된다.

ii) $p(a) = 0$, $p(b) \neq 0$인 경우, 식 (10.29)의 우변의 앞 항 $y_m(b)\, y_n{}'(b) - y_m{}'(b)\, y_n(b)$가 0이 됨을 보이면 된다.

식 (10.20b)으로부터 다음 두 식을 얻는다.

$$d_1\, y_n{}'(b) + d_2\, y_n(b) = 0 \qquad (10.30a)$$

$$d_1\, y_m{}'(b) + d_2\, y_m(b) = 0 \qquad (10.30b)$$

먼저, $d_1 \neq 0$라 가정하고, 식 (10.30a)에 $y_m(b)$를 곱한 후 식 (10.30b)에 $y_n(b)$를 곱한 식을 빼면

$$d_1\{y_m(b)\, y_n{}'(b) - y_m{}'(b)\, y_n(b)\} = 0$$

이 된다. 따라서

$$y_m(b)\, y_n{}'(b) - y_m{}'(b)\, y_n(b) = 0 \qquad (10.31)$$

임을 확인할 수 있다.

이제, $d_2 \neq 0$이라 가정하고, 식 (10.30b)에 $y_n{}'(b)$를 곱한 후 식 (10.30a)에

$y_m{'}(b)$를 곱한 식을 빼면

$$d_2\{y_m(b)y_n{'}(b) - y_m{'}(b)y_n(b)\} = 0$$

이 된다. 따라서

$$y_m(b)y_n{'}(b) - y_m{'}(b)y_n(b) = 0 \qquad (10.32)$$

임을 확인할 수 있다.

iii) $p(a) \neq 0$, $p(b) = 0$인 경우, 식 (10.29)의 마지막 항 $y_m(a)y_n{'}(a) - y_m{'}(a)y_n(a)$ 가 0이 됨을 보이면 된다. 이는 ii)의 경우와 유사하게 증명된다.

iv) $p(a) \neq 0$, $p(b) \neq 0$인 경우, 식 (10.29)의 오른편 두 항이 모두 0이 됨을 보이면 된다. 이 또한 ii)와 iii)의 경우와 유사하게 증명된다.

 예제 10.7

구간 $-1 \leq x \leq 1$에서 다음 방정식의 고유함수들이 서로 직교함수를 이루고 있음을 보여라.

$$(1-x^2)y'' - 2xy + n(n+1)y = 0$$

풀이

주어진 Legendre 방정식은 다음과 같이 나타낼 수 있다.

$$[(1-x^2)y']' + sy = 0 \qquad 단, s = n(n+1)$$

이는 $p(x) = 1-x^2$, $q(x) = 0$, $r(x) = 1$인 Sturm-Liouville 방정식이다. 또한 경계조건은 $x = 1$ 과 $x = -1$에서 $y = 0$임을 알 수 있다.

따라서, $n = 0, 1, 2, 3, \cdots$, 즉, $s = 0, 1 \cdot 2, 2 \cdot 3, 3 \cdot 4, \cdots$ 에 대하여 Legendre 방정식의 해 $y_n(x)$는 이 문제의 고유함수이다.

즉, Legendre 방정식의 모든 고유함수는 서로 직교한다.

$$\int_{-1}^{1} y_m(x)y_n(x)\,dx = 0$$

※ 주기가 2π인 함수 $f(x)$에 대한 Fourier 급수를 구하라. [1 ~ 2]

1. $f(x) = \begin{cases} 0 & (-\pi < x < 0) \\ \pi - x & (0 < x < \pi) \end{cases}$

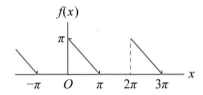

2. $f(x) = \begin{cases} 0 & (-\pi < x < 0) \\ \sin x & (0 < x < \pi) \end{cases}$

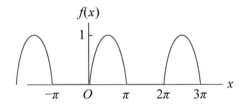

※ 다음 함수 $f(x)$에 대한 Fourier 급수를 구하라. [3 ~ 4]

3. $f(x) = \begin{cases} 1 & (0 < x < 1) \\ 0 & (1 < x < 2) \end{cases}$

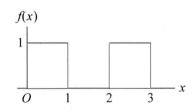

4. $f(x) = \begin{cases} \sin \pi x & (0 < x < 1) \\ 0 & (1 < x < 2) \end{cases}$

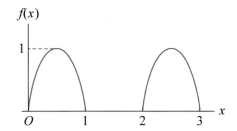

※ 다음 우함수 또는 기함수 $f(x)$에 대한 Fourier 급수를 구하라. [5 ～ 10]

5. $f(x) = \begin{cases} 2x & (0 < x < 2) \\ 4 - 2x & (2 < x < 4) \end{cases}$　　(주기: 4)

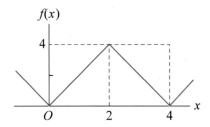

6. $f(x) = \dfrac{x^2}{\pi}$　$(-\pi < x < \pi)$　　　　　(주기: 2π)

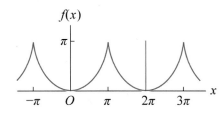

7. $f(x) = x \quad (-\pi < x < \pi) \quad$ (주기: 2π)

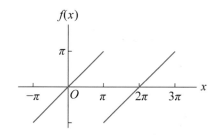

8. $f(x) = \begin{cases} -x^2 & (-2 < x < 0) \\ x^2 & (0 < x < 2) \end{cases} \quad$ (주기: 4)

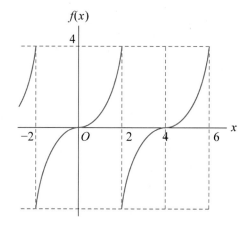

9. $f(x) = x \quad (0 < x < 3) \quad$ (주기: 3)

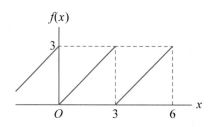

연습문제 10.1

10. $f(x) = x + 1$ 　　　$(-1 < x < 1)$ 　　(주기: 2)

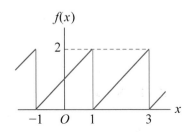

※ 다음 반구간 함수 $f(x)$를 우함수와 기함수로 각각 확장하라. [11 ~ 14]

11. $f(x) = x$ 　　　$(0 < x < 1)$

12. $f(x) = 2 - 2x$ 　　　$(0 < x < 1)$

13. $f(x) = \begin{cases} 0 & (0 < x < 1) \\ 1 & (1 < x < 2) \end{cases}$

14. $f(x) = \begin{cases} 1 & (0 < x < 1) \\ -1 & (1 < x < 2) \end{cases}$

※ 구간 $0 \leq x \leq 2\pi$에서 다음 함수들이 서로 직교함수인지를 판별하라. [15 ~ 18]

15. $\sin 3x$, $\cos 2x$

16. $\sin 2x$, $\cos 2x$

17. $\cos x$, $\cos 3x$

18. $\sin 2x$, $\sin x$

※ 구간 $0 \leq x \leq 2\pi$에서 다음 함수의 노옴(norm)을 구하라. [19 ~ 20]

19. $\sin 2x$

20. $\cos x$

10.2 Fourier 적분

일반적인 주기함수를 싸인 또는 코싸인의 무한급수로 표현한 것이 Fourier 급수인 반면에, 비주기함수(non-periodic function)를 표현하는 방법이 Fourier 적분이다.

10.2.1 Fourier 적분(Fourier integral)

다음과 같이 주기가 $2L$인 주기함수 $f_L(x)$를 생각해보자.

$$f_L(x) = a_0 + \sum_{k=1}^{\infty} \left(a_k \cos w_k x + b_k \sin w_k x \right) \tag{10.33}$$

여기서, $w_k = \dfrac{k\pi}{L}$, $(k = 1,\ 2,\ 3,\ \cdots)$ $\tag{10.34a}$

$$a_0 = \frac{1}{2L} \int_{-L}^{L} f_L(v) dv, \tag{10.34b}$$

$$a_k = \frac{1}{L} \int_{-L}^{L} f_L(v) \cos w_k v\, dv, \tag{10.34c}$$

$$b_k = \frac{1}{L} \int_{-L}^{L} f_L(v) \sin w_k v\, dv \tag{10.34d}$$

만약, $L \to \infty$ 가 된다면, 주기가 없는 비주기함수 $f(x)$를 표현하게 될 것이다. 따라서

$$f(x) = \lim_{L \to \infty} f_L(x) \tag{10.35}$$

가 된다. 먼저, 식 (10.34b)에 대하여 정리하면 다음과 같다.

$$\lim_{L \to \infty} a_0 = \lim_{L \to \infty} \frac{1}{2L} \int_{-L}^{L} f_L(v) dv = 0 \tag{10.36}$$

이다. 식 (10.34a)로부터 $\Delta w = w_{k+1} - w_k = \dfrac{(k+1)\pi}{L} - \dfrac{k\pi}{L} = \dfrac{\pi}{L}$ 이므로 $\dfrac{1}{L} = \dfrac{\Delta w}{\pi}$

를 적용하고, 식 (10.35)과 (10.36)를 식 (10.33)에 대입한 다음, 정리하면 다음과 같다.

$$f(x) = \lim_{L \to \infty} \sum_{k=1}^{\infty} \left\{ A(w_k) \cos w_k x + B(w_k) \sin w_k x \right\} \Delta w \tag{10.37}$$

여기서, $A(w_k) = \dfrac{1}{\pi} \lim_{L \to \infty} \displaystyle\int_{-L}^{L} f_L(x) \cos w_k x \, dx,$ $B(w_k) = \dfrac{1}{\pi} \lim_{L \to \infty} \displaystyle\int_{-L}^{L} f_L(x) \sin$

$w_k x \, dx$

이다.

따라서, 다음과 같이 정리할 수 있다.

CORE   비주기 함수 $f(x)$의 Fourier 적분

$$f(x) = \int_{0}^{\infty} \left\{ A(w) \cos wx + B(w) \sin wx \right\} dw \tag{10.38}$$

여기서,

$$A(w) = \frac{1}{\pi} \int_{-\infty}^{\infty} f(x) \cos wx \, dx \tag{10.39a}$$

$$B(w) = \frac{1}{\pi} \int_{-\infty}^{\infty} f(x) \sin wx \, dx \tag{10.39b}$$

예제 10.7

다음과 같은 비주기 함수 $f(x)$를 Fourier 적분으로 나타내어라.

$$f(x) = \begin{cases} 1 & (|x| < 1) \\ 0 & (|x| > 1) \end{cases}$$

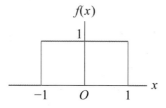

풀이

$f(x) = \displaystyle\int_0^\infty \{A(w)\cos wx + B(w)\sin wx\}\,dw$ 에서

$$A(w) = \frac{1}{\pi}\int_{-\infty}^{\infty} f(x)\cos wx\,dx = \frac{1}{\pi}\int_{-1}^{1} 1\cdot\cos wx\,dx = \frac{2\sin w}{\pi w}$$

$$B(w) = \frac{1}{\pi}\int_{-\infty}^{\infty} f(x)\sin wx\,dx = \frac{1}{\pi}\int_{-1}^{1} 1\cdot\sin wx\,dx = 0$$

이므로

$$f(x) = \frac{2}{\pi}\int_0^\infty \left(\frac{\sin w}{w}\cos wx\right)dw \qquad ①$$

가 된다.

답 $f(x) = \dfrac{2}{\pi}\displaystyle\int_0^\infty \left(\dfrac{\sin w}{w}\cos wx\right)dw$

🧠 검토   Sinc 함수

본 문제의 답을 다시 정리하면

$$\frac{2}{\pi}\int_0^\infty \left(\frac{\sin w}{w}\cos wx\right)dw = \begin{cases} 1 & (0 \leq x < 1) \\ 1/2 & (x = 1) \\ 0 & (x > 1) \end{cases} \qquad ②$$

이다. $x = 1$에서는 $f(x)$의 좌방 극한값 1과 우방 극한값 0의 평균으로 계산된다.

즉,

$$\int_0^\infty \left(\frac{\sin w}{w}\cos wx\right)dw = \begin{cases} \pi/2 & (0 \leq x < 1) \\ \pi/4 & (x = 1) \\ 0 & (x > 1) \end{cases} \qquad ③$$

이다.

특히, 식 ③ 중에 $x = 0$에서

$$\int_0^\infty \frac{\sin w}{w}\,dw = \frac{\pi}{2} \qquad ④$$

가 성립한다. 여기서, $g(x) = \dfrac{\sin x}{x}$를 Sinc 함수(Sinc function)라 하며, $g(0) = 1$을 만족

한다. 그림은 Sinc 함수, $g(x) = \dfrac{\sin x}{x}$의 형태이다.

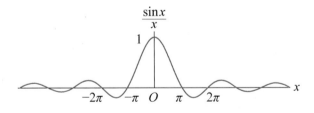

[그림 10.5] Sinc 함수 $g(x) = \dfrac{\sin x}{x}$의 그래프

10.2.2 Fourier 코싸인 적분(Fourier cosine ingegral)과 Fourier 싸인 적분(Fourier sine integral)

예제 10.7에서와 같이, 함수 $f(x)$가 우함수, 즉 $f(-x)=f(x)$이면 식 (10.25b)의 $B(w)=0$이 된다. 또한, 함수 $f(x)$가 기함수, 즉 $f(-x)=-f(x)$이면 식 (10.25a)의 $A(w)=0$이 된다.

따라서, 함수가 우함수와 기함수일 때를 정리하면 다음과 같다.

CORE Fourier 코싸인 적분과 Fourier 싸인 적분

i) 비주기 우함수 $f(x)$의 Fourier 코싸인 적분

$$f(x) = \int_0^\infty A(w) \cos wx \, dw \tag{10.40}$$

여기서,

$$A(w) = \frac{2}{\pi} \int_0^\infty f(x) \cos wx \, dx \tag{10.41}$$

$A(w)$의 계산에서, $f(x)\cos wx$[우함수 $f(x)$와 우함수 $\cos wx$의 곱]는 우함수이므로, 구간$(-\infty,\ \infty)$에서의 적분 값은 구간$(0,\ \infty)$에서의 적분 값의 2배에 해당한다.

ii) 비주기 기함수 $f(x)$의 Fourier 싸인 적분

$$f(x) = \int_0^\infty B(w) \sin wx \, dw \tag{10.42}$$

여기서,

$$B(w) = \frac{2}{\pi} \int_0^\infty f(x) \sin wx \, dx \tag{10.43}$$

$B(w)$의 계산에서, $f(x)\sin wx$[기함수 $f(x)$와 기함수 $\sin wx$의 곱]는 우함수이므로, 구간$(-\infty,\ \infty)$에서의 적분 값은 구간$(0,\ \infty)$에서의 적분 값의 2배에 해당한다.

예제 10.8

다음과 같은 비주기 우함수 $f(x)$를 Fourier 적분 식으로 나타내라.

$$f(x) = \begin{cases} 1-x & (0 \leq x < 1) \\ 0 & (x > 1) \end{cases}$$

$$f(-x) = f(x)$$

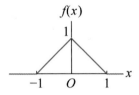

풀이

식 (10.26)과 (10.27)에서

$$f(x) = \int_0^\infty A(w) \cos wx \, dw$$

$$A(w) = \frac{2}{\pi} \int_0^\infty f(x) \cos wx \, dx = \frac{2}{\pi} \int_0^1 (1-x) \cdot \cos wx \, dx = \frac{2(1-\cos w)}{\pi w^2} \text{ (참고 참조)}$$

이므로

$$f(x) = \frac{2}{\pi} \int_0^\infty \left(\frac{1-\cos w}{w^2} \cos wx \right) dw$$

가 된다.

답 $f(x) = \frac{2}{\pi} \int_0^\infty \left(\frac{1-\cos w}{w^2} \cos wx \right) dw$

🧠 **검토**　$\int_0^1 (1-x) \cdot \cos wx \, dx$**의 계산**

부정적분

$$\int (1-x) \cdot \cos wx \, dx = (1-x)\frac{\sin \omega x}{\omega} - \int (-1) \cdot \frac{\sin \omega x}{\omega} \, dx$$

$$= (1-x)\frac{\sin \omega x}{\omega} - \frac{\cos \omega x}{\omega^2}$$

이며, 따라서, 정적분

$$\int_0^1 (1-x) \cdot \cos wv \, dv = \left[(1-x)\frac{\sin \omega x}{\omega} - \frac{\cos \omega x}{\omega^2} \right]_0^1 = \frac{1-\cos \omega}{\omega^2}$$

이다.

⚙ **예제 10.9**

다음과 같은 비주기 기함수 $f(x)$를 Fourier 적분 식으로 나타내라.

$$f(x) = \begin{cases} 1 & (0 \le x < 1) \\ 0 & (x > 1) \end{cases}$$

$$f(-x) = -f(x)$$

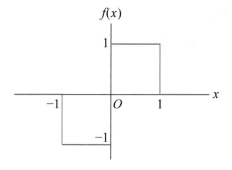

풀이

식 (10.28)과 (10.29)에서

$$f(x) = \int_0^\infty B(w) \sin wx \, dw$$

$$B(w) = \frac{2}{\pi} \int_0^\infty f(x) \sin wx\, dx = \frac{2}{\pi} \int_0^1 1 \cdot \sin wx\, dx = \frac{2(1-\cos w)}{\pi w}$$

이므로

$$f(x) = \frac{2}{\pi} \int_0^\infty \left(\frac{1-\cos w}{w} \sin wx \right) dw$$

가 된다.

답 $f(x) = \dfrac{2}{\pi} \displaystyle\int_0^\infty \left(\dfrac{1-\cos w}{w} \sin wx \right) dw$

⚙ 예제 10.10

다음과 같은 비주기 우함수 $f(x)$를 Fourier 적분 식으로 나타내라.

$$f(x) = e^{-kx} \quad (x > 0,\ k > 0)$$
$$f(-x) = f(x)$$

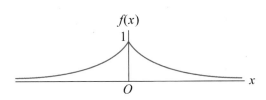

풀이

식 (10.25)과 (10.26)에서

$$f(x) = \int_0^\infty A(w) \cos wx\, dw$$

$$A(w) = \frac{2}{\pi} \int_0^\infty f(x) \cos wx\, dx = \frac{2}{\pi} \int_0^\infty e^{-kx} \cdot \cos wx\, dx = \frac{2k}{\pi(k^2 + w^2)} \quad \text{(참고 참조)}$$

이므로

$$f(x) = \frac{2}{\pi} \int_0^\infty \left(\frac{k}{k^2 + w^2} \cos wx \right) dw \qquad \qquad ①$$

가 된다.

답 $f(x) = \dfrac{2}{\pi} \displaystyle\int_0^\infty \left(\dfrac{k}{k^2 + w^2} \cos wx \right) dw$

CORE $\int_0^\infty \dfrac{\cos wx}{k^2 + w^2}\,dw = \dfrac{\pi}{2k}e^{-kx}\Bigg\}\,(x > 0,\ k > 0)$ **의 유도**

식 ①을 다시 정리하면

$$\frac{2}{\pi}\int_0^\infty \left(\frac{k}{k^2 + w^2}\cos wx\right)dw = e^{-kx} \tag{②}$$

이다. 즉,

$$\int_0^\infty \frac{\cos wx}{k^2 + w^2}\,dw = \frac{\pi}{2k}e^{-kx}\Bigg\}\,(x > 0,\ k > 0) \tag{③}$$

이 유도된다.

검토 $\int_0^\infty e^{-kx}\cdot \cos wx\,dx = \dfrac{k}{k^2 + w^2}$ **의 유도 (부분적분법 이용)**

$$
\begin{aligned}
I &= \int e^{-kx}\cdot \cos wx\,dx \\
&= \frac{e^{-kx}}{-k}\cdot \cos wx - \frac{e^{-kx}}{k^2}\cdot (-w\sin wx) + \int \frac{e^{-kx}}{k^2}\cdot (-w^2\cos wx)\,dx \\
&= \frac{e^{-kx}}{-k}\cdot \cos wx - \frac{e^{-kx}}{k^2}\cdot (-w\sin wx) - \frac{w^2}{k^2}I
\end{aligned}
$$

따라서

$$(k^2 + w^2)I = e^{-kx}(-k\cos wx + w\sin wx)$$

이다. 즉,

$$(k^2 + w^2)\int_0^\infty e^{-kx}\cdot \cos wx\,dx = e^{-kx}(-k\cos wx + w\sin wx)\Big|_0^\infty = k$$

따라서,

$$\int_0^\infty e^{-kx}\cdot \cos wx\,dx = \frac{k}{k^2 + w^2}$$

이다.

예제 10.11

다음과 같은 비주기 기함수 $f(x)$를 Fourier 적분 식으로 나타내라.

$$f(x) = e^{-kx} \quad (x > 0, \ k > 0)$$
$$f(-x) = -f(x)$$

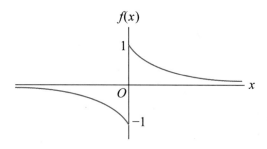

풀이

식 (10.28)과 (10.29)에서

$$f(x) = \int_0^\infty B(w) \sin wx \, dw$$

$$B(w) = \frac{2}{\pi} \int_0^\infty f(x) \sin wx \, dx$$

$$= \frac{2}{\pi} \int_0^\infty e^{-kx} \cdot \sin wx \, dx = \frac{2w}{\pi(k^2 + w^2)} \quad \text{(참고 참조)}$$

이므로

$$f(x) = \frac{2}{\pi} \int_0^\infty \left(\frac{w}{k^2 + w^2} \sin wx \right) dw \qquad ①$$

가 된다.

답 $f(x) = \dfrac{2}{\pi} \displaystyle\int_0^\infty \left(\dfrac{w}{k^2 + w^2} \sin wx \right) dw$

CORE $\displaystyle\int_0^\infty \frac{w\sin wx}{k^2+w^2}\,dw = \frac{\pi}{2}e^{-kx}\ (x>0,\ k>0)$ **의 유도**

식 ①을 다시 정리하면

$$\frac{2}{\pi}\int_0^\infty \left(\frac{w}{k^2+w^2}\sin wx\right)dw = e^{-kx} \qquad ②$$

이다. 즉,

$$\int_0^\infty \frac{w\sin wx}{k^2+w^2}\,dw = \frac{\pi}{2}e^{-kx}\,(x>0,\ k>0) \qquad ③$$

이 유도된다.

검토 $\displaystyle\int_0^\infty e^{-kx}\cdot\sin wx\,dx = \frac{w}{k^2+w^2}$ **의 유도 (부분적분법 이용)**

$$\begin{aligned}
I &= \int e^{-kx}\cdot\sin wx\,dx \\
&= \frac{e^{-kx}}{-k}\cdot\sin wx - \frac{e^{-kx}}{k^2}\cdot(w\cos wx) + \int \frac{e^{-kx}}{k^2}\cdot(-w^2\sin wx)dx \\
&= \frac{e^{-kx}}{-k}\cdot\sin wx - \frac{e^{-kx}}{k^2}\cdot(w\cos wx) - \frac{w^2}{k^2}I
\end{aligned}$$

따라서

$$(k^2+w^2)I = -e^{-kx}(k\sin wx + w\cos wx)$$

이다.

$$(k^2+w^2)\int_0^\infty e^{-kx}\cdot\sin wx\,dx = -e^{-kx}(k\sin wx + w\cos wx)\Big|_0^\infty = w$$

즉,

$$\int_0^\infty e^{-kx}\cdot\cos wx\,dx = \frac{w}{k^2+w^2}$$

이다.

※ 다음 Fourier 적분을 유도하라. [1 ∼ 4]

1. $\int_0^\infty \left(\dfrac{\sin w}{w} \cos wx\right) dw = \begin{cases} \dfrac{\pi}{2} & (0 \le x < 1) \\ \dfrac{\pi}{4} & (x = 1) \\ 0 & (x > 1) \end{cases}$

   [힌트: $f(x) = 1$]

2. $\int_0^\infty \dfrac{\cos(\pi w/2)}{1-w^2} \cos wx \, dw = \begin{cases} \dfrac{\pi}{2} \cos x & (0 \le x \le \pi/2) \\ 0 & (x > \pi/2) \end{cases}$

   [힌트: $f(x) = \cos x$]

3. $\int_0^\infty \left(\dfrac{-w\cos w + \sin w}{w^2} \sin wx\right) dw = \begin{cases} \pi x/2 & (0 \le x < 1) \\ \pi/4 & (x = 1) \\ 0 & (x > 1) \end{cases}$

   [힌트: $f(x) = x$]

4. $\int_0^\infty \left(\dfrac{\sin 2\pi w}{w^2 - 1} \sin wx\right) dw = \begin{cases} \dfrac{\pi}{2} \sin x & (0 \le x \le 2\pi) \\ 0 & (x > 2\pi) \end{cases}$

   [힌트: $f(x) = \sin x$]

※ 다음 함수를 Fourier 코싸인 적분 식으로 나타내라. [5 ∼ 8]

5. $f(x) = \begin{cases} x & (0 \le x < 1) \\ 0 & (x > 1) \end{cases}$

6. $f(x) = \begin{cases} e^{-x} & (0 \le x < 1) \\ 0 & (x > 1) \end{cases}$

7. $f(x) = \begin{cases} \cos x & (0 < x < \pi/2) \\ 0 & (x > \pi/2) \end{cases}$

8. $f(x) = \begin{cases} \sin x & (0 < x < \pi/2) \\ 0 & (x > \pi/2) \end{cases}$

※ 다음 함수를 Fourier 싸인 적분 식으로 나타내라. [9 ~ 12]

9. $f(x) = \begin{cases} x & (0 \leq x < 1) \\ 0 & (x > 1) \end{cases}$

10. $f(x) = \begin{cases} e^{-x} & (0 \leq x < 1) \\ 0 & (x > 1) \end{cases}$

11. $f(x) = \begin{cases} \cos x & (0 < x < \pi/2) \\ 0 & (x > \pi/2) \end{cases}$

12. $f(x) = \begin{cases} \sin x & (0 < x < \pi/2) \\ 0 & (x > \pi/2) \end{cases}$

CHAPTER

11

Engineering Mathematics with MATLAB

편미분방정식

2개 또는 그 이상의 독립변수로 이루어진 편도함수로 이루어진 방정식을 편미분방정식(partial differential equation, PDE)이라 한다. 주요한 편미분방정식의 예는 다음과 같다.

$$\frac{\partial u}{\partial t} = c^2 \frac{\partial^2 u}{\partial x^2} \; : \; 1차원\ 열전도\ 방정식$$

$$\frac{\partial^2 u}{\partial x^2} + \frac{\partial^2 u}{\partial y^2} = 0 \; : \; 2차원\ Laplace\ 방정식 \qquad\qquad (1.4\ 반복)$$

여기서, u는 두 개의 변수 $x,\ y$를 갖는 함수 $u = u(x,\ y)$이다.

1차원 열전도 방정식은 온도 차이에 따라 열이 어떻게 전달되는지를 나타내는 방정식이다. 또한, 2차원 Laplace 방정식은 변화하지 않는 정적인 상황에서 잠재력이 어떻게 분포하는지를 나타내는 방정식이다. 이 방정식은 전자기학, 열역학, 유체역학 등 다양한 분야에서 중요한 역할을 한다.

편미분방정식은 상미분방정식보다도 광범위한 영역, 즉, 진동학(vibration), 음향학(acoustics), 탄성학(elasticity), 열전달(heat transfer), 유체역학(fluid mechanics), 전자기학(electromagnetics) 및 양자역학(quantum mechanics) 등에서 사용된다.

본 교재에서는 간단한 편미분방정식 모델인 1차원 방정식을 먼저 설명하고(11.1절, 11.4절), 2차원 방정식으로 확장해 나가기로 하자.(11.2절, 11.3절, 11.5절)

11.1 1차원 파동 방정식(One-dimensional wave equation)

11.1.1 현의 횡진동(transverse vibration of string)

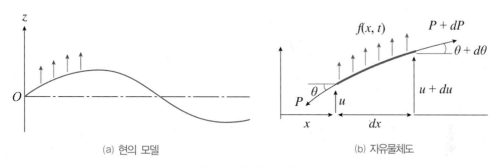

(a) 현의 모델   (b) 자유물체도

[그림 11.1] 현의 횡진동

그림 11.1과 같이, 단위 길이당 횡방향의 외력 $f(x, t)$를 받는 길이 l인 균일한 탄성 현(elastic string)을 살펴보자. 그림 11.1(b)의 한 요소(element)에 대하여, 현의 횡 변위를 $u(x, t)$라 놓고, 뉴턴의 제2법칙을 적용하면 다음과 같은 운동방정식을 얻을 수 있다.

$$(P+dP)\sin(\theta+d\theta) - P\sin\theta + f\,dx = \rho\,dx\,\frac{\partial^2 u}{\partial t^2} \tag{11.1}$$

여기서, P는 현의 장력 [N], ρ는 선밀도 [kg/m], θ는 현과 x축이 이루는 각이며, $\frac{\partial^2 u}{\partial t^2}$는 상하방향의 가속도를 의미한다. 요소 길이 dx에 대하여

$$\sin\theta \cong \theta,\ \sin(\theta+d\theta) \cong \theta+d\theta$$

이므로 이들을 식 (11.1)에 대입하고, 미소량의 중첩요소 $dP\,d\theta$를 무시하면

$$P\,d\theta + \theta\,dP + f\,dx = \rho\,dx\,\frac{\partial^2 u}{\partial t^2} \tag{11.2}$$

가 된다. 줄의 장력 P가 일정하고, 단위 길이당 횡방향의 외력 $f(x,t)$를 무시할 수 있다고 가정하고, 식 (11.2)에

$$d\theta = \frac{\partial \theta}{\partial x}\,dx$$

를 적용하면, 다음 식이 유도된다.

$$P\,\frac{\partial \theta}{\partial x} = \rho\,\frac{\partial^2 u}{\partial t^2} \tag{11.3}$$

여기에 기하학적 조건 $\theta \cong \tan\theta = \dfrac{\partial u}{\partial x}$를 적용하여 다음의 방정식을 얻는다.

$$\frac{\partial^2 u}{\partial t^2} = c^2\,\frac{\partial^2 u}{\partial x^2} \tag{11.4}$$

여기서, $c^2 = P/\rho$이며, P는 현의 장력 [N], ρ는 선밀도 [kg/m]이고 c는 파동의 전달 속력 [m/s]을 의미한다.

식 (11.4)를 1차원 파동 방정식(one-dimensional wave equation)이라 부른다. "1차원"이라 함은 오직 하나의 공간변수 x로만 표현되었기 때문이다. 참고로, 2차원 파동 방정식(two-dimensional wave equation)과 3차원 파동 방정식(three-dimensional wave equation)을 소개하면 다음과 같다.

$$\frac{\partial^2 u}{\partial t^2} = c^2\left(\frac{\partial^2 u}{\partial x^2} + \frac{\partial^2 u}{\partial y^2}\right) \tag{11.5}$$

$$\frac{\partial^2 u}{\partial t^2} = c^2\left(\frac{\partial^2 u}{\partial x^2} + \frac{\partial^2 u}{\partial y^2} + \frac{\partial^2 u}{\partial z^2}\right) \tag{11.6}$$

여기에 Laplace 연산자 ∇^2을 사용하면 다음과 같이 표현된다.

$$\frac{\partial^2 u}{\partial t^2} = c^2 \nabla^2 u \tag{11.7}$$

본 교재에서는 파동 방정식 (11.4)만을 알고, 식 (11.1) ~ (11.3)의 유도과정(진동학 교과목에서 자세히 배우도록 하자)은 생략하여도 무방하다.

11.1.2 변수분리법

🧩 **CORE**   **1차원 파동 방정식**

길이가 l인 균일한 현에 대한 파동 방정식은 다음과 같다.

$$\frac{\partial^2 u}{\partial t^2} = c^2 \frac{\partial^2 u}{\partial x^2} \tag{11.4 반복}$$

여기서, $c^2 = P/\rho$이며, P는 현의 장력 [N], ρ는 선밀도 [kg/m]이고 c는 파동의 전달속력 [m/s]이다.

파동 방정식의 해는 변수분리법(separation of variables)을 이용한다. 해 $u(x,t)$를 다음과 같이 변위 x의 함수 $X(x)$와 시간 t의 함수 $T(t)$의 곱으로 표현하자.

$$u(x,t) = X(x)\,T(t) \tag{11.8}$$

이를 각 변수에 대하여 각각 편미분하면

$$\frac{\partial^2 u}{\partial t^2} = X\frac{d^2 T}{dt^2} \tag{11.9a}$$

$$\frac{\partial^2 u}{\partial x^2} = \frac{d^2 X}{dx^2}T \tag{11.9b}$$

가 되며, 이들을 식 (11.4)에 대입하여 다음을 얻는다.

$$\frac{1}{T}\frac{d^2 T}{dt^2} = \frac{c^2}{X}\frac{d^2 X}{dx^2}$$

(11.10)

식 (11.10)의 좌변은 t만의 함수이며, 우변은 x만의 함수이므로 공통 값은 상수 (음수, $-\omega^2$)이어야 한다. 따라서 다음과 같이 두 개의 독립 식으로 분리할 수 있다.

$$\frac{d^2 X}{dx^2} + \frac{\omega^2}{c^2}X = 0$$

(11.11a)

$$\frac{d^2 T}{dt^2} + \omega^2 T = 0$$

(11.11b)

이 두 방정식의 해는 다음과 같다.

$$X(x) = A\cos\frac{\omega x}{c} + B\sin\frac{\omega x}{c}$$

(11.12a)

$$T(t) = C\cos\omega t + D\sin\omega t$$

(11.12b)

11.1.3 현의 횡진동 해

현이 양 끝단($x = 0$, $x = l$)에서 고정되어 있으면 경계조건(boundary condition) 은 모든 시간 $t \geq 0$에서 $u(0, t) = 0$, $u(l, t) = 0$이 된다. 이를 $X(x)$에 적용시키면

$$X(0) = 0$$

(11.13a)

$$X(l) = 0$$

(11.13b)

이 된다. 이를 식 (11.12a)에 대입하면 다음과 같이 계산된다.

$$A = 0$$

(11.14a)

$$B\sin\frac{\omega l}{c} = 0$$

(11.14b)

식 (11.14b)를 진동수 방정식(frequency equation)이라 하며, 여러 개의 고유진동수 ω가 존재하여 n번째 고유진동수 ω_n은 다음과 같이 표현된다.

$$\omega_n = \frac{n\pi c}{l} \quad (n = 1,\ 2,\ 3,\ \cdots) \tag{11.15}$$

따라서, 고유진동수 ω_n에 대응되는 현의 파동 방정식 해 u_n은 다음과 같다.

$$u_n(x,\,t) = X_n(x)\,T_n(t) = \sin\frac{n\pi x}{l}\left\{C_n\cos\omega_n t + D_n\sin\omega_n t\right\} \tag{11.16}$$

여기서, C_n, D_n은 임의의 상수이며, 해 $u_n(x,\,t)$는 현의 n차 고유함수(n-th eigen function) 또는 n차 모드형상(mode shape), $\omega_n = \frac{n\pi c}{l}$를 n차 고유값(eigenvalue) 또는 n차 고유진동수(natural frequency)라 한다. 그림 11.2는 현의 n차 고유함수를 보여주는 그림이다.

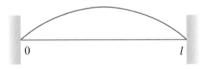

(a) 1차 모드형상 $u_1(x,\,t)$

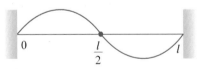

(b) 2차 모드형상 $u_2(x,\,t)$

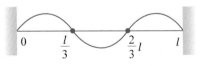

(c) 3차 모드형상 $u_3(x,\,t)$

[그림 11.2] 현의 모드형상

그림 11.2의 (b), (c)에서 보는 바와 같이, 현의 상하 움직임이 없는 점을 절점 (node, nodal point)이라 하며 2차 모드형상에서는 하나의 절점이 있으며, 3차 모드 형상에서는 두 개의 절점이 있다.

따라서, 두 경계조건 식 (11.13)을 만족하는 파동 방정식 (11.4)의 해는 모든 변위 $u_n(x, t)$의 중첩에 의해 다음과 같은 Fourier 급수 식으로 표현된다.

$$u(x, t) = \sum_{n=1}^{\infty} u_n(x, t) = \sum_{n=1}^{\infty} \sin \frac{n\pi x}{l} \left\{ C_n \cos \frac{n\pi c}{l} t + D_n \sin \frac{n\pi c}{l} t \right\} \quad (11.17)$$

여기서, 상수 C_n, D_n은 초기조건에 의해 구해지며, 식 (11.17)은 현의 모든 진동을 표현하는 식이다.

만약, 초기조건(초기 변위조건과 초기 속도조건)이 다음과 같이

$$u(x, 0) = u_0(x) \quad (11.18a)$$

$$\frac{\partial u}{\partial t}(x, 0) = \dot{u}_0(x) \quad (11.18b)$$

로 주어졌다면, 식 (11.17)로부터 다음 식을 얻게 된다.

$$\sum_{n=1}^{\infty} C_n \sin \frac{n\pi x}{l} = u_0(x) \quad (11.19a)$$

$$\sum_{n=1}^{\infty} D_n \frac{n\pi c}{l} \sin \frac{n\pi x}{l} = \dot{u}_0(x) \quad (11.19b)$$

이는 구간 $0 \leq x \leq l$에서 Fourier 싸인 급수 전개이므로 Fourier 싸인 적분을 이용하여 계수 C_n, D_n을 계산할 수 있다.

$$C_n = \frac{2}{l} \int_0^l u_0(x) \sin\frac{n\pi x}{l} dx \tag{11.20a}$$

$$D_n = \frac{2}{n\pi c} \int_0^l \dot{u}_0(x) \sin\frac{n\pi x}{l} dx \tag{11.20b}$$

문제를 간단히 하기 위하여, 초기 속도 $\dot{u}_0(x) = 0$인 경우를 고려해보자. 식 (11.17)에 이를 적용하면

$$u(x,\,t) = \sum_{n=1}^{\infty} C_n \sin\frac{n\pi x}{l} \cos\frac{n\pi ct}{l} \tag{11.21}$$

가 된다. 한편, $\sin\dfrac{n\pi x}{l} \cos\dfrac{n\pi ct}{l} = \dfrac{1}{2}\left[\sin\left\{\dfrac{n\pi}{l}(x+ct)\right\} + \sin\left\{\dfrac{n\pi}{l}(x-ct)\right\} \right]$ 이므로,

$$u(x,\,t) = \frac{1}{2}\sum_{n=1}^{\infty} C_n \sin\left\{\frac{n\pi}{l}(x+ct)\right\} + \frac{1}{2}\sum_{n=1}^{\infty} C_n \sin\left\{\frac{n\pi}{l}(x-ct)\right\} \tag{11.22}$$

로 정리된다. 즉,

$$u(x,\,t) = \frac{1}{2}\left\{ u_0(x+ct) + u_0(x-ct) \right\} \tag{11.23}$$

가 된다. 여기에서 $u_0(x+ct)$와 $u_0(x-ct)$는 초기 변위조건식 (11.22) $u_0(x)$에서 변수 x 대신 $x+ct$, $x-ct$를 각각 대입하여 얻은 것으로, $u_0(x+ct)$는 $u_0(x)$를 왼쪽 방향으로 ct만큼 평행 이동한 함수이며, $u_0(x-ct)$는 $u_0(x)$를 오른쪽 방향으로 ct만큼 평행 이동한 함수이다.

예제 11.1

길이가 l이고 양 끝이 고정인 균일한 현을 초기 위치를 그림과 같이 현의 중앙을 h만큼 잡아 올렸다가 놓았을 때의 파동 방정식의 해 $u(x,\,t)$를 구하여라.

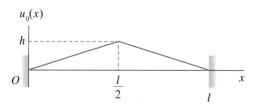

풀이

현의 변위 식 (11.17)에서

$$u(x,\,t) = \sum_{n=1}^{\infty} u_n(x,\,t) = \sum_{n=1}^{\infty} \sin\frac{n\pi x}{l}\left\{C_n\cos\frac{n\pi ct}{l} + D_n\sin\frac{n\pi ct}{l}\right\} \qquad ①$$

이다. 이를 미분하면

$$\dot{u}(x,\,t) = \sum_{n=1}^{\infty} \sin\frac{n\pi x}{l}\left\{-C_n\frac{nc\pi}{l}\sin\frac{n\pi ct}{l} + D_n\frac{nc\pi}{l}\cos\frac{n\pi ct}{l}\right\}$$

이다. 초기 속도조건 $\dot{u}(x,\,0)=0$으로부터

$$D_n = 0$$

이다. 초기 변위조건 $u_n(x,\,0)=u_0(x)$로부터

$$u(x,\,0) = \sum_{n=1}^{\infty} u_n(x) = \sum_{n=1}^{\infty} C_n\sin\frac{n\pi x}{l}$$

이다. 따라서

$$C_n = \frac{2}{l}\int_0^l u_0(x)\sin\frac{n\pi x}{l}\,dx \qquad ②$$

이다. 여기서, 초기 변위 $u_0(x)$는

$$u_0(x) = \begin{cases} \dfrac{2hx}{l} & (0 \le x < \dfrac{l}{2}) \\[3mm] \dfrac{2h(l-x)}{l} & (\dfrac{l}{2} \le x \le l) \end{cases} \qquad ③$$

이다. 식 ③을 식 ②에 대입하면

$$C_n = \frac{4h}{l^2}\left\{\int_0^{l/2} x\sin\frac{n\pi x}{l}\,dx + \int_{l/2}^l (l-x)\sin\frac{n\pi x}{l}\,dx\right\} \qquad ④$$

이다. 여기서 $\displaystyle\int_0^{l/2} x\sin\frac{n\pi x}{l}\,dx = -\frac{l^2}{2n\pi}\cos\frac{n\pi}{2}+\left(\frac{l}{n\pi}\right)^2\sin\frac{n\pi}{2}$,

$$\int_{l/2}^l (l-x)\sin\frac{n\pi x}{l}\,dx = \frac{l^2}{2n\pi}\cos\frac{n\pi}{2}+\left(\frac{l}{n\pi}\right)^2\sin\frac{n\pi}{2}$$

이므로,

$$C_n = \frac{8h}{n^2\pi^2}\sin\frac{n\pi}{2} \qquad ⑤$$

가 된다. 따라서

$$\begin{aligned} u(x,t) &= \frac{8h}{\pi^2}\sum_{n=1}^{\infty}\sin\frac{n\pi x}{l}\cos\frac{n\pi ct}{l}\left(\frac{1}{n^2}\sin\frac{n\pi}{2}\right)\\ &= \frac{8h}{\pi^2}\left(\sin\frac{\pi x}{l}\cos\frac{\pi ct}{l}-\frac{1}{9}\sin\frac{3\pi x}{l}\cos\frac{3\pi ct}{l}+\frac{1}{25}\sin\frac{5\pi x}{l}\cos\frac{5\pi ct}{l}-\cdots\right) \end{aligned}$$

이다.

답 $\displaystyle u(x,t)=\frac{8h}{\pi^2}\left(\sin\frac{\pi x}{l}\cos\frac{\pi ct}{l}-\frac{1}{9}\sin\frac{3\pi x}{l}\cos\frac{3\pi ct}{l}+\frac{1}{25}\sin\frac{5\pi x}{l}\cos\frac{5\pi ct}{l}\mp\cdots\right)$

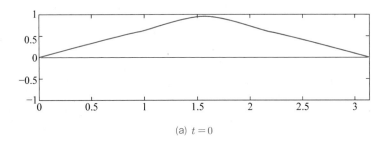

(a) $t=0$

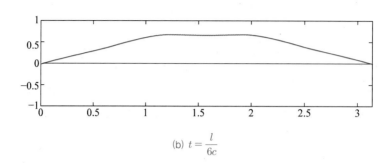

(b) $t = \dfrac{l}{6c}$

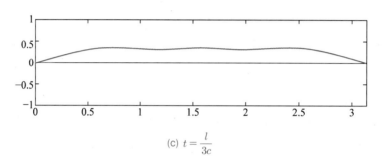

(c) $t = \dfrac{l}{3c}$

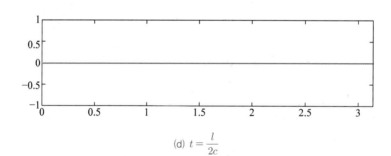

(d) $t = \dfrac{l}{2c}$

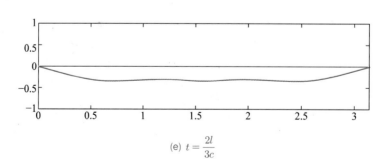

(e) $t = \dfrac{2l}{3c}$

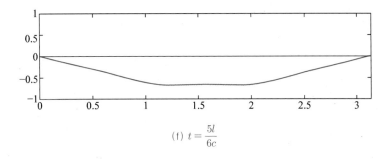

(f) $t = \dfrac{5l}{6c}$

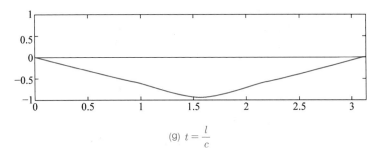

(g) $t = \dfrac{l}{c}$

현의 진동($l = \pi,\ h = 1,\ c = 1$인 경우)

🔍 **검토**   **두 함수의 중첩 (superposition)**

식 (11.23)에서 나타낸 바와 같이 $u_0(x)$를 왼쪽 방향으로 ct만큼 평행 이동한 함수 $u_0(x+ct)$와 오른쪽 방향으로 ct만큼 평행 이동한 함수 $u_0(x-ct)$를 중첩시킨 형상임을 알 수 있다.

※ 양단 고정인 균일한 현의 진동에 대하여, 초기 속도는 0이고 초기 변위가 다음 그림과 같을 때, $l = 1,\ h = 1,\ c = 1$인 진동 방정식의 해 $u(x, t)$를 그려라. [1 ~ 4]

1.
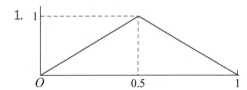

2.
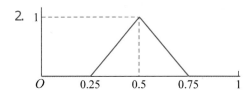

3.
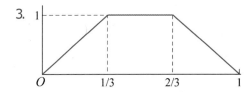

4.
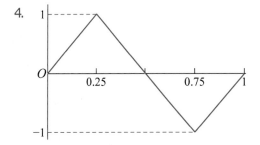

11.2 2차원 파동 방정식(Two-dimensional wave equation)

11.2.1 직사각형 박막의 파동 방정식(wave equation of a retangular thin plate)

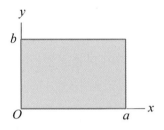

[그림 11.3] 직사각형 박막

🧩 CORE **2차원 파동 방정식 (직각좌표계)**

균일한 박막에 대한 2차원 파동 방정식은 다음과 같다.

$$\frac{\partial^2 u}{\partial t^2} = c^2 \left(\frac{\partial^2 u}{\partial x^2} + \frac{\partial^2 u}{\partial y^2} \right)$$

(11.5 반복)

여기서, $c^2 = P/\rho$이며, P는 박막의 장력 [N], ρ는 면 밀도 [kg/m^2]이다. 파동 방정식의 해 $u = u(x,\ y,\ t)$는 박막의 위치 $(x,\ y)$에서의 시간 t에 대한 함수이다.

1차원 파동 방정식에서와 마찬가지로, 가로 a, 세로 b인 직사각형 박막의 파동 방정식에서도 변수분리법(separation of variables)을 이용한다. 해 $u = u(x,\ y,\ t)$를 다음과 같이 변위 x의 함수 $X(x)$, 변위 y의 함수 $Y(y)$와 시간 t의 함수 $T(t)$의 곱으로 표현하자.

$$u(x,\ y,\ t) = X(x)\,Y(y)\,T(t)$$

(11.24)

이를 각 변수에 대하여 각각 편미분하면

$$\frac{\partial^2 u}{\partial t^2} = XY \frac{d^2 T}{dt^2} \tag{11.25a}$$

$$\frac{\partial^2 u}{\partial x^2} = YT \frac{d^2 X}{dx^2} \tag{11.25b}$$

$$\frac{\partial^2 u}{\partial y^2} = XT \frac{d^2 Y}{dy^2} \tag{11.25c}$$

가 되며, 이들을 식 (11.24)에 대입하여 다음을 얻는다.

$$\frac{1}{T} \frac{d^2 T}{dt^2} = c^2 \left(\frac{1}{X} \frac{d^2 X}{dx^2} + \frac{1}{Y} \frac{d^2 Y}{dy^2} \right) \tag{11.26}$$

식 (11.26)의 좌변은 t만의 함수이며, 우변은 x, y의 함수이므로 공통 값은 상수 (음수, $-\omega^2$)이어야 한다. 따라서 다음과 같이 세 개의 독립 식으로 분리할 수 있다.

$$\frac{d^2 X}{dx^2} + p^2 X = 0 \tag{11.27a}$$

$$\frac{d^2 Y}{dy^2} + q^2 Y = 0 \tag{11.27b}$$

$$\frac{d^2 T}{dt^2} + \omega^2 T = 0 \tag{11.27c}$$

여기서, $p^2 + q^2 = \dfrac{\omega^2}{c^2}$ 을 만족한다. 이 세 방정식의 해는 다음과 같다.

$$X(x) = A \cos px + B \sin px \tag{11.28a}$$

$$Y(y) = C \cos qy + D \sin qy \tag{11.28b}$$

$$T(t) = E \cos \omega t + E^* \sin \omega t \tag{11.28c}$$

직사각형 박막의 네 변($x=0$, $x=a$, $y=0$, $y=b$)에서 고정되어 있으면 경계조건(boundary condition)은 모든 시간 $t \geq 0$에서 $u(0, y, t)=0$, $u(a, y, t)=0$, $u(x, 0, t)=0$, $u(x, b, t)=0$이 된다. 이를 $X(x)$, $Y(y)$에 적용시키면

$$X(0)=0 \qquad\qquad (11.29a)$$

$$X(a)=0 \qquad\qquad (11.29b)$$

$$Y(0)=0 \qquad\qquad (11.29c)$$

$$Y(b)=0 \qquad\qquad (11.29d)$$

이 된다. 이를 식 (11.28a)와 (11.28b)에 대입하면 다음과 같이 계산된다.

$$A=0 \qquad\qquad (11.30a)$$

$$B \sin pa=0 \qquad\qquad (11.30b)$$

$$C=0 \qquad\qquad (11.30c)$$

$$D \sin qb=0 \qquad\qquad (11.30d)$$

식 (11.30b)와 (11.30d)는 각각 여러 개의 p와 q가 존재하므로 다음과 같이 표현된다.

$$p_m = \frac{m\pi}{a} \, (m=1, \, 2, \, 3, \, \cdots) \qquad\qquad (11.31a)$$

$$q_n = \frac{n\pi}{b} \, (n=1, \, 2, \, 3, \, \cdots) \qquad\qquad (11.31b)$$

따라서, 박막의 파동 방정식 해 $X_m(x)\,Y_n(y)$는 다음과 같다.

$$X_m(x)\,Y_n(y) = \sin\frac{m\pi x}{a} \sin\frac{n\pi y}{b} \qquad\qquad (11.32)$$

식 (11.27)의 조건식 $p^2 + q^2 = \dfrac{\omega^2}{c^2}$에 식 (11.31)을 적용하면

$$\omega_{mn} = c\sqrt{p_m^2 + q_n^2} = c\pi\sqrt{\frac{m^2}{a^2} + \frac{n^2}{b^2}} \ (m = 1,\ 2,\ \cdots,\ n = 1,\ 2,\ \cdots) \tag{11.33}$$

따라서, 이에 대응하는 박막의 파동 방정식 해는 다음과 같이 정리된다.

$$u_{mn}(x,\ y,\ t) = \sin\frac{m\pi x}{a}\sin\frac{n\pi y}{b}(E_{mn}\cos\omega_{mn}t + E_{mn}^{*}\sin\omega_{mn}t) \tag{11.34}$$

식 $u_{mn}(x,\ y,\ t)$는 박막 진동에 대한 고유함수라 하며, ω_{mn}을 고유값이라 한다.

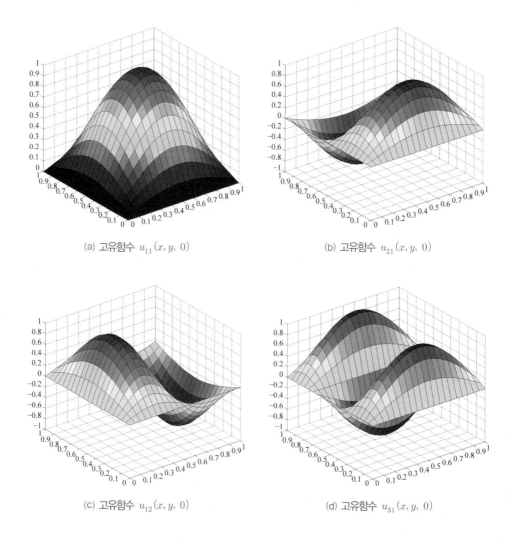

(a) 고유함수 $u_{11}(x, y,\ 0)$

(b) 고유함수 $u_{21}(x, y,\ 0)$

(c) 고유함수 $u_{12}(x, y,\ 0)$

(d) 고유함수 $u_{31}(x, y,\ 0)$

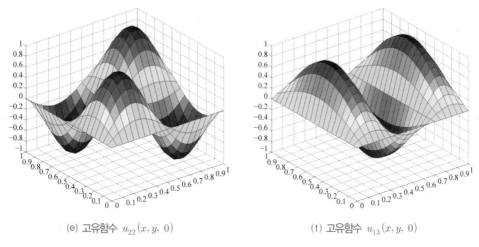

(e) 고유함수 $u_{22}(x, y, 0)$ (f) 고유함수 $u_{13}(x, y, 0)$

[그림 11.4] 박막의 고유함수($a = 1$, $b = 1$인 경우)

그림 11.4에서 보는 바와 같이, 박막의 상하 움직임이 없는 선을 절선(nodal line)이라 한다. 그림 (b)와 (c)에서는 절선이 1개씩, 그림 (d)~(f)에서는 절선이 2개씩 있음을 알 수 있다.

따라서, 경계조건 (11.29)를 만족하는 파동 방정식 (11.24)의 해는 모든 변위 $u_{mn}(x, y, t)$의 중첩에 의해 다음과 같이 표현된다.

$$u(x, y, t) = \sum_{m=1}^{\infty} \sum_{n=1}^{\infty} u_{mn}(x, y, t)$$

$$= \sum_{m=1}^{\infty} \sum_{n=1}^{\infty} \sin\frac{m\pi x}{a} \sin\frac{n\pi y}{b} (E_{mn}\cos\omega_{mn}t + E_{mn}^{*} \sin\omega_{mn}t) \qquad (11.35)$$

여기서, $\omega_{mn} = c\pi \sqrt{\dfrac{m^2}{a^2} + \dfrac{n^2}{b^2}}$ 이고, 상수 E_{mn}, E_{mn}^{*} 는 초기조건(초기 변위와 초기 속도)에 의해 구해지며, 식 (11.35)는 박막의 모든 진동을 표현하는 식이다. 여기에 $t = 0$을 대입하면 초기 변위식 $f(x, y)$가 다음과 같은 이중 Fourier 급수(double Fourier series)로 표현된다.

$$u(x,\ y,\ 0) = \sum_{m=1}^{\infty} \sum_{n=1}^{\infty} E_{mn} \sin\frac{m\pi x}{a} \sin\frac{n\pi y}{b} = f(x,\ y) \tag{11.36}$$

여기에서

$$K_m(y) = \sum_{n=1}^{\infty} E_{mn} \sin\frac{n\pi y}{b} \tag{11.37}$$

라 놓으면, 구간 $0 \le y \le b$에서 Fourier 싸인 급수 전개이므로 Fourier 싸인 적분을 이용하여 계수 E_{mn} 을 계산할 수 있다.

$$E_{mn} = \frac{2}{b} \int_0^b K_m(y) \sin\frac{n\pi y}{b} dy \tag{11.38}$$

또한, 식 (11.36)에 식 (11.37)을 대입하면

$$f(x,\ y) = \sum_{m=1}^{\infty} K_m(y) \sin\frac{m\pi x}{a} \tag{11.39}$$

와 같은 형태가 된다. 이는 고정된 y에 대하여 구간 $0 \le x \le a$에서 $f(x,\ y)$의 Fourier 싸인 급수 전개이므로 Fourier 싸인 적분을 이용하여 계수 $K_m(y)$를 계산할 수 있다.

$$K_m(y) = \frac{2}{a} \int_0^a f(x,\ y) \sin\frac{m\pi x}{a} dx \tag{11.40}$$

다시 식 (11.40)을 식 (11.38)에 대입하면

$$E_{mn} = \frac{4}{ab} \int_0^b \int_0^a f(x,\ y) \sin\frac{m\pi x}{a} \sin\frac{n\pi y}{b} dx dy \tag{11.41}$$

$$(m = 1,\ 2,\ \cdots,\ n = 1,\ 2,\ \cdots)$$

를 얻는다. 계산식에 익숙해진다면 식 (11.36)으로부터 중간 과정 없이 바로 식 (11.41)을 얻을 수도 있을 것이다.

상수 E_{mn}^* 를 구하기 위하여, 식 (11.35)를 시간 t에 대하여 미분한 후 $t = 0$을 대입하면 초기 속도 식 $g(x, y)$가 다음과 같은 이중 Fourier 급수 식으로 표현된다.

$$\left.\frac{\partial u}{\partial t}\right|_{t=0} = \sum_{m=1}^{\infty} \sum_{n=1}^{\infty} E_{mn}^* \omega_{mn} \sin\frac{m\pi x}{a} \sin\frac{n\pi y}{b} = g(x, y) \tag{11.42}$$

따라서, 상수 E_{mn}^* 는 다음과 같이 구할 수 있다.

$$E_{mn}^* = \frac{4}{ab\,\omega_{mn}} \int_0^b \int_0^a g(x, y) \sin\frac{m\pi x}{a} \sin\frac{n\pi y}{b} dx dy \tag{11.43}$$

$$(m = 1, 2, \cdots, n = 1, 2, \cdots)$$

⚙ 예제 11.2

$0 \le x \le 3, 0 \le y \le 2$인 네 변이 고정인 균일한 박막의 초기 변위가 다음 식으로 주어지고, 초기 속도는 0일 때, 직사각형 박막의 파동 방정식의 해 $u(x, y, t)$를 구하라. (단, 파동 방정식의 계수는 $c = 1$이다.)

$$f(x, y) = (3x - x^2)(2y - y^2)$$

풀이

2차원 파동 방정식의 해 (11.35)에서

$$u(x, y, t) = \sum_{m=1}^{\infty} \sum_{n=1}^{\infty} \sin\frac{m\pi x}{a} \sin\frac{n\pi y}{b} (E_{mn}\cos\omega_{mn}t + E_{mn}^* \sin\omega_{mn}t),$$

여기서, $\omega_{mn} = c\pi\sqrt{\frac{m^2}{a^2} + \frac{n^2}{b^2}}$ 이며, $a = 3$, $b = 2$, $c = 1$이다.

초기 속도는 0이므로,

$$E_{mn}^{*} = 0$$

이다. 초기 변위식 $f(x,\, y) = \sum\limits_{m=1}^{\infty}\sum\limits_{n=1}^{\infty} E_{mn}\sin\dfrac{m\pi x}{a}\sin\dfrac{n\pi y}{b}$ 에서

$$\begin{aligned}
E_{mn} &= \frac{4}{ab}\int_0^b\int_0^a f(x,\, y)\sin\frac{m\pi x}{a}\sin\frac{n\pi y}{b}dxdy \quad (m=1,\, 2,\, \cdots,\, n=1,\, 2,\, \cdots) \\
&= \frac{2}{3}\int_0^2\int_0^3 (3x-x^2)(2y-y^2)\sin\frac{m\pi x}{3}\sin\frac{n\pi y}{2}dxdy \\
&= \frac{2}{3}\int_0^3 (3x-x^2)\sin\frac{m\pi x}{3}dx\int_0^2 (2y-y^2)\sin\frac{n\pi y}{2}dy \ (\text{참고 참조}) \\
&= \frac{2}{3}\frac{54}{m^3\pi^3}(1-\cos m\pi)\frac{16}{n^3\pi^3}(1-\cos n\pi) \\
&= \frac{576}{m^3 n^3\pi^6}(1-\cos m\pi)(1-\cos n\pi)
\end{aligned}$$

따라서

$$\begin{aligned}
u(x,\, y,\, t) &= \sum_{m=1}^{\infty}\sum_{n=1}^{\infty} E_{mn}\sin\frac{m\pi x}{3}\sin\frac{n\pi y}{2}\cos\omega_{mn}t \\
&= \frac{576}{\pi^6}\sum_{m=1}^{\infty}\sum_{n=1}^{\infty}\frac{1}{m^3 n^3}(1-\cos m\pi)(1-\cos n\pi)\sin\frac{m\pi x}{3}\sin\frac{n\pi y}{2}\cos\omega_{mn}t
\end{aligned}$$

이다. 여기서, $\omega_{mn} = \pi\sqrt{\dfrac{m^2}{9}+\dfrac{n^2}{4}}$ 이다.

답 $u(x, y, t) = \dfrac{576}{\pi^6}\sum\limits_{m=1}^{\infty}\sum\limits_{n=1}^{\infty}\dfrac{1}{m^3 n^3}(1-\cos m\pi)(1-\cos n\pi)\sin\dfrac{m\pi x}{3}\sin\dfrac{n\pi y}{2}\cos\omega_{mn}t$

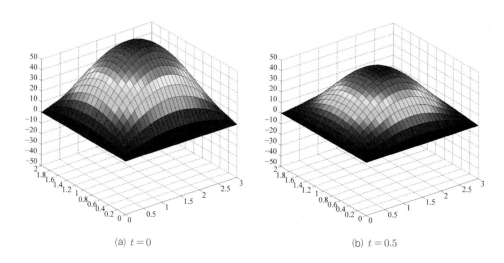

(a) $t=0$ (b) $t=0.5$

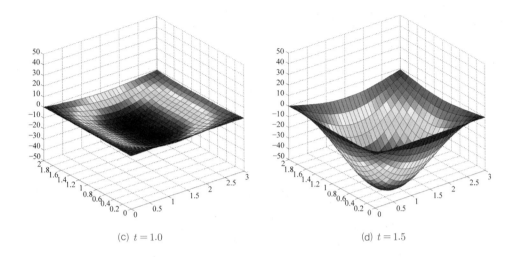

(c) $t = 1.0$
(d) $t = 1.5$

>> 참고 : $\displaystyle\int_0^3 (3x - x^2) \sin\frac{m\pi x}{3}\, dx$의 계산 (부분적분법 이용)

$$\int_0^3 (3x - x^2) \sin\frac{m\pi x}{3}\, dx = \left[(3x - x^2) \cdot \left(-\frac{3}{m\pi} \cos\frac{m\pi x}{3} \right) \right.$$
$$\left. - (3 - 2x) \cdot \left(-\frac{9}{m^2\pi^2} \sin\frac{m\pi x}{3} \right) + (-2) \cdot \left(\frac{27}{m^3\pi^3} \cos\frac{m\pi x}{3} \right) \right]_0^3$$
$$= \frac{54}{m^3\pi^3} (1 - \cos m\pi)$$

>> 참고 : $\displaystyle\int_0^2 (2y - y^2) \sin\frac{n\pi y}{2}\, dy$의 계산 (부분적분법 이용)

$$\int_0^2 (2y - y^2) \sin\frac{n\pi y}{2}\, dy = \left[(2y - y^2) \cdot \left(-\frac{2}{n\pi} \cos\frac{n\pi y}{2} \right) \right.$$
$$\left. - (2 - 2y) \cdot \left(-\frac{4}{n^2\pi^2} \sin\frac{n\pi y}{2} \right) + (-2) \cdot \left(\frac{8}{n^3\pi^3} \cos\frac{n\pi y}{2} \right) \right]_0^2$$
$$= \frac{16}{n^3\pi^3} (1 - \cos n\pi)$$

11.2.2 원형 박막에 대한 파동 방정식(wave equation of a circular thin plate)

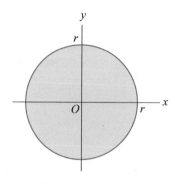

[그림 11.5] 원형 박막

11.1 절에서 2차원 파동 방정식은 다음과 같이 표현됨을 알았다.

$$\frac{\partial^2 u}{\partial t^2} = c^2 \nabla^2 u$$

(11.7 반복)

또한, 원형 박막을 표현하기 위하여 Laplace 연산자를 극 좌표계(polar coordinates)로 표현하면 다음과 같다. [Appendix 참조]

$$\nabla^2 u = \frac{\partial^2 u}{\partial r^2} + \frac{1}{r}\frac{\partial u}{\partial r} + \frac{1}{r^2}\frac{\partial^2 u}{\partial \theta^2}$$

(A5.3)

🧩 **CORE**   2차원 파동 방정식 (극 좌표계)

균일한 원형 박막에 대한 2차원 파동 방정식은 다음과 같다.

$$\frac{\partial^2 u}{\partial t^2} = c^2\left(\frac{\partial^2 u}{\partial r^2} + \frac{1}{r}\frac{\partial u}{\partial r} + \frac{1}{r^2}\frac{\partial^2 u}{\partial \theta^2}\right)$$

(11.44)

여기서, $c^2 = P/\rho$ 이며, P 는 원형 박막의 장력 [N], ρ 는 면 밀도 [kg/m²]이다. 파동 방정식의 해 $u = u(r,\ \theta,\ t)$ 는 박막의 극좌표 $(r,\ \theta)$ 에서의 시간 t 에 대한 함수이다.

원형 박막이 각도 θ에 관계없는 방사형 대칭(radially symmetric)이라면 $u_{\theta\theta} = 0$가 되므로 식 (11.44)는 다음과 같은 간략 식이 된다.

$$\frac{\partial^2 u}{\partial t^2} = c^2 \left(\frac{\partial^2 u}{\partial r^2} + \frac{1}{r} \frac{\partial u}{\partial r} \right) \tag{11.45}$$

1차원 파동 방정식에서와 마찬가지로, 반지름 r인 원형 박막의 파동 방정식에서도 변수분리법(separation of variables)을 이용한다. 해 $u = u(r,\ t)$를 다음과 같이 반지름 r의 함수 $R(r)$와 시간 t의 함수 $T(t)$의 곱으로 표현하자.

$$u(r,\ t) = R(r)\,T(t) \tag{11.46}$$

이를 각 변수에 대하여 각각 편미분하면

$$\frac{\partial^2 u}{\partial t^2} = R \frac{d^2 T}{dt^2} \tag{11.47a}$$

$$\frac{\partial u}{\partial r} = T \frac{dR}{dr} \tag{11.47b}$$

$$\frac{\partial^2 u}{\partial r^2} = T \frac{d^2 R}{dr^2} \tag{11.47c}$$

이 되며, 이들을 식 (11.45)에 대입하여 다음을 얻는다.

$$\frac{1}{c^2 T} \frac{d^2 T}{dt^2} = \frac{1}{R} \left(\frac{d^2 R}{dr^2} + \frac{1}{r} \frac{dR}{dr} \right) \tag{11.48}$$

식 (11.48)의 좌변은 t만의 함수이며, 우변은 r만의 함수이므로 공통 값은 상수(음수, $-\omega^2$)이어야 한다. 따라서, 다음과 같이 두 개의 독립 식으로 분리할 수 있다.

$$\frac{d^2R}{dr^2} + \frac{1}{r}\frac{dR}{dr} + \omega^2 R = 0 \qquad (11.49a)$$

$$\frac{d^2T}{dt^2} + c^2\omega^2\,T = 0 \qquad (11.49b)$$

식 (11.49a)에 r^2을 곱하면

$$r^2\frac{d^2R}{dr^2} + r\frac{dR}{dr} + \omega^2 r^2 R = 0 \qquad (11.50)$$

이 되며, 여기서, $s = \omega r$이라 놓는다면,

$$\frac{dR}{dr} = \frac{dR}{ds}\frac{ds}{dr} = \frac{dR}{ds}\omega \qquad (11.51a)$$

$$\frac{d^2R}{dr^2} = \frac{d}{dr}\left(\frac{dR}{ds}\omega\right) = \frac{d}{ds}\left(\frac{dR}{ds}\omega\right)\frac{ds}{dr} = \frac{d^2R}{ds^2}\omega^2 \qquad (11.51b)$$

이 되므로, 이들을 식 (11.50)에 대입하면 다음과 같은 Bessel 방정식(5.3절 참조)이 유도된다.

$$s^2\frac{d^2R}{ds^2} + s\frac{dR}{ds} + s^2 R = 0 \qquad (11.52)$$

> ≫ 참고 : Bessel 방정식의 기본형 (5.3절 참조)
>
> $x^2y'' + xy' + (x^2 - \nu^2)y = 0\,(\nu \geq 0)$ (5.22 반복)

> **참고 : Bessel 방정식의 일반해 (ν가 0인 경우)**
>
> Bessel 방정식 $xy'' + y' + xy = 0$의 일반해는 다음과 같다.
>
> $$y(x) = c_1 J_0(x) + c_2 Y_0(x) \, (단, \; x \neq 0) \tag{5.50 반복}$$
>
> 단,
>
> $$J_0(x) = \sum_{k=0}^{\infty} \frac{(-1)^k}{2^{2k}(k!)^2} x^{2k} = 1 - \frac{x^2}{2^2(1!)^2} + \frac{x^4}{2^4(2!)^2} - \frac{x^6}{2^6(3!)^2} + - \cdots \tag{5.38a 반복}$$
>
> $$Y_0(x) = \frac{2}{\pi} J_0(x)\left(\ln\frac{x}{2} + \gamma\right) + \frac{2}{\pi}\sum_{k=1}^{\infty}\frac{(-1)^{k-1}}{2^{2k}(k!)^2}\left(1 + \frac{1}{2} + \frac{1}{3} + \cdots + \frac{1}{k}\right)x^{2k} \tag{5.49 반복}$$

식 (11.52)는 $\nu = 0$인 Bessel 방정식이며, 이에 대한 일반해는 식 (5.29)에서와 같이 $J_0(s)$와 $Y_0(s)$의 선형 조합으로 이루어진다. 그러나, $Y_0(s)$는 $s \to 0$에서 $Y_0(s) \to -\infty$이므로 사용할 수 없다. 원형 박막의 중심에서 유한한 값을 가지기 때문이다. 따라서 식 (11.50)의 해 $R(r)$는

$$R(r) = J_0(s) = J_0(\omega r)$$

$$= \sum_{k=0}^{\infty}\frac{(-1)^k}{2^{2k}(k!)^2}(\omega r)^{2k} = 1 - \frac{(\omega r)^2}{2^2(1!)^2} + \frac{(\omega r)^4}{2^4(2!)^2} - \frac{(\omega r)^6}{2^6(3!)^2} + - \cdots \tag{11.53}$$

이다.

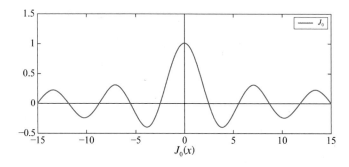

[그림 11.7] $\nu = 0$인 Bessel 함수 $J_0(s)$

그림 11.7은 $\nu = 0$인 Bessel 함수 $J_0(s)$를 나타내는 그림으로, $J_0(s) = 0$인 영점 (절점) s 값은 다음과 같다.

$$s_1 = 2.405,$$
$$s_2 = 5.520,$$
$$s_3 = 8.654,$$
$$s_4 = 11.792,$$
$$\cdots$$

원형 박막의 반지름을 r_0라 할 때 박막의 경계 $r = r_0$에서 영점이 되어야 하므로, 다음 식을 만족하게 된다. 즉,

$$\omega_n = s_n / r_0 \qquad (11.54)$$

따라서, 다음 식은 식 (11.52)로부터 박막의 경계 $r = r_0$에서 0을 만족하는 파동 방정식 (11.49a)의 해이다.

$$R_n(r) = J_0(\omega_n r) = J_0\left(\frac{s_n}{r_0} r\right) (n = 1,\ 2,\ 3,\ \cdots) \qquad (11.55)$$

그림 11.6은 원형 박막의 고유함수를 나타내는 그림이다. 박막의 상하 움직임이 없는 선을 절선(nodal line, nodal circle)이 그림 (b), (c), (d)에 각각 1개, 2개, 3개가 나타나 있다.

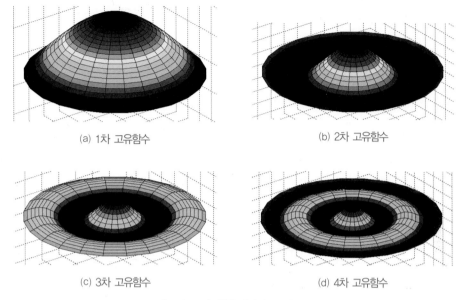

(a) 1차 고유함수

(b) 2차 고유함수

(c) 3차 고유함수

(d) 4차 고유함수

[그림 11.6] 원형 박막의 고유함수

이제 시간함수 (11.49b)의 해를 구하면 다음과 같다.

$$T_n(t) = C_n \cos c\omega_n t + C_n^* \sin c\omega_n t$$

$$= C_n \cos \frac{cs_n}{r_0} t + C_n^* \sin \frac{cs_n}{r_0} t \tag{11.56}$$

따라서, 원형 박막의 파동 방정식 n번째 해는 다음과 같이 정리된다.

$$u_n(r, t) = R_n(r) T_n(t) = J_0\left(\frac{s_n}{r_0} r\right)\left(C_n \cos \frac{cs_n}{r_0} t + C_n^* \sin \frac{cs_n}{r_0} t\right) \tag{11.57}$$

$$(n = 1, 2, \cdots)$$

여기서, 식 $u_n(r, t)$는 원형 박막 진동에 대한 고유함수(eigenfunction)라 하며, $\dfrac{cs_n}{r_0}$을 고유값(eigenvalue)이라 한다.

따라서, 원형 박막의 파동 방정식 (11.45)의 해는 모든 변위 $u_n(r, t)$의 중첩에 의해 다음과 같이 표현된다.

$$u(r,\ t) = \sum_{n=1}^{\infty} u_n(r,\ t) = \sum_{n=1}^{\infty} J_0\left(\frac{s_n}{r_0}r\right)\left(C_n\cos\frac{cs_n}{r_0}t + C_n^*\sin\frac{cs_n}{r_0}t\right) \tag{11.58}$$

여기서, 상수 C_n, C_n^*는 초기조건(초기 변위와 초기 속도)에 의해 구해진다. 여기에 $t = 0$을 대입하면

$$u(r,\ 0) = \sum_{n=1}^{\infty} C_n J_0\left(\frac{s_n}{r_0}r\right) = f(r) \tag{11.59}$$

을 얻는다. 초기 변위 식 $f(r)$은 다음과 같은 Fourier-Bessel 급수(Fourier-Bessel series)로 표현된다. (이에 대한 계산은 과정이 복잡하여, 그 유도과정을 생략한다.)

$$C_n = \frac{2}{r_0^2 J_1^2(s_n)} \int_0^{r_0} r f(r) J_0\left(\frac{s_n}{r_0}r\right) dr \tag{11.60}$$

※ $0 \leq x \leq 1$, $0 \leq y \leq 1$인 네 변이 고정인 균일한 박막의 초기 위치가 다음 식으로 주어지고,
초기 속도는 0일 때, 직사각형 박막의 진동 방정식 $u(x, y, t)$를 구하라. (단, 파동 방정식의
계수는 $c = 1$이다.) [1 ~ 4]

1. $f(x, y) = 1$

2. $f(x, y) = x$

3. $f(x, y) = \sin \pi x$

4. $f(x, y) = xy$

11.3 음압의 파동 방정식

11.3.1 음압의 파동 방정식(wave equation of sound pressure) (*선택가능)

음파의 전달과정을 나타내는 방정식은 다음의 연속 방정식(continuity equation)과 운동량 방정식(momentum equation)이다.

$$\text{연속 방정식: } \frac{\partial \rho}{\partial t} + \nabla \cdot (\rho \mathbf{v}) = 0 \tag{11.61}$$

$$\text{운동량 방정식: } \rho \left\{ \frac{\partial \mathbf{v}}{\partial t} + (\mathbf{v} \cdot \nabla) \mathbf{v} \right\} = - \nabla p \tag{11.62}$$

여기서, ρ는 공기의 밀도, $\mathbf{v}$는 공기의 입자 속도, p는 음압을 나타낸다. 또한 ∇는 $\frac{\partial}{\partial x}\mathbf{i} + \frac{\partial}{\partial y}\mathbf{j} + \frac{\partial}{\partial z}\mathbf{k}$를 의미한다. 밀도, 속도, 압력을 평형상태(equilibrium state)에서의 양과 미소 변화량으로 표시하면,

$$\rho = \rho_0 + \rho_1$$

$$\mathbf{v} = \mathbf{v}_0 + \mathbf{v}_1$$

$$p = p_0 + p_1$$

로 쓸 수 있다. 따라서 식 (11.61)은

$$\frac{\partial (\rho_0 + \rho_1)}{\partial t} + \nabla \cdot \{ (\rho_0 + \rho_1)(\mathbf{v}_0 + \mathbf{v}_1) \} = 0 \tag{11.63a}$$

즉,

$$\frac{\partial \rho_0}{\partial t} + \frac{\partial \rho_1}{\partial t} + \nabla \cdot (\rho_0 \mathbf{v}_0 + \rho_1 \mathbf{v}_0 + \rho_0 \mathbf{v}_1 + \rho_1 \mathbf{v}_1) = 0 \tag{11.63b}$$

이 된다. 여기서, $\dfrac{\partial \rho_0}{\partial t} + \nabla \cdot (\rho_0 \mathbf{v}_0) = 0$ 과 2차미소량 $\rho_1 \mathbf{v}_1 \cong 0$ 을 적용하기로 한다. 또한, 평형상태에서 매질이 움직이지 않는다면 $\mathbf{v}_0 = 0$ 이 되므로, 식 (11.63)은 다음과 같이 간략화된 연속 방정식이 된다.

$$\frac{\partial \rho_1}{\partial t} + \rho_0 \nabla \cdot \mathbf{v}_1 = 0 \tag{11.64}$$

같은 방법으로 식 (11.62)에 적용하여 다음과 같이 간략화된 운동량 방정식을 얻는다.

$$\rho_0 \frac{\partial \mathbf{v}_1}{\partial t} = - \nabla p_1 \tag{11.65}$$

식 (11.64)를 시간에 대해 편미분한 후, 식 (11.65)를 대입하여 $\mathbf{v}_1$ 을 소거하면, 다음과 같이 미소밀도 ρ_1 과 미소음압 p_1 과의 관계식을 얻는다.

$$\frac{\partial^2 \rho_1}{\partial t^2} - \nabla^2 p_1 = 0 \tag{11.66}$$

한편, 열역학에서 압력 p 는 밀도 ρ 와 엔트로피(entropy) s 로 나타내어진다. 즉, $p = p(\rho, s)$ 이다. 음파의 전달은 등 엔트로피 과정으로 알려져 있으므로 압력 p 를 Taylor 급수로 전개하면

$$p = p(\rho, s) = p_0(\rho_0, s_0) + \left(\frac{\partial p}{\partial \rho}\right)_{\rho_0, s_0} (\rho - \rho_0) + \cdots \tag{11.67}$$

이 된다. 따라서

$$p_1 = p - p_0 \cong \left(\frac{\partial p}{\partial \rho}\right)_{\rho_0, s_0} \rho_1 \tag{11.68}$$

이 된다. 여기서, $\left(\dfrac{\partial p}{\partial \rho}\right)_{\rho_0,\,s_0}$ 는 열역학적으로 항상 양(+)의 값 $(= c^2)$을 가지므로 식 (11.68)은 다음과 같이 표현할 수 있다.

$$p_1 = c^2 \rho_1 \qquad (11.69)$$

따라서, 식 (11.69)를 식 (11.66)에 대입하면 다음과 같은 음압 방정식을 얻는다.

$$\frac{\partial^2 p_1}{\partial t^2} = c^2 \nabla^2 p_1 \qquad (11.70)$$

식 (11.70)에서 미소음압 p_1을 다시 음압 변화량 p로 나타내면 다음과 같은 음압 파동 방정식이 유도된다.

🧩 CORE 음압의 파동 방정식

Laplace 연산자 ∇^2을 사용한 음압 $p(x,\,t)$의 파동 방정식은 다음과 같다.

$$\frac{\partial^2 p}{\partial t^2} = c^2 \nabla^2 p \qquad (11.71)$$

여기서, c는 음속 [m/s]이다. 한편, 음압 $p(x,\,t)$의 1차원 파동 방정식은 다음과 같다.

$$\frac{\partial^2 p}{\partial t^2} = c^2 \frac{\partial^2 p}{\partial x^2} \qquad (11.72)$$

11.3.2 음압의 파동 방정식의 해 (평면파)

식 (11.72)와 같이 음압이 1차원으로 전달된다고 한다면, 그 파동을 평면파(plane wave)라고 하며, 평면파 방정식의 일반해를 변수분리법(separation of variables)을 이용하여 구해보자. 해 $p(x,\,t)$를 다음과 같이 변위 x의 함수 $X(x)$와 시간 t의 함수 $T(t)$의 곱으로 표현할 수 있다.

$$p(x, t) = X(x)\, T(t) \tag{11.73}$$

이를 각 변수에 대하여 각각 편미분하면

$$\frac{\partial^2 p}{\partial t^2} = X \frac{d^2 T}{dt^2} \tag{11.74a}$$

$$\frac{\partial^2 p}{\partial x^2} = \frac{d^2 X}{dx^2} T \tag{11.74b}$$

가 되며, 이들을 식 (11.73)에 대입하면 다음을 얻는다.

$$\frac{1}{T} \frac{d^2 T}{dt^2} = \frac{c^2}{X} \frac{d^2 X}{dx^2} \tag{11.75}$$

식 (11.74)의 좌변은 t만의 함수이며, 우변은 x만의 함수이므로 공통 값은 상수(음수, $-\omega^2$)이어야 한다. 따라서. 다음과 같이 두 개의 독립 식으로 분리할 수 있다.

$$\frac{d^2 X}{dx^2} + \frac{\omega^2}{c^2} X = 0 \tag{11.76a}$$

$$\frac{d^2 T}{dt^2} + \omega^2\, T = 0 \tag{11.76b}$$

이 두 방정식의 해는 다음과 같다.

$$X(x) = A e^{-i\frac{\omega x}{c}} + B e^{i\frac{\omega x}{c}} \tag{11.77a}$$

$$T(t) = C e^{-i\omega t} + D e^{i\omega t} \tag{11.77b}$$

여기서, 시간함수 $T(t)$를 단순조화함수(simple harmonic function)라 가정하면, 즉, $T(t) = e^{i\omega t}$이라고 한다면, 음압 방정식의 해는 다음과 같이 정리된다.

$$p(x, t) = X(x)\, T(t)$$

$$= \left(A\, e^{-i\frac{\omega x}{c}} + B e^{i\frac{\omega x}{c}} \right) e^{i\omega t}$$

$$= A\, e^{-i\frac{\omega}{c}(x-ct)} + B e^{i\frac{\omega}{c}(x+ct)} \tag{11.78}$$

따라서, 음압(평면파) 방정식의 일반해는 다음과 같이 표현될 수 있다.

$$p(x, t) = f(x - ct) + g(x + ct) \tag{11.79}$$

$$단, \; f(x-ct) = A\, e^{-i\frac{\omega}{c}(x-ct)}, \quad g(x+ct) = B\, e^{i\frac{\omega}{c}(x+ct)}$$

여기서, $f(x-ct)$는 $+x$ 방향으로 진행하는 음압을, $g(x+ct)$는 $-x$ 방향으로 진행하는 음압을 의미한다.

11.3.3 음압의 파동 방정식의 해(구면파)

식 (11.71)의 파동 방정식에서, 점 음원(point sound source)의 경우에는 음파 전달이 구면파(spherical wave)를 이루므로, 구면 좌표계(spherical coordinates)를 사용하여 표현하여야 한다. 구면 좌표계에서 Laplace 연산자 ∇^2은 다음과 같이 계산된다.

$$\nabla^2 = \frac{\partial^2}{\partial r^2} + \frac{2}{r}\frac{\partial}{\partial r} + \frac{1}{r^2 \sin\theta}\frac{\partial}{\partial\theta}\left(\sin\theta\frac{\partial}{\partial\theta}\right) + \frac{1}{r^2\sin^2\theta}\frac{\partial^2}{\partial\phi^2} \tag{11.80}$$

여기서, r에만 의존하는 간단한 구면파만을 다루면 다음의 식이 된다.

$$\nabla^2 = \frac{\partial^2}{\partial r^2} + \frac{2}{r}\frac{\partial}{\partial r} \tag{11.81}$$

이를 식 (11.71)의 파동 방정식에 적용하면

$$\frac{\partial^2 p}{\partial t^2} = c^2\left(\frac{\partial^2 p}{\partial r^2} + \frac{2}{r}\frac{\partial p}{\partial r}\right) \tag{11.82}$$

가 되며, 이를 다시 변환하면

$$\frac{\partial^2 (rp)}{\partial t^2} = c^2 \frac{\partial^2 (rp)}{\partial r^2} \tag{11.83}$$

가 된다. 따라서, 음압(구면파) 방정식의 일반해는 다음과 같이 된다.

$$rp(r,\, t) = f(r-ct) + g(r+ct) \tag{11.84a}$$

즉,

$$p(r,\, t) = \frac{1}{r}f(r-ct) + \frac{1}{r}g(r+ct) \tag{11.84b}$$

단, $f(r-ct) = A\,e^{-i\frac{\omega}{c}(r-ct)}$, $g(r+ct) = B\,e^{i\frac{\omega}{c}(r+ct)}$

식 (11.84)의 우변의 첫째 항은 원점으로부터 퍼져나가는 파동(divergence wave)을 의미하며, 우변의 둘째 항은 원을 향하는 파동(convergence wave)을 의미한다. 일반적으로 무한한 매질 내에 음원이 존재할 때, 원점을 향하는 파동은 존재하지 않으므로 이를 방사음(radiation sound)이라 한다.

1. 구면 좌표계에서 Laplace 연산자 ∇^2은 다음과 같다.

$$\nabla^2 = \frac{\partial^2}{\partial r^2} + \frac{2}{r}\frac{\partial}{\partial r} + \frac{1}{r^2\sin\theta}\frac{\partial}{\partial\theta}\left(\sin\theta\frac{\partial}{\partial\theta}\right) + \frac{1}{r^2\sin^2\theta}\frac{\partial^2}{\partial\phi^2}$$

여기서, 구 대칭인 간단한 구면파의 경우에 ∇^2이 다음과 같이 됨을 보여라.

$$\nabla^2 = \frac{\partial^2}{\partial r^2} + \frac{2}{r}\frac{\partial}{\partial r}$$

2. 문제 1의 결과를 음압의 파동 방정식에 적용하면

$$\frac{\partial^2 p}{\partial t^2} = c^2\left(\frac{\partial^2 p}{\partial r^2} + \frac{2}{r}\frac{\partial p}{\partial r}\right)$$

가 된다. 이를 다시 변환하면 다음과 같이 됨을 보여라.

$$\frac{\partial^2(rp)}{\partial t^2} = c^2\frac{\partial^2(rp)}{\partial r^2}$$

11.4 1차원 열전도 방정식 (One-dimensional heat equation)

11.4.1* 열전도 방정식 (*선택가능)

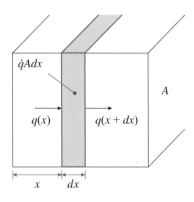

[그림 11.7] 열전도 모델

열전도(heat conduction)는 고온 영역에서 저온 영역으로 에너지가 전달되는 현상을 말한다. 에너지의 시간변화율 q [J/s]는 다음과 같이 온도 $u = u(x, t)$의 함수로 표현된다.

$$q = - kA \frac{\partial u}{\partial x} \tag{11.85}$$

여기서, $\dfrac{\partial u}{\partial x}$는 열흐름 방향(heat flow)으로의 온도 증분(temperature gradient), k는 물질의 열전도 계수(heat conductivity, [J/(m s ℃)]), A는 단면적 [m^2]이다.

그림 11.7과 같은 두께 dx인 1차원 열전도 모델에서, 왼편의 유입에너지(energy conducted into the left face) $q(x)$와 내부 발생에너지(heat generated within the element) $\dot{q}Adx$의 합은 내부에너지 변화량(change in internal energy) $\rho s A \dfrac{\partial u}{\partial t} dx$와 오른편의 유출에너지(energy conducted from the right face) $q(x + dx)$의 합과 같게 된다. 이를 정리하면 다음과 같다.

$$q(x) + \dot{q}A\,dx = \rho s A \frac{\partial u}{\partial t}\,dx + q(x+dx) \tag{11.86a}$$

즉,

$$-kA\frac{\partial u}{\partial x} + \dot{q}A\,dx = \rho s A\frac{\partial u}{\partial t}\,dx - A\left\{ k\frac{\partial u}{\partial x} + \frac{\partial}{\partial x}\left(k\frac{\partial u}{\partial x}\right)dx \right\} \tag{11.86b}$$

이를 정리하면

$$\frac{\partial}{\partial x}\left(k\frac{\partial u}{\partial x}\right) + \dot{q} = \rho s \frac{\partial u}{\partial t} \tag{11.87}$$

가 된다. 여기에서 ρ는 밀도 [kg/m^3], s는 물질의 비열(specific heat) [J/(kg ℃)]을 의미한다. 식 (11.86)에서 내부 발생에너지를 무시하고 물질의 열전도 계수 k가 균일 하다고 가정한다면, 다음의 열전도 방정식이 유도된다.

$$\frac{\partial u}{\partial t} = c^2 \frac{\partial^2 u}{\partial x^2} \tag{11.88}$$

여기서, 열확산 계수 $c^2 = \dfrac{k}{\rho s}$ 이다. 참고로 2차원 열전도 방정식(two-dimensional heat equation)과 3차원 파동 방정식(three-dimensional heat equation)을 소개하면 다음과 같다.

$$\frac{\partial u}{\partial t} = c^2 \left(\frac{\partial^2 u}{\partial x^2} + \frac{\partial^2 u}{\partial y^2} \right) \tag{11.89}$$

$$\frac{\partial u}{\partial t} = c^2 \left(\frac{\partial^2 u}{\partial x^2} + \frac{\partial^2 u}{\partial y^2} + \frac{\partial^2 u}{\partial z^2} \right) \tag{11.90}$$

이들에 Laplace 연산자 ∇^2을 사용하면 다음과 같이 표현된다.

$$\frac{\partial u}{\partial t} = c^2 \nabla^2 u \tag{11.91}$$

본 교재에서는 열전도 방정식 (11.88)만을 인용하고, 식 (11.85) ~ (11.87)의 유도 과정은 생략하여도 무방하다.

11.4.2 변수분리법

> **🧩 CORE** **1차원 열전도 방정식**
>
> 길이가 l인 균일한 막대에 대한 열전도 방정식(one-dimensional heat equation)을 얻었다.
>
> $$\frac{\partial u}{\partial t} = c^2 \frac{\partial^2 u}{\partial x^2} \tag{11.88 반복}$$
>
> 여기서, 열확산 계수 $c^2 = k/\rho s$ $[\text{m}^2/\text{s}]$이며, k는 열전도 계수 $[\text{J}/(\text{m s }℃)]$, ρ는 물질의 밀도 $[\text{kg}/\text{m}^3]$, σ는 물질의 비열 $[\text{J}/(\text{kg }℃)]$이다.

열전도 방정식의 해는 변수분리법(separation of variables)을 이용한다. 해 $u(x,t)$를 다음과 같이 변위 x의 함수 $X(x)$와 시간 t의 함수 $T(t)$의 곱으로 표현하자.

$$u(x,t) = X(x)\,T(t) \tag{11.92}$$

이를 각 변수에 대하여 각각 편미분하면

$$\frac{\partial u}{\partial t} = X\frac{dT}{dt} \tag{11.93a}$$

$$\frac{\partial^2 u}{\partial x^2} = \frac{d^2 X}{dx^2}T \tag{11.93b}$$

가 되며, 이들을 식 (11.92)에 대입하여 다음을 얻는다.

$$\frac{1}{c^2 T} \frac{dT}{dt} = \frac{1}{X} \frac{d^2 X}{dx^2} \tag{11.94}$$

식 (11.34)의 좌변은 t만의 함수이며, 우변은 x만의 함수이므로 공통 값은 상수(음수, $-\omega^2$)이어야 한다. 따라서, 다음과 같이 두 개의 독립 식으로 분리할 수 있다.

$$\frac{d^2 X}{dx^2} + \omega^2 X = 0 \tag{11.95a}$$

$$\frac{dT}{dt} + c^2 \omega^2 T = 0 \tag{11.95b}$$

이 두 방정식의 해는 다음과 같다.

$$X(x) = A \cos\omega x + B \sin\omega x \tag{11.96a}$$

$$T(t) = C e^{-c^2\omega^2 t} \tag{11.96b}$$

11.4.3 열전도 방정식의 해

길이가 l인 균일한 막대의 양 끝단($x = 0$, $x = l$)에서 온도가 0으로 유지된다면 경계조건은 모든 시간 $t \geq 0$에서 $u(0, t) = 0$, $u(l, t) = 0$이 된다. 이를 $X(x)$에 적용하면

$$X(0) = 0 \tag{11.97a}$$
$$X(l) = 0 \tag{11.97b}$$

이 된다. 이를 식 (11.96a)에 대입하면 다음과 같이 계산된다.

$$A = 0 \tag{11.98a}$$
$$B \sin\omega l = 0 \tag{11.98b}$$

식 (11.98b)에서 여러 개의 ω가 존재하므로 n번째 고유진동수 ω_n은 다음과 같이 표현된다.

$$\omega_n = \frac{n\pi}{l} \, (n = 1,\, 2,\, 3,\, \cdots) \tag{11.99}$$

따라서, ω_n에 대응되는 열전도 방정식의 해 u_n은 다음과 같다.

$$u_n(x,\, t) = X_n(x)\, T_n(t) = C_n e^{-\lambda_n^2 t} \sin\frac{n\pi x}{l} \tag{11.100}$$

여기서, C_n은 임의의 상수, $\lambda_n = \dfrac{n\pi c}{l}$이며, 해 $u_n(x,\, t)$는 n차 고유함수(n-th eigenfunction)라 한다.

따라서, 두 경계조건 식 (11.97)을 만족하는 열전도 방정식 (11.88)의 해는 모든 변위 $u_n(x,\, t)$의 중첩에 의해 다음과 같은 Fourier 급수 식으로 표현된다.

$$u(x,\, t) = \sum_{n=1}^{\infty} u_n(x,\, t) = \sum_{n=1}^{\infty} C_n e^{-\lambda_n^2 t} \sin\frac{n\pi x}{l} \tag{11.101}$$

여기서, 상수 C_n은 초기조건에 의해 구해지며, 식 (11.101)은 막대의 온도분포를 표현하는 식이다. 만약 초기 온도조건이 다음과 같이 주어졌다면

$$u(x,\, 0) = u_0(x) \tag{11.102}$$

식 (11.102)로부터 다음 식을 얻게 된다.

$$\sum_{n=1}^{\infty} C_n \sin\frac{n\pi x}{l} = u_0(x) \tag{11.103}$$

이는 구간 $0 \leq x \leq l$에서 Fourier 싸인 급수 전개이므로 계수 C_n을 계산할 수 있다.

$$C_n = \frac{2}{l} \int_0^l u_0(x) \sin \frac{n\pi x}{l} dx \tag{11.104}$$

⚙ 예제 11.3

양 끝단이 단열된 길이 l인 균일한 막대의 초기 온도분포가 그림과 같을 때 열전도 방정식의 해 $u(x, t)$를 구하라. (단, 열확산 계수 $c^2 = K/\rho\sigma$, K는 열전도 계수 [J/(m s ℃)], ρ는 밀도 $[\mathrm{kg/m^3}]$, σ는 비열 [J/(kg ℃)]이다.)

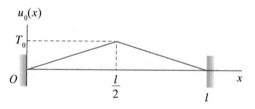

풀이

열전도 방정식 (11.28)에서

$$u(x, t) = \sum_{n=1}^{\infty} u_n(x, t) = \sum_{n=1}^{\infty} C_n e^{-\lambda_n^2 t} \sin \frac{n\pi x}{l} \tag{a}$$

여기서, $\lambda_n = \dfrac{n\pi c}{l}$이다. 초기 온도조건 $u_n(x, 0) = u_0(x)$로부터

$$u(x, 0) = \sum_{n=1}^{\infty} u_n(x) = \sum_{n=1}^{\infty} C_n \sin \frac{n\pi x}{l}$$

이다. 따라서

$$C_n = \frac{2}{l} \int_0^l u_0(x) \sin \frac{n\pi x}{l} dx \tag{b}$$

이다. 여기서, 초기 온도 $u_0(x)$는

$$u_0(x) = \begin{cases} \dfrac{2\,T_0}{l}x & (0 \le x < \dfrac{l}{2}) \\[3mm] \dfrac{2\,T_0}{l}(l-x) & (\dfrac{l}{2} \le x \le l) \end{cases} \qquad (c)$$

이다. 식 (c)를 식 (b)에 대입하면

$$C_n = \frac{4\,T_0}{l^2}\left\{\int_0^{l/2} x\sin\frac{n\pi x}{l}\,dx + \int_{l/2}^l (l-x)\sin\frac{n\pi x}{l}\,dx\right\}$$

이다. 여기서, $\displaystyle\int_0^{l/2} x\sin\frac{n\pi x}{l}\,dx = -\frac{l^2}{2n\pi}\cos\frac{n\pi}{2} + \left(\frac{l}{n\pi}\right)^2\sin\frac{n\pi}{2}$

$$\int_{l/2}^l (l-x)\sin\frac{n\pi x}{l}\,dx = \frac{l^2}{2n\pi}\cos\frac{n\pi}{2} + \left(\frac{l}{n\pi}\right)^2\sin\frac{n\pi}{2}$$

이므로

$$C_n = \frac{8\,T_0}{n^2\pi^2}\sin\frac{n\pi}{2}$$

가 된다. 따라서

$$u(x,\,t) = \frac{8\,T_0}{\pi^2}\sum_{n=1}^{\infty}\left(\frac{1}{n^2}\sin\frac{n\pi}{2}\right)e^{-\lambda_n^2 t}\sin\frac{n\pi x}{l} \qquad (\lambda_n = \frac{n\pi c}{l})$$

$$= \frac{8\,T_0}{\pi^2}\left(e^{-\pi^2 c^2 t/l^2}\sin\frac{\pi x}{l} - \frac{1}{9}e^{-9\pi^2 c^2 t/l^2}\sin\frac{3\pi x}{l} + \frac{1}{25}e^{-25\pi^2 c^2 t/l^2}\sin\frac{5\pi x}{l} - +\cdots\right)$$

이다.

답 $u(x,\,t) = \dfrac{8\,T_0}{\pi^2}\left(e^{-\pi^2 c^2 t/l^2}\sin\dfrac{\pi x}{l} - \dfrac{1}{9}e^{-9\pi^2 c^2 t/l^2}\sin\dfrac{3\pi x}{l} + \dfrac{1}{25}e^{-25\pi^2 c^2 t/l^2}\sin\dfrac{5\pi x}{l} - +\cdots\right)$

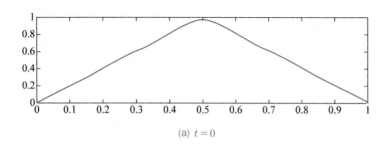

(a) $t = 0$

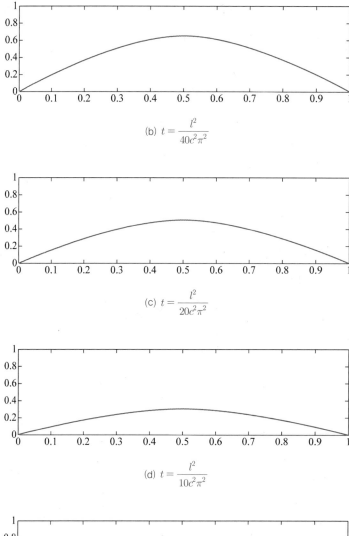

(b) $t = \dfrac{l^2}{40c^2\pi^2}$

(c) $t = \dfrac{l^2}{20c^2\pi^2}$

(d) $t = \dfrac{l^2}{10c^2\pi^2}$

(e) $t = \dfrac{l^2}{5c^2\pi^2}$

막대의 온도분포($l = 1$, $T_0 = 1$, $c = 1$인 경우)

※ 양 끝단이 단열된 길이 $l = 1$인 균일한 막대의 초기 온도분포가 그림과 같을 때 열전도 방정식
의 해 $u(x,\,t)$를 구하라. (단, 열확산 계수 $c^2 = K/\rho\sigma = 1$이다.) [1 ∼ 6]

1. $u(x,\,0) = \sin\pi x$

2. $u(x,\,0) = 1$

3. $u(x,\,0) = x$

4. $u(x,\,0) = 4x(1-x)$

5. $u(x,\,0) = 1 - \sin\pi x$

6. $u(x,\,0) = |2x - 1|$

11.5 2차원 열전도 방정식 (Two-dimensional heat equation)

11.5.1* 2차원 열전도 방정식(*선택 가능)

11.4절에서 배운 1차원 열전도 방정식을 2차원으로 확장한 열전도 방정식은 다음과 같다.

$$\frac{\partial u}{\partial t} = c^2 \left(\frac{\partial^2 u}{\partial x^2} + \frac{\partial^2 u}{\partial y^2} \right)$$

(11.89 반복)

정상상태(steady state)의 열전도라 한다면, $\frac{\partial u}{\partial t} = 0$이 되어 다음과 같은 Laplace 방정식이 된다.

🧩 **CORE** **정상 상태의 2차원 열전도 방정식**

$$\nabla^2 u = \frac{\partial^2 u}{\partial x^2} + \frac{\partial^2 u}{\partial y^2} = 0$$

(11.105)

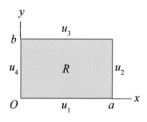

[그림 11.8] 열전도 영역 R

11.5.2 변수분리법

그림 11.8은 경계 온도분포가 각각 u_1, u_2, u_3, u_4인 xy-평면의 영역 R을 보여준다. 가로 a, 세로 b인 직사각형 영역에서 변수분리법을 이용하여, 해 $u = u(x,\ y)$를

다음과 같이 변위 x의 함수 $X(x)$, 변위 y의 함수 $Y(y)$의 곱으로 표현하자.

$$u(x, y) = X(x)\,Y(y) \tag{11.106}$$

이를 각 변수에 대하여 각각 편미분하여 식 (11.106)에 대입하여 다음을 얻는다.

$$\frac{1}{X}\frac{d^2 X}{dx^2} = -\frac{1}{Y}\frac{d^2 Y}{dy^2} = -k^2 \tag{11.107}$$

이 두 방정식의 해는 각각 다음과 같다.

$$X(x) = A\cos kx + B\sin kx \tag{11.108a}$$
$$Y(y) = C\cosh ky + D\sinh ky \tag{11.108b}$$

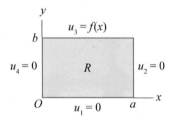

[그림 11.9] 정상상태 온도분포

11.5.3 2차원 열전도 방정식의 해

그림 11.9와 같이 영역 R의 온도분포가 좌우 경계에서 0, 즉, $u_4 = u(0, y) = 0$, $u_2 = u(a, y) = 0$이므로 $X(x)$에 적용시키면

$$X(0) = 0 \tag{11.109a}$$
$$X(a) = 0 \tag{11.109b}$$

이 된다. 이를 식 (11.108a)에 대입하면 다음과 같이 계산된다.

$$A = 0 \tag{11.110a}$$

$$B \sin ka = 0 \tag{11.110b}$$

식 (11.108b)에서 여러 개의 k가 존재하므로 n번째 k_n은 다음과 같이 표현된다.

$$k_n = \frac{n\pi}{a} \ (n = 1, \ 2, \ 3, \ \cdots) \tag{11.111}$$

한편, 그림 11.9와 같이 영역 R의 온도분포가 하단 경계에서 0, 즉, $u_1 = u(x, 0) = 0$, 이를 $Y(y)$에 적용시키면

$$Y(0) = 0 \tag{11.112}$$

이 된다. 이를 식 (11.108b)에 대입하면 다음과 같이 계산된다.

$$C = 0 \tag{11.113}$$

따라서, 식 (11.106)으로부터 온도분포 해 $u = u(x, \ y)$는 다음과 같이 정리된다.

$$u_n(x, \ y) = X_n(x) \, Y_n(y) = A_n^* \sin\frac{n\pi x}{a} \sinh\frac{n\pi y}{a} \tag{11.114}$$

2차원 열전도 방정식 (11.114)의 해는 모든 $u_n(x, \ y)$의 중첩에 의해 다음과 같은 Fourier 급수 식으로 표현된다.

$$u(x, \ y) = \sum_{n=1}^{\infty} u_n(x, \ y) = \sum_{n=1}^{\infty} A_n^* \sin\frac{n\pi x}{a} \sinh\frac{n\pi y}{a} \tag{11.115}$$

식 (11.115)이 상단 경계에서 $u_3 = u(x, b) = f(x)$를 만족하려면

$$u(x,\ b) = f(x) = \sum_{n=1}^{\infty} \left(A_n^{*} \sinh \frac{n\pi b}{a} \right) \sin \frac{n\pi x}{a} \tag{11.116}$$

가 성립된다. 이는 구간 $0 \leq x \leq a$에서 Fourier 싸인 급수 전개이므로, 10장에서 배운 Fourier 싸인 급수를 식 (11.116)에 적용하여 계수를 얻을 수 있다.

$$A_n^{*} \sinh \frac{n\pi b}{a} = \frac{2}{a} \int_0^a f(x) \sin \frac{n\pi x}{a} dx \tag{11.117}$$

2차원 열전도 방정식의 해 $u(x, y)$는 다음과 같다.

$$u(x,\ y) = \sum_{n=1}^{\infty} u_n(x,\ y) = \sum_{n=1}^{\infty} A_n^{*} \sin \frac{n\pi x}{a} \sinh \frac{n\pi y}{a} \tag{11.118}$$

여기서, $A_n^{*} = \dfrac{2}{a \sinh \dfrac{n\pi b}{a}} \displaystyle\int_0^a f(x) \sin \frac{n\pi x}{a} dx$이다.

 예제 11.4

평판의 정상상태 온도분포가 그림과 같을 때 2차원 열전도 방정식의 해 $u(x,\ y)$를 구하라. 단, $f(x) = T_0 \sin \dfrac{\pi x}{a}$, $a = \pi$, $b = 1$이다.

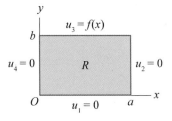

풀이

2차원 열전도 방정식 (11.83) $\nabla^2 u = \dfrac{\partial^2 u}{\partial x^2} + \dfrac{\partial^2 u}{\partial y^2} = 0$의 해

$$u(x, y) = \sum_{n=1}^{\infty} u_n(x, y) = \sum_{n=1}^{\infty} A_n^* \sin nx \, \sinh ny$$

여기서 $A_n^* = \dfrac{2}{\pi \sinh n} \displaystyle\int_0^\pi f(x) \sin nx \, dx$ 이므로

$A_n^* = \dfrac{2}{\pi \sinh n} \displaystyle\int_0^\pi T_0 \sin x \, \sin nx \, dx$ 이다.

$n \neq 1$에서 $A_n^* = 0$,

$n = 1$에서 $A_1^* = \dfrac{2}{\pi \sinh 1} \displaystyle\int_0^\pi T_0 \sin x \, \sin x \, dx = \dfrac{T_0}{\sinh 1}$ 이다.

따라서

$$u(x, y) = \frac{T_0}{\sinh 1} \sin x \, \sinh y$$

이다.

답 $u(x, y) = \dfrac{T_0}{\sinh 1} \sin x \, \sinh y$

연습문제 11.5

※ 평판의 정상상태 온도분포가 그림과 같을 때 2차원 열전도 방정식의 해 $u(x, y)$를 구하라.
[1 ∼ 2]

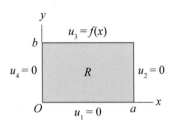

1. $f(x) = T_0$, $a = \pi$, $b = 1$

2. $f(x) = \begin{cases} \dfrac{2T_0}{a}x, & 0 < x < \dfrac{a}{2} \\[3mm] \dfrac{2T_0}{a}(a-x), & \dfrac{a}{2} < x < a \end{cases}$, $a = \pi$, $b = 1$

※ 평판의 정상상태 온도분포가 그림과 같을 때 2차원 열전도 방정식의 해 $u(x, y)$를 구하라.
[3 ∼ 4]

3. $u_2 = T_0 \sin y$, $a = 1$, $b = \pi$

4. $u_2 = T_0$, $a = 1$, $b = \pi$

CHAPTER
12

복소수

이 장에서는 평면 직교좌표와 복소평면의 상관성을 통하여 복소수를 이해하고, 복소수를 이용한 각종 연산 및 복소수 미분을 다룬다.

12.1절에서는 복소수의 기본 의미와 극형식 표기법을 익히고 De Moivre 정리 및 이의 응용에 대하여 배우며, 12.2절에서는 복소수에 대한 도함수 정리와 해석함수(analytic function)가 되기 위한 필요충분조건인 Cauchy-Riemann 방정식을 소개한다. 12.3절에서는 복소수로 표현되는 여러 함수, 즉, 삼각함수, 쌍곡선 함수, 로그 함수, 지수함수 등에 대해 배우기로 한다.

12.1 복소수의 성질

12.1.1 복소수의 기본 연산(basic calculation of complex numbers)

평면 직교좌표(rectangular coordinates)에서의 한 점 P에 대한 위치 표시는 x 좌표 상의 값 a와 y 좌표 상의 값 b로 나타낸다. 즉, $P(a, b)$(여기서 a와 b는 실수)와 같이 표시한다. 이와 유사한 방법으로 복소좌표(complex coordinates)에서는 한 복소수 z는 실수 좌표(real coordinate) 상의 값 a와 허수 좌표(imaginary coordinate) 상의 값 b로 나타낸다. 즉, $z = a + bi$와 같이 표시한다.

즉, 그림 12.1에서 보는 바와 같이, 평면 직교좌표의 점 $P(a, b)$는 복소좌표의 복소수 $z = a + bi$에 대응된다고 할 수 있다.

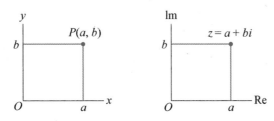

[그림 12.1] 직교좌표와 복소좌표

두 복소수 $z_1 = a_1 + b_1 i$, $z_2 = a_2 + b_2 i$의 덧셈과 뺄셈 연산은 다음과 같다.

$$z_1 + z_2 = (a_1 + b_1 i) + (a_2 + b_2 i) = (a_1 + a_2) + (b_1 + b_2)i \qquad (12.1a)$$

$$z_1 - z_2 = (a_1 + b_1 i) - (a_2 + b_2 i) = (a_1 - a_2) + (b_1 - b_2)i \qquad (12.1b)$$

$$cz_1 = c(a_1 + b_1 i) = ca_1 + cb_1 i \ (c는 \ 상수) \qquad (12.1c)$$

또한, $i = \sqrt{-1}$, 즉 $i^2 = -1$을 이용하여 두 복소수 $z_1 = a_1 + b_1 i$, $z_2 = a_2 + b_2 i$의 곱셈과 나눗셈 연산은 다음과 같이 할 수 있다.

$$z_1 z_2 = (a_1 + b_1 i)(a_2 + b_2 i) = (a_1 a_2 - b_1 b_2) + (a_1 b_2 + a_2 b_1)i \tag{12.1d}$$

$$\frac{z_1}{z_2} = \frac{a_1 + b_1 i}{a_2 + b_2 i} = \frac{(a_1 + b_1 i)(a_2 - b_2 i)}{(a_2 + b_2 i)(a_2 - b_2 i)} = \frac{a_1 a_2 + b_1 b_2}{a_2^2 + b_2^2} + \frac{-a_1 b_2 + a_2 b_1}{a_2^2 + b_2^2}i \tag{12.1e}$$

또한, 복소수 $z = x + yi$에 대한 켤레복소수(complex conjugate)를 $\bar{z} = x - yi$라 표기할 때,

$$r^2 = |z|^2 = z\bar{z} \tag{12.2}$$

가 된다. 또한 다음 식들을 만족한다.

$$x = \operatorname{Re} z = \frac{1}{2}(z + \bar{z}) \tag{12.3a}$$

$$y = \operatorname{Im} z = \frac{1}{2i}(z - \bar{z}) \tag{12.3b}$$

켤레복소수의 성질은 다음과 같다.

$$\overline{z_1 + z_2} = \overline{z_1} + \overline{z_2} \tag{12.4a}$$

$$\overline{z_1 - z_2} = \overline{z_1} - \overline{z_2} \tag{12.4b}$$

$$\overline{z_1 z_2} = \overline{z_1}\, \overline{z_2} \tag{12.4c}$$

$$\overline{\left(\frac{z_1}{z_2}\right)} = \frac{\overline{z_1}}{\overline{z_2}} \tag{12.4d}$$

또한, $z^2 \neq |z|^2$임에 유의하여야 한다.

>> 참고 : $z^2 \neq |z|^2$의 증명

복소수 $z = x + iy$일 때

$$z^2 = zz = (x+iy)(x+iy) = (x^2 - y^2) + i(2xy)$$
$$|z|^2 = z\bar{z} = (x+iy)(x-iy) = x^2 + y^2$$

🅑 $z^2 \neq |z|^2$

🏵 **예제 12.1**

$z_1 = 2 + 3i$, $z_2 = 1 - 2i$일 때 다음을 구하라.

(a) $2z_1 + z_2$ (b) $z_1 - 2z_2$

(c) $z_1 z_2$ (d) $\dfrac{z_1}{z_2}$

(e) $\overline{z_1}$ (f) $\dfrac{1}{\overline{z_2}}$

🅑 (a) $5 + 4i$, (b) $7i$, (c) $8 - i$, (d) $(-4 + 7i)/5$, (e) $2 - 3i$, (f) $(1 - 2i)/5$

12.1.2 복소수의 극형식(polar form of complex numbers)

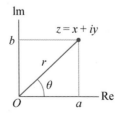

[그림 12.2] 복소수의 극형식

그림 12.2에서 보는 바와 같이 복소수 $z = x + iy$를 거리 r, 각도 θ로 표현할 수 있는데 이를 복소수의 극형식(polar form)이라 한다.

🧩 CORE   복소수의 극형식

$$z = r(\cos\theta + i\sin\theta) \tag{12.5}$$

여기서, $x = r\cos\theta$, $y = r\sin\theta$이며, r을 복소수 z의 절댓값(absolute value), θ를 복소수 z의 편값(argument)이라 한다. 식 (12.5)를 Euler 공식(Euler formula)의 지수 형태로 표현하면 다음과 같다.

$$z = re^{i\theta} \tag{12.6}$$

즉,

$$r = |z| \tag{12.7a}$$

$$\theta = \arg(z) = \arctan(y/x) \tag{12.7b}$$

$$(\arg(z) = \text{Arg}(z) + 2n\pi, \qquad n = 0, 1, 2, \cdots)$$

여기서, $\text{Arg}(z)$은 $\arg(z)$의 주값(principal value)이며, $-\pi < \text{Arg}(z) \leq \pi$이다.

복소수 형식으로 표현한 두 복소수 $z_1 = r_1(\cos\theta_1 + i\sin\theta_1)$, $z_2 = r_2(\cos\theta_2 + i\sin\theta_2)$에 대한 곱셈과 나눗셈을 정리하면 다음과 같다.

$$z_1 z_2 = r_1 r_2 \{\cos(\theta_1 + \theta_2) + i\sin(\theta_1 + \theta_2)\} \tag{12.8a}$$

$$\frac{z_1}{z_2} = \frac{r_1}{r_2}\{\cos(\theta_1 - \theta_2) + i\sin(\theta_1 - \theta_2)\} \tag{12.8b}$$

또한, Euler 공식의 지수 형태로 표현하면, 두 복소수 $z_1 = r_1 e^{i\theta_1}$, $z_2 = r_2 e^{i\theta_2}$에 대한 곱셈과 나눗셈을 정리하면 다음과 같다.

$$z_1 z_2 = r_1 r_2 e^{i(\theta_1 + \theta_2)} \tag{12.9a}$$

$$\frac{z_1}{z_2} = \frac{r_1}{r_2} e^{i(\theta_1 - \theta_2)} \tag{12.9b}$$

식 (12.8)과 (12.9)에서 절댓값과 편각만 표현하면 다음과 같다.

$$|z_1 z_2| = |z_1| |z_2| \tag{12.10a}$$

$$\left| \frac{z_1}{z_2} \right| = \frac{|z_1|}{|z_2|} \tag{12.10b}$$

$$\arg(z_1 z_2) = \arg(z_1) + \arg(z_2) \tag{12.10c}$$

$$\arg\left(\frac{z_1}{z_2} \right) = \arg(z_1) - \arg(z_2) \tag{12.10d}$$

≫ 참고 : 식 (12.8c) $\arg(z_1 z_2) = \arg(z_1) + \arg(z_2)$**의 유도**

$$(\cos\theta_1 + i\sin\theta_1)(\cos\theta_2 + i\sin\theta_2)$$
$$= (\cos\theta_1\cos\theta_2 - \sin\theta_1\sin\theta_2) + i(\cos\theta_1\sin\theta_2 + \sin\theta_1\cos\theta_2)$$
$$= \cos(\theta_1 + \theta_2) + i\sin(\theta_1 + \theta_2)$$

따라서

$$\arg(z_1 z_2) = \arg(z_1) + \arg(z_2)$$

가 성립한다.

그러나, Euler 공식을 이용하면 그 자체가 증명이 된다. 식 (12.9a)

$$e^{i\theta_1} e^{i\theta_2} = e^{i(\theta_1 + \theta_2)}$$

따라서

$$\arg(z_1 z_2) = \arg(z_1) + \arg(z_2)$$

가 성립한다.

> **》》 참고 : 식 (12.8d)** $\arg\left(\dfrac{z_1}{z_2}\right) = \arg(z_1) - \arg(z_2)$**의 유도**

$$\frac{\cos\theta_1 + i\sin\theta_1}{\cos\theta_2 + i\sin\theta_2} = \frac{(\cos\theta_1 + i\sin\theta_1)(\cos\theta_2 - i\sin\theta_2)}{(\cos\theta_2 + i\sin\theta_2)(\cos\theta_2 - i\sin\theta_2)}$$

$$= \frac{(\cos\theta_1\cos\theta_2 + \sin\theta_1\sin\theta_2) + i(\sin\theta_1\cos\theta_2 - \cos\theta_1\sin\theta_2)}{\cos^2\theta_2 + \sin^2\theta_2}$$

$$= \cos(\theta_1 - \theta_2) + i\sin(\theta_1 - \theta_2)$$

따라서

$$\arg\left(\frac{z_1}{z_2}\right) = \arg(z_1) - \arg(z_2)$$

가 성립한다.

그러나, Euler 공식을 이용하면 그 자체가 증명이 된다. 식 (12.9b)에서

$$\frac{e^{i\theta_1}}{e^{i\theta_2}} = e^{i(\theta_1 - \theta_2)}$$

이 된다. 따라서

$$\arg\left(\frac{z_1}{z_2}\right) = \arg(z_1) - \arg(z_2)$$

가 성립한다.

⚙ 예제 12.2

두 복소수 $z_1 = 1 + \sqrt{3}\,i$, $z_2 = 1 + i$에 대하여 다음을 구하라.

(a) $|z_1|$　　　　　　　　　　　(b) $\arg(z_1)$

(c) $|z_2|$　　　　　　　　　　　(d) $\arg(z_2)$

(e) $|z_1 z_2|$　　　　　　　　　(f) $\left|\dfrac{z_1}{z_2}\right|$

(g) $\mathrm{Arg}(z_1 z_2)$　　　　　　(h) $\mathrm{Arg}\left(\dfrac{z_1}{z_2}\right)$

답 (a) 2, (b) $\dfrac{\pi}{3} + 2n\pi$, (c) $\sqrt{2}$, (d) $\dfrac{\pi}{4} + 2n\pi$, (e) $2\sqrt{2}$, (f) $\sqrt{2}$, (g) $\dfrac{7\pi}{12}$, (h) $\dfrac{\pi}{12}$

12.1.3 De Moivre(드 무아브르) 정리(De Moirve's theorem)

두 복소수의 곱셈 식 (12.8a)에서 $z = z_1 = z_2 = r(\cos\theta + i\sin\theta)$이면, 식 (12.10a)와 (12.10c)를 적용하여 $n = 0, 1, 2, \cdots$ 에 대하여 다음 식을 얻을 수 있다.

$$z^n = r^n(\cos n\theta + i\sin n\theta) \tag{12.11}$$

여기서, $r = |z| = 1$일 때 다음과 같은 De Moivre 식을 얻는다.

$$(\cos\theta + i\sin\theta)^n = \cos n\theta + i\sin n\theta \tag{12.12}$$

> **》》 참고 : 식 (12.12) De Moivre 정리 – 수학적 귀납법으로 유도**

수학적 귀납법으로 증명해보자.

$$(\cos\theta + i\sin\theta)^n = \cos n\theta + i\sin n\theta \,(n = 1,\, 2,\, \cdots\,)$$ (12.12 반복)

i) $n = 1$ (좌변)=(우변)으로 성립한다.

ii) $n = k$ 주어진 식

$$(\cos\theta + i\sin\theta)^k = \cos k\theta + i\sin k\theta \tag{①}$$

가 성립한다고 가정한다.

식 ①의 양변에 $\cos\theta + i\sin\theta$를 곱하면

$$
\begin{aligned}
(\text{우변}) &= (\cos k\theta + i\sin k\theta)(\cos\theta + i\sin\theta) \\
&= (\cos k\theta\cos\theta - \sin k\theta\sin\theta) + i(\sin k\theta\cos\theta + \cos k\theta\sin\theta) \\
&= \cos(k+1)\theta + i\sin(k+1)\theta
\end{aligned}
$$

즉, $n = k+1$에서도 성립한다.

i), ii)로부터 모든 자연수 $n = 1,\, 2,\, \cdots$ 에 대하여 식 (12.12)가 성립한다.

iii) 또한 $n = 0$에 대하여도 식 (12.12)가 성립한다.

iv) 음의 정수 n에 대하여도 성립함을 증명할 수 있다.

$n = -m$ (m은 자연수)이라 한다면

$$
\begin{aligned}
(\cos\theta + i\sin\theta)^n &= \frac{1}{(\cos\theta + i\sin\theta)^m} \qquad (m = 1,\, 2,\, \cdots\,) \\
&= \frac{1}{\cos m\theta + i\sin m\theta} \\
&= \frac{\cos m\theta - i\sin m\theta}{(\cos m\theta + i\sin m\theta)(\cos m\theta - i\sin m\theta)} \\
&= \cos(-m)\theta + i\sin(-m)\theta = \cos n\theta + i\sin n\theta
\end{aligned}
$$

즉, 음의 정수 n에 대하여도 식 (12.10)은 성립한다.

따라서, i), ii), iii), iv)로부터 모든 정수 n에 대하여 식 (12.12)가 성립한다.

모든 실수 n에 대해서는 별도로 증명하여야 한다.

≫ 참고 : 식 (12.12) De Moivre 식 ─ Euler 공식으로 유도

Euler 공식을 사용하면 De Moivre 식이 간단하게 증명된다.

$$(\cos\theta + i\sin\theta)^n = \cos n\theta + i\sin n\theta \, (n = 1, 2, \, \cdots \,)$$ (12.12 반복)

$$(좌변) = (\cos\theta + i\sin\theta)^n = \left(e^{i\theta}\right)^n = e^{i(n\theta)} = \cos n\theta + i\sin n\theta = (우변)$$ (증명 끝)

따라서 모든 실수 n에 대하여 식 (12.12)가 성립한다.

De Moivre 식은 다음과 같이 주어진 복소수 $Z = R(\cos\phi + i\sin\phi)$의 n제곱근을 구할 때에도 응용된다.

$$z^n = Z = R(\cos\phi + i\sin\phi)$$ (12.11a)

즉,

$$z = \sqrt[n]{Z}$$ (12.11b)

식 (12.11a)에 De Moivre 식을 적용하면

$$r^n(\cos n\theta + i\sin n\theta) = R(\cos\phi + i\sin\phi)$$

즉,

$$r = \sqrt[n]{R}, \; n\theta = \phi + 2k\pi$$

가 되므로, 다음과 같은 n 개의 값을 얻을 수 있다.

$$z_k = \sqrt[n]{R}\left\{\cos\left(\frac{\phi + 2k\pi}{n}\right) + i\sin\left(\frac{\phi + 2k\pi}{n}\right)\right\}(k = 0, 1, 2, \, \cdots , n-1)$$ (12.12)

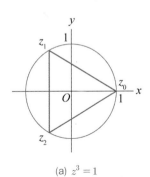

(a) $z^3 = 1$

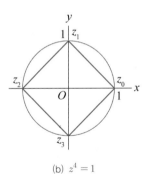

(b) $z^4 = 1$

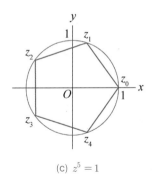

(c) $z^5 = 1$

[그림 12.3] n제곱근 z

예제 12.3

다음 식을 만족하는 복소수 z를 구하라.

$$z^3 = i \quad (z = \sqrt[3]{i})$$

풀이

$z = r(\cos\theta + i\sin\theta)$라 놓고, De Moivre 정리를 적용하면,

(좌변): $z^3 = r^3(\cos 3\theta + i\sin 3\theta)$

우변 i를 극형식으로 나타내면

$$|i| = 1$$

$$\arg(i) = \frac{\pi}{2} + 2k\pi \quad (k = 0, 1, 2)$$

가 된다. 따라서, (좌변)=(우변)으로부터

$$r = 1$$

$$3\theta = \frac{\pi}{2} + 2k\pi$$

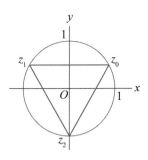

가 된다. 따라서, $z_k = \cos\left(\dfrac{\pi}{6} + \dfrac{2k\pi}{3}\right) + i\sin\left(\dfrac{\pi}{6} + \dfrac{2k\pi}{3}\right)$이다.

답 $z_k = \cos\left(\dfrac{\pi}{6} + \dfrac{2k\pi}{3}\right) + i\sin\left(\dfrac{\pi}{6} + \dfrac{2k\pi}{3}\right) \quad (k = 0, 1, 2)$

※ $z_1 = 3 + i$, $z_2 = 1 - 2i$일 때 다음을 각각 구하라. [1 ~ 6]

1. $z_1 z_2$, z_1^2, $|z_1|^2$

2. $\overline{z_1 z_2}$, z_2^2, $|z_2|^2$

3. $\dfrac{z_1}{z_2}$, $\dfrac{z_2}{z_1}$

4. $\mathrm{Re}(2z_1 + \overline{z_2})$, $\mathrm{Im}(2z_1 + \overline{z_2})$

5. $\mathrm{Re}(z_2^2)$, $(\mathrm{Re}(z_2))^2$

6. $\mathrm{Im}(z_2^2)$, $(\mathrm{Im}(z_2))^2$

※ 다음 복소수를 극형식으로 나타내고, 복소평면에 그려라. [7 ~ 10]

7. $3 + \sqrt{3}\,i$

8. $\sqrt{2} - \sqrt{2}\,i$

9. $-\sqrt{3} + i$

10. $-3 - 4i$

※ 다음을 각각 구하라. [11 ~ 16]

11. $z_1 = 2\left(\cos\dfrac{\pi}{3} + i\sin\dfrac{\pi}{3}\right)$, $z_2 = \sqrt{3}\left(\cos\dfrac{\pi}{4} + i\sin\dfrac{\pi}{4}\right)$일 때 $|z_1 z_2|$, $\mathrm{Arg}(z_1 z_2)$

12. $z_1 = \sqrt{2}\left(\cos\dfrac{\pi}{4} + i\sin\dfrac{\pi}{4}\right)$, $z_2 = 2\left(\cos\dfrac{\pi}{6} - i\sin\dfrac{\pi}{6}\right)$일 때 $\left|\dfrac{z_1}{z_2}\right|$, $\mathrm{Arg}\left(\dfrac{z_1}{z_2}\right)$

13. $z_1 = -\cos\dfrac{\pi}{6} + i\sin\dfrac{\pi}{6}$, $z_2 = \sqrt{3}\left(\cos\dfrac{\pi}{4} - i\sin\dfrac{\pi}{4}\right)$일 때 $|z_1 z_2|$, $\mathrm{Arg}(z_1 z_2)$

14. $z_1 = -2\left(\cos\dfrac{\pi}{3} + i\sin\dfrac{\pi}{3}\right)$, $z_2 = \sqrt{3}\left(\cos\dfrac{\pi}{2} - i\sin\dfrac{\pi}{2}\right)$일 때 $\left|\dfrac{z_1}{z_2}\right|$, $\mathrm{Arg}\left(\dfrac{z_1}{z_2}\right)$

15. $z_1 = \sqrt{2}\left(\sin\dfrac{\pi}{3} + i\cos\dfrac{\pi}{3}\right)$, $z_2 = -2\left(\cos\dfrac{\pi}{6} + i\sin\dfrac{\pi}{6}\right)$일 때 $|z_1 z_2|$, $\mathrm{Arg}(z_1 z_2)$

16. $z_1 = 3\left(\sin\dfrac{\pi}{3} - i\cos\dfrac{\pi}{3}\right)$, $z_2 = -\left(\sin\dfrac{\pi}{4} + i\cos\dfrac{\pi}{4}\right)$일 때 $\left|\dfrac{z_1}{z_2}\right|$, $\mathrm{Arg}\left(\dfrac{z_1}{z_2}\right)$

※ 다음 식을 만족하는 복소수 z를 구하라. [17 ~ 22]

17. $z^3 = 2$

18. $z^2 = i$

19. $z^4 = 1 + i$

20. $z^3 = 1 + \sqrt{3}\,i$

21. $z^3 = -2$

22. $z^4 = 2i$

12.2 해석함수와 Cauchy-Riemann 방정식

12.2.1 복소수 식

복소수를 이용하여 원을 표기할 수 있다. 즉,

$$|z| = 1 \tag{12.13}$$

이라 함은 그림 12.4에서 보는 바와 같이, 복소평면에서 원점을 중심으로 하는 반지름이 1인 단위원을 나타낸다. 이는 $z = x + iy$일 때,

$$|z|^2 = z\overline{z} = (x+iy)(x-iy) = x^2 + y^2 = 1$$

이 되므로, 직교평면에서 $x^2 + y^2 = 1$인 원을 의미하게 된다.

또한, 복소평면에서 $z_0 = x_0 + iy_0$을 중심으로 하는 반지름이 r인 원은 다음과 같이 표현한다(그림 12.5 참조).

$$|z - z_0| = r \tag{12.14a}$$

즉,

$$(x - x_0)^2 + (y - y_0)^2 = r^2 \tag{12.14b}$$

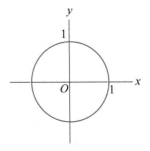

[그림 12.4] 단위원

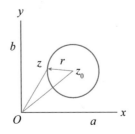

[그림 12.5] 반지름이 r인 원

원의 내부는 부등호를 사용하여, 그림 12.6과 같이 닫힌 원(closed circle, $|z-z_0| \leq r$)과 열린 원(open circle, $|z-z_0| < r$)을 나타낼 수 있다, 또한 그림 12.7 은 닫힌 환형(closed annulus)과 열린 환형(open annulus)을 보여주는 그림이다.

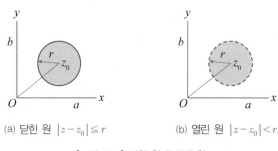

(a) 닫힌 원 $|z-z_0| \leq r$ (b) 열린 원 $|z-z_0| < r$

[그림 12.6] 닫힌 원과 열린 원

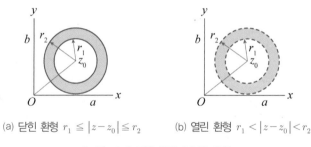

(a) 닫힌 환형 $r_1 \leq |z-z_0| \leq r_2$ (b) 열린 환형 $r_1 < |z-z_0| < r_2$

[그림 12.7] 닫힌 환형과 열린 환형

12.2.2 복소함수(complex function)

복소수 $z = x + iy$이고 복소함수 w가 $w = f(z)$를 이룬다고 할 때, 다음과 같이 표현할 수 있다. 즉,

$$w = f(z) = u(x, y) + iv(x, y) \qquad (12.15)$$

여기서, $u = u(x, y)$, $v = v(x, y)$는 각각 이 복소함수의 실수부와 허수부이다.

예를 들어, 복소수 $z = x + iy$이고, 복소함수 $w = z^2 - 3z$라 할 때, 이 복소함수의 실수부와 허수부를 구하면 각각

$$u = x^2 - y^2 - 3x, \; v = 2xy - 3y$$

가 된다. 즉,

$$w = z^2 - 3z = (x + iy)^2 - 3(x + iy) = (x^2 - y^2 - 3x) + i(2xy - 3y)$$

이다.

12.2.3 복소함수의 도함수, 해석함수(analytic function)

복소평면 상의 한 점 z_0에서 복소함수(complex function) $f(z)$에 대한 미분계수(미분값)를 다음과 같이 정의하며, 그 값이 존재할 때 복소함수 $f(z)$는 $z = z_0$에서 미분가능(differentiable)하다고 한다.

$$f'(z_0) = \lim_{\Delta z \to 0} \frac{f(z_0 + \Delta z) - f(z_0)}{\Delta z} \tag{12.16a}$$

또는

$$f'(z_0) = \lim_{\Delta z \to 0} \frac{f(z) - f(z_0)}{z - z_0} \tag{12.16b}$$

이를 모든 복소수 z에 대하여 복소함수의 도함수(derivative) $f'(z)$를 다음과 같이 정의한다.

> **CORE** **복소수의 도함수 정의**
>
> $$f'(z) = \lim_{\Delta z \to 0} \frac{f(z + \Delta z) - f(z)}{\Delta z} \tag{12.17}$$

식 (12.16)과 (12.17)의 형태는 각각 실수 $x = x_0$에서의 미분계수 식과 실수 x에 대한 함수 $f(x)$의 도함수 식과 같은 형태임을 알 수 있다. 즉,

$$\text{미분계수 } f'(x_0) = \lim_{\Delta x \to 0} \frac{f(x_0 + \Delta x) - f(x_0)}{\Delta x}$$

또는

$$f'(x_0) = \lim_{\Delta x \to 0} \frac{f(x) - f(x_0)}{x - x_0}$$

$$\text{도함수 } f'(x) = \lim_{\Delta x \to 0} \frac{f(x + \Delta x) - f(x)}{\Delta x}$$

따라서, 복소함수에 대한 미분은 실수에서의 미분과 같은 방법으로 계산하면 될 것이다.

CORE 해석함수 (analytic function)

복소함수 $f(z)$가 열린 영역(open region) D의 모든 복소수 z에서 미분 가능할 때, 복소함수 $f(z)$는 그 영역 D에서 해석적(analytic)이라 하며, 그 복소함수를 해석함수(analytic function)라 한다.

해석함수 $f(z)$는 $\Delta z = \Delta x + i \Delta y$라 놓을 때, $\Delta z \to 0$의 경로, 즉,

i) $\Delta y \to 0$으로 먼저 수렴하고, $\Delta x \to 0$으로 나중에 수렴하는 경로

ii) $\Delta x \to 0$으로 먼저 수렴하고, $\Delta y \to 0$으로 나중에 수렴하는 경로

에 상관없이 같은 수렴 값(도함수)을 가져야 한다.

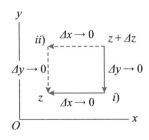

[그림 12.8] $\Delta z \rightarrow 0$의 경로

⚙️ **예제 12.4**

복소함수 $w = f(z) = z^2 - 3z$라 할 때, 도함수 $f'(z)$를 구하라.

풀이

도함수의 정리

$$f'(z) = \lim_{\Delta z \to 0} \frac{f(z + \Delta z) - f(z)}{\Delta z} = \lim_{\Delta z \to 0} \frac{\{(z + \Delta z)^2 - 3(z + \Delta z)\} - (z^2 - 3z)}{\Delta z}$$

$$= \lim_{\Delta z \to 0} \frac{2z\Delta z + (\Delta z)^2 - 3\Delta z}{\Delta z} = 2z - 3$$

📋 $f'(z) = 2z - 3$

12.2.4 Cauchy–Riemann 방정식(Cauchy–Riemann's equation)

Cauchy-Riemann 방정식은 복소함수가 해석적인지를 판정하는 기준이다.

(1) Cauchy–Riemann 방정식 : 직각좌표

🧩 **CORE** **Cauchy–Riemann 방정식 – 직각좌표**

열린 영역 D에서 복소함수 $w = f(z) = u(x, y) + iv(x, y)$가 해석적(analytic)일 필요충분조건은 다음의 Cauchy-Riemann 방정식을 만족하는 것이다.

$$\frac{\partial u}{\partial x} = \frac{\partial v}{\partial y}, \quad \frac{\partial v}{\partial x} = -\frac{\partial u}{\partial y} \tag{12.18}$$

증명 도함수의 정의 식

$$f'(z) = \lim_{\Delta z \to 0} \frac{f(z + \Delta z) - f(z)}{\Delta z}$$

(12.17 반복)

에서 $\Delta z = \Delta x + i\Delta y$라 놓으면

$$f'(z) = \lim_{\Delta z \to 0} \frac{\{u(x+\Delta x, y+\Delta y) + iv(x+\Delta x, y+\Delta y)\} - \{u(x, y) + iv(x, y)\}}{\Delta x + i\Delta y}$$

(12.19)

가 된다. 여기서, 그림 12.7에서 두 경로의 값이 같아야 복소함수 $f(z)$가 해석적이라 할 수 있다.

먼저, 경로 i)를 검토하여 보자. $\Delta y \to 0$으로 먼저 수렴하면,

$$\begin{aligned} f'(z) &= \lim_{\Delta x \to 0} \frac{\{u(x+\Delta x, y) + iv(x+\Delta x, y)\} - \{u(x, y) + iv(x, y)\}}{\Delta x} \\ &= \lim_{\Delta x \to 0} \frac{u(x+\Delta x, y) - u(x, y)}{\Delta x} + i \lim_{\Delta x \to 0} \frac{v(x+\Delta x, y) - v(x, y)}{\Delta x} \\ &= \frac{\partial u}{\partial x} + i\frac{\partial v}{\partial x} \end{aligned}$$

(12.20a)

이제, 경로 ii)를 검토하여 보자. $\Delta x \to 0$으로 먼저 수렴하면,

$$\begin{aligned} f'(z) &= \lim_{\Delta y \to 0} \frac{\{u(x, y+\Delta y) + iv(x, y+\Delta y)\} - \{u(x, y) + iv(x, y)\}}{\Delta y} \\ &= \lim_{\Delta y \to 0} \frac{u(x, y+\Delta y) - u(x, y)}{i\Delta y} + i \lim_{\Delta y \to 0} \frac{v(x, y+\Delta y) - v(x, y)}{i\Delta y} \\ &= \frac{\partial v}{\partial y} - i\frac{\partial u}{\partial y} \end{aligned}$$

(12.20b)

따라서, 두 식 (12.20a)와 (12.20b)의 상등 관계에서 Cauchy-Riemann 방정식이 성립한다.

$$\frac{\partial u}{\partial x} = \frac{\partial v}{\partial y}, \quad \frac{\partial v}{\partial x} = -\frac{\partial u}{\partial y}$$

(12.18 반복)

 예제 12.5

다음 복소함수 $w(x,\ y) = e^x(\cos y + i \sin y)$가 해석적인지를 판별하라.

풀이

$w = u + iv$에서 $u = e^x \cos y$, $v = e^x \sin y$이므로,

Cauchy-Riemann 방정식

$$\frac{\partial u}{\partial x} = \frac{\partial v}{\partial y} = e^x \cos y, \quad \frac{\partial v}{\partial x} = -\frac{\partial u}{\partial y} = e^x \sin y$$

를 만족한다.

따라서, $w(x,\ y) = e^x(\cos y + i \sin y)$는 해석적이다.

(2) Cauchy–Riemann 방정식 : 극좌표

CORE 극형식의 Cauchy–Riemann 방정식

열린 영역 D에서 극형식의 복소수 $z = r(\cos\theta + i \sin\theta)$에 대한 복소함수 $w = f(z) = u(r,\ \theta) + iv(r,\ \theta)$가 해석적(analytic)일 필요충분조건은 다음과 같이 표현되는 Cauchy-Riemann 방정식을 만족하는 것이다.

$$\frac{\partial u}{\partial r} = \frac{1}{r}\frac{\partial v}{\partial \theta}, \quad \frac{\partial v}{\partial r} = -\frac{1}{r}\frac{\partial u}{\partial \theta}$$

(12.21)

증명 도함수의 정의 식

$$f'(z) = \lim_{\Delta z \to 0} \frac{f(z + \Delta z) - f(z)}{\Delta z}$$

(12.17 반복)

에서 $\Delta z = (z + \Delta z) - z = (r + \Delta r)e^{i(\theta + \Delta\theta)} - re^{i\theta}$ 라 놓으면

$$f'(z) = \lim_{\Delta z \to 0} \frac{\{u(r + \Delta r,\ \theta + \Delta\theta) + iv(r + \Delta r,\ \theta + \Delta\theta)\} - \{u(r,\ \theta) + iv(r,\ \theta)\}}{(r + \Delta r)e^{i(\theta + \Delta\theta)} - re^{i\theta}}$$

(12.22)

가 된다. 여기서, 그림 12.9에서 i), ii)의 두 경로에 대한 미분값이 같아야 복소함수 $f(z)$가 해석적이라 할 수 있다.

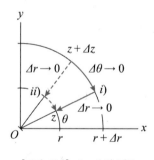

[그림 12.9] $\Delta z \to 0$의 경로

먼저, 경로 i)를 검토하여 보자. $\Delta\theta \to 0$으로 먼저 수렴하면,

$$\begin{aligned}
f'(z) &= \lim_{\Delta r \to 0} \frac{\{u(r + \Delta r,\ \theta) + iv(r + \Delta r,\ \theta)\} - \{u(r,\ \theta) + iv(r,\ \theta)\}}{(r + \Delta r)e^{i\theta} - re^{i\theta}} \\
&= \lim_{\Delta r \to 0} \frac{u(r + \Delta r,\ \theta) - u(r,\ \theta)}{\Delta r\, e^{i\theta}} + i \lim_{\Delta r \to 0} \frac{v(r + \Delta r,\ \theta) - v(r,\ \theta)}{\Delta r\, e^{i\theta}} \\
&= \frac{\partial u}{\partial r} e^{-i\theta} + i \frac{\partial v}{\partial r} e^{-i\theta}
\end{aligned}$$

(12.23a)

이제, 경로 ii)를 검토하여 보자. $\Delta r \rightarrow 0$으로 먼저 수렴하면,

$$f'(z) = \lim_{\Delta\theta \rightarrow 0} \frac{\{u(r,\,\theta+\Delta\theta)+iv(r,\,\theta+\Delta\theta)\}-\{u(r,\,\theta)+iv(r,\,\theta)\}}{r\{e^{i(\theta+\Delta\theta)}-e^{i\theta}\}}$$

$$= \lim_{\Delta\theta \rightarrow 0} \frac{u(r,\,\theta+\Delta\theta)-u(r,\,\theta)}{r\{e^{i(\theta+\Delta\theta)}-e^{i\theta}\}}+i\lim_{\Delta\theta \rightarrow 0} \frac{v(r,\,\theta+\Delta\theta)-v(r,\,\theta)}{r\{e^{i(\theta+\Delta\theta)}-e^{i\theta}\}}$$

$$= \lim_{\Delta\theta \rightarrow 0} \frac{\{u(r,\,\theta+\Delta\theta)-u(r,\,\theta)\}/\Delta\theta}{r\{e^{i(\theta+\Delta\theta)}-e^{i\theta}\}/\Delta\theta}+i\lim_{\Delta\theta \rightarrow 0} \frac{\{v(r,\,\theta+\Delta\theta)-v(r,\,\theta)\}/\Delta\theta}{r\{e^{i(\theta+\Delta\theta)}-e^{i\theta}\}/\Delta\theta}$$

$$= \frac{1}{r}\frac{\partial u}{\partial \theta}\frac{1}{ie^{i\theta}}+i\frac{1}{r}\frac{\partial v}{\partial \theta}\frac{1}{ie^{i\theta}}$$

$$= \frac{1}{r}\frac{\partial v}{\partial \theta}e^{-i\theta}-i\frac{1}{r}\frac{\partial u}{\partial \theta}e^{-i\theta} \tag{12.23b}$$

따라서, 두 식 (12.23a)와 (12.23b)의 상등 관계에서 Cauchy-Riemann 방정식을 성립한다.

$$\frac{\partial u}{\partial r}=\frac{1}{r}\frac{\partial v}{\partial \theta},\quad \frac{\partial v}{\partial r}=-\frac{1}{r}\frac{\partial u}{\partial \theta} \tag{12.21 반복}$$

예제 12.6

다음 복소함수 $w(r,\,\theta)=(r^2\cos2\theta-2r\cos\theta)+i(r^2\sin2\theta-2r\sin\theta)$가 해석적인지를 판별하라.

풀이

$w=u+iv$에서 $u=r^2\cos2\theta-2r\cos\theta$, $v=r^2\sin2\theta-2r\sin\theta$이므로,

Cauchy-Riemann 방정식

$$\frac{\partial u}{\partial r}=2r\cos2\theta-2\cos\theta,\ \frac{1}{r}\frac{\partial v}{\partial \theta}=2r\cos2\theta-2\cos\theta$$

$$\therefore\ \frac{\partial u}{\partial r}=\frac{1}{r}\frac{\partial v}{\partial \theta}$$

$$\frac{\partial v}{\partial r} = 2r\sin 2\theta - 2\sin\theta, \; -\frac{1}{r}\frac{\partial u}{\partial\theta} = 2r\sin 2\theta - 2\sin\theta$$

$$\therefore \; \frac{\partial v}{\partial r} = -\frac{1}{r}\frac{\partial u}{\partial\theta}$$

를 만족한다.

따라서, $w(r,\theta) = (r^2\cos 2\theta - 2r\cos\theta) + i(r^2\sin 2\theta - 2r\sin\theta)$는 해석적이다.

12.2.5 Laplace 방정식(Laplace equation)과 조화함수(harmonic function)

제 11 장에서 배운 바와 같이 진동학, 열전달(heat transfer), 전기학, 유체역학 등에서 중요하게 사용되는 Laplace 방정식이 있다. 해석함수의 실수부와 허수부 모두가 Laplace 방정식을 만족하며, 이 Laplace 방정식의 해를 조화함수(harmonic function)라 한다.

(1) Laplace 방정식 : 직각좌표

> **⚙ CORE   Laplace 방정식**
>
> 복소함수 $f(z) = u(x,y) + iv(x,y)$가 열린 영역 D에서 해석적(analytic)이라 하면, 실수부 $u = u(x,y)$와 허수부 $v = v(x,y)$는 각각 다음의 Laplace 방정식을 만족한다.
>
> $$\nabla^2 u = \frac{\partial^2 u}{\partial x^2} + \frac{\partial^2 u}{\partial y^2} = 0 \qquad (12.24\text{a})$$
>
> $$\nabla^2 v = \frac{\partial^2 v}{\partial x^2} + \frac{\partial^2 v}{\partial y^2} = 0 \qquad (12.24\text{b})$$
>
> 여기서, u와 v를 서로 켤레조화함수(conjugate harmonic function)라 한다.

예제 12.7

함수 $u(x, y) = x^2 - y^2$이 조화함수인지를 판별하고, 조화함수인 경우 이에 대응하는 켤레조화함수를 구하고, 해석함수 $f(z) = u(x, y) + iv(x, y)$를 구하라.

풀이

$u(x, y) = x^2 - y^2$은 Laplace 방정식 $\nabla^2 u = \dfrac{\partial^2 u}{\partial x^2} + \dfrac{\partial^2 u}{\partial y^2} = 0$을 만족한다.

Cauchy-Riemann 방정식

$\dfrac{\partial u}{\partial x} = \dfrac{\partial v}{\partial y} = 2x$에서

$$v = 2xy + g(x) \qquad\qquad\qquad\text{(a)}$$

$\dfrac{\partial v}{\partial x} = -\dfrac{\partial u}{\partial y} = 2y$에서

$$v = 2xy + h(y) \qquad\qquad\qquad\text{(b)}$$

(a), (b)로부터 켤레조화함수

$$v = 2xy + c \quad (c\text{는 상수})$$

이다. 따라서

$$f(z) = u + iv = (x^2 - y^2) + i(2xy + c)$$

가 된다.

$z = x + iy$이므로

$$f(z) = z^2 + ci$$

이다.

📄 $v = 2xy + c$ (c는 상수), $f(z) = z^2 + ci$

(2) Laplace 방정식 : 극좌표

CORE   극형식의 Laplace 방정식

복소함수 $f(z) = u(r, \theta) + iv(r, \theta)$가 열린 영역 D에서 해석적(analytic)이라 하면, 실수부 $u = u(r, \theta)$와 허수부 $v = v(r, \theta)$는 각각 다음의 Laplace 방정식을 만족한다.

$$\nabla^2 u = \frac{\partial^2 u}{\partial r^2} + \frac{1}{r}\frac{\partial u}{\partial r} + \frac{1}{r^2}\frac{\partial^2 u}{\partial \theta^2} = 0 \tag{12.25a}$$

$$\nabla^2 v = \frac{\partial^2 v}{\partial r^2} + \frac{1}{r}\frac{\partial v}{\partial r} + \frac{1}{r^2}\frac{\partial^2 v}{\partial \theta^2} = 0 \tag{12.25b}$$

여기서, u와 v를 서로 켤레조화함수(conjugate harmonic function)라 한다.

⊛ 예제 12.8

함수 $v = r^3 \sin 3\theta$가 조화함수인지를 판별하고, 조화함수인 경우 이에 대응하는 켤레조화함수를 구하고, 해석함수 $f(z) = u(r, \theta) + iv(r, \theta)$를 구하라.

풀이

$v = r^3 \sin 3\theta$에서

$$\frac{\partial^2 v}{\partial r^2} = 6r\sin 3\theta, \quad \frac{1}{r}\frac{\partial v}{\partial r} = 3r\sin 3\theta, \quad \frac{1}{r^2}\frac{\partial^2 v}{\partial \theta^2} = -9r\sin 3\theta \text{이므로}$$

Laplace 방정식 $\nabla^2 v = \dfrac{\partial^2 v}{\partial r^2} + \dfrac{1}{r}\dfrac{\partial v}{\partial r} + \dfrac{1}{r^2}\dfrac{\partial^2 v}{\partial \theta^2} = 0$을 만족한다.

Cauchy-Riemann 방정식

$$\frac{\partial u}{\partial r} = \frac{1}{r}\frac{\partial v}{\partial \theta} \text{에서 } \frac{\partial u}{\partial r} = 3r^2\cos 3\theta,$$

즉,

$$u = r^3\cos 3\theta + g(\theta) \tag{①}$$

$$\frac{\partial v}{\partial r} = -\frac{1}{r}\frac{\partial u}{\partial \theta} \text{에서 } 3r^2\sin 3\theta = -\frac{1}{r}\frac{\partial u}{\partial \theta}$$

즉,

$$u = r^3 \cos 3\theta + h(r) \qquad\qquad ②$$

식 ①, ②로부터 켤레조화함수

$$u = r^3 \cos 3\theta + c \quad (c는\ 상수)$$

이다. 따라서

$$f(z) = u + iv = (r^3 \cos 3\theta + c) + ir^3 \sin 3\theta = c + r^3(\cos 3\theta + i \sin 3\theta)$$

가 된다. 즉, $z = re^{i\theta}$이므로

$$f(z) = z^3 + c$$

이다.

답 $u = r^3 \cos 3\theta + c$ (c는 상수), $f(z) = z^3 + c$

※ 다음 함수가 해석적인지를 판별하라. [1 ~ 8]

1. $f(z) = e^x (\cos y - i \sin y)$

2. $f(z) = e^{-2x} (\sin 2y + i \cos 2y)$

3. $f(z) = -x^2 + y^2 - 2xyi$

4. $f(z) = x^3 - 2y + 3x^2 y i$

5. $f(z) = r^2 \sin 2\theta - i r^2 \cos 2\theta$

6. $f(z) = \dfrac{\cos\theta - i \sin\theta}{r}$

7. $f(z) = z^2 - 2z$

8. $f(z) = z\bar{z}$

※ 다음 함수가 조화함수임을 판별하고, 조화함수인 경우 이에 대응하는 해석함수 $f(z) = u(x, y) + i v(x, y)$를 구하라. [9 ~ 14]

9. $u(x, y) = 2xy$

10. $u(x, y) = e^{-x} \sin y$

11. $v(x, y) = \cos x \cosh y$

12. $v(x, y) = 3x^2 y - y^3$

13. $u(r, \theta) = r^2 \cos 2\theta$

14. $v(r, \theta) = \dfrac{\cos\theta}{r}$

※ 다음 함수가 조화함수가 되는 상수 a를 구하고, 켤레조화함수를 구하라. [15 ~ 18]

15. $u(x, y) = e^{-2x} \cos ay$

16. $u(x, y) = \cos x \sinh ay$

17. $u(x, y) = ay^3 + 4xy$

18. $u(r, \theta) = \dfrac{\sin a\theta}{r}$

12.3 여러 복소함수

본 절에서는 복소수의 여러 형태의 함수, 즉, 지수함수, 삼각함수, 쌍곡선함수, 로그함수 등을 배우기로 한다.

실수 x에 대한 함수 e^x, $\cos x$, $\sin x$, $\cosh x$, $\sinh x$, $\ln x$ 등에서 성립하였던 모든 식이 실수 x 대신 복소수 z을 대입한 경우에도 잘 확장될 수 있다.

12.3.1 복소 지수함수와 복소 로그함수

복소수 z에 대한 지수함수 e^z은 다음과 같이 표현될 수 있다.

$$e^z = e^{x+iy} = e^x e^{iy} = e^x(\cos y + i \sin y) \tag{12.26}$$

또한, 복소 지수함수 e^z은, 실수함수 e^x에서와 마찬가지로, 다음 식들을 만족한다.

$$e^{z_1 + z_2} = e^{z_1} e^{z_2} \tag{12.27}$$

$$(e^z)' = e^z \tag{12.28}$$

특히, $z = yi$인 경우에는 식 (12.26)으로부터 다음과 같은 Euler 식을 얻게 된다.

$$e^{yi} = \cos y + i \sin y \tag{12.29}$$

따라서, $e^{0 \cdot i} = 1$, $e^{\frac{\pi}{2}i} = i$, $e^{\pi i} = -1$, $e^{\frac{3\pi}{2}i} = -i$, $e^{2\pi i} = 1$, $e^{\left(2\pi + \frac{\pi}{2}\right)i} = i$, $e^{(2\pi + \pi)i} = -1$, $\cdots$이 각각 성립된다. 즉, 복소수 $z = x + yi$에 대한 지수함수 e^z에서 y는 편각을 의미하므로, 다음 식과 같은 주기성을 이루게 된다.

$$e^{z + 2\pi i} = e^z \tag{12.30}$$

한편, 복소수 $z\,(= re^{i\theta})$에 대한 로그함수 $\ln z$ 는 다음과 같이 표현된다.

$$\ln z = \ln r + i\theta \tag{12.31}$$

여기서, $r = |z| > 0$이며, $\theta = \arg z$이다. 복소수 z의 편각 θ는 주편각(principal argument, $\mathrm{Arg}\, z$)에 2π의 정수배를 더한 값으로 무수히 많은 값을 갖는다. 즉,

$$\arg z = \mathrm{Arg}\, z + 2n\pi\,(n\text{은 임의의 정수}) \tag{12.32}$$

따라서, 주편각 $\mathrm{Arg}\, z$에 대응하는 $\ln z$를 $\mathrm{Ln}\, z$로 표기하며, 주값(principal value)이라 칭한다. 즉. 주값은 다음을 만족한다.

$$\ln z = \mathrm{Ln}\, z + 2n\pi i\,(n\text{은 임의의 정수}) \tag{12.33}$$

⚙ 예제 12.8

$z = 4 + 3i$일 때, e^z을 계산하라.

풀이

$$e^z = e^{4+3i} = e^4 e^{3i} = e^4(\cos 3 + i\sin 3)$$

📋 $e^4(\cos 3 + i\sin 3)$

⚙ 예제 12.9

$z = \ln(1 + \sqrt{3}\, i)$를 $u + vi$ 형태로 나타내라.

풀이

$z = \ln(1 + \sqrt{3}\, i)$에서 $e^z = 1 + \sqrt{3}\, i$가 되므로

즉, (좌변) $e^z = e^{x+iy} = e^x e^{iy} = e^x (\cos y + i \sin y)$

(우변) $1 + \sqrt{3}\, i = 2 \left(\cos \dfrac{\pi}{3} + i \sin \dfrac{\pi}{3} \right)$

이므로

$$e^x = 2$$

$$y = \frac{\pi}{3} + 2n\pi \quad (n \text{은 임의의 정수})$$

가 된다. 따라서

$$x = \ln 2, \; y = \frac{\pi}{3} + 2n\pi$$

가 된다.

$$\boxed{\text{답}} \quad z = \ln 2 + \left(\frac{\pi}{3} + 2n\pi \right) i, \; (n \text{은 임의의 정수})$$

12.3.2 복소 삼각함수와 복소 쌍곡선함수

복소수 z에 대한 삼각함수 $\cos z, \; \sin z, \; \tan z$ 등은 다음과 같이 표현된다.

$$\cos z = \frac{1}{2} \left(e^{iz} + e^{-iz} \right) \tag{12.34a}$$

$$\sin z = \frac{1}{2i} \left(e^{iz} - e^{-iz} \right) \tag{12.34b}$$

$$\tan z = \frac{\sin z}{\cos z} \tag{12.34c}$$

또한, 복소 삼각함수 $\cos z, \; \sin z, \; \tan z$의 미분도, 실수함수 $\cos x, \; \sin x, \; \tan x$에서와 마찬가지의 형태를 갖는다.

$$(\cos z)' = -\sin z \tag{12.35a}$$

$$(\sin z)' = \cos z \tag{12.35b}$$

$$(\tan z)' = \sec^2 z \tag{12.35c}$$

모든 복소수 z에 대하여 다음의 Euler 식이 성립한다.

$$e^{iz} = \cos z + i \sin z \tag{12.36}$$

한편, 복소수 z에 대한 쌍곡선함수 $\cosh z, \ \sinh z, \ \tanh z$ 등은 다음과 같이 표현된다.

$$\cosh z = \frac{1}{2}\left(e^z + e^{-z}\right) \tag{12.37a}$$

$$\sinh z = \frac{1}{2}\left(e^z - e^{-z}\right) \tag{12.37b}$$

$$\tanh z = \frac{\sinh z}{\cosh z} \tag{12.37c}$$

또한, 복소 쌍곡선함수 $\cosh z, \ \sinh z, \ \tanh z$에 대한 미분도, 실수함수 $\cosh x,$ $\sinh x, \ \tanh x$에서와 마찬가지의 형태를 갖는다.

$$(\cosh z)' = \sinh z \tag{12.38a}$$

$$(\sinh z)' = \cosh z \tag{12.38b}$$

$$(\tanh z)' = \frac{1}{\cosh^2 z} \tag{12.38c}$$

복소 삼각함수와 복소 쌍곡선함수는 다음과 같이 서로 연관되어 있다.

$$\cos iz = \cosh z \tag{12.39a}$$

$$\sin iz = i \sinh z \tag{12.39b}$$

$$\cosh iz = \cos z \tag{12.40a}$$

$$\sinh iz = i \sin z \tag{12.40b}$$

예제 12.10

$\sin(4+3i)$를 $u+vi$ 형태로 나타내라.

풀이

$$\begin{aligned}
\sin(4+3i) &= \sin4 \cdot \cos3i + \cos4 \cdot \sin3i \\
&= \sin4 \cdot \cosh3 + \cos4 \cdot i\sinh3 \\
&= \sin4\cosh3 + i\cos4\sinh3
\end{aligned}$$

답 $\sin4\cosh3 + i\cos4\sinh3$

 예제 12.11

$\cosh(2+\pi i)$를 $u+vi$ 형태로 나타내라.

풀이

$$\begin{aligned}
\cosh(2+\pi i) &= \cos(i(2+\pi i)) = \cos(-\pi+2i) \\
&= \cos(-\pi) \cdot \cos(2i) - \sin(-\pi) \cdot \sin(2i) \\
&= (-1) \cdot \cosh2 + 0 \cdot i\sinh2 \\
&= -\cosh2
\end{aligned}$$

답 $-\cosh2$

※ 다음 식으로부터 z를 구하라. [1 ~ 4]

1. $\ln z = 1 + 2i$

2. $\ln z = \pi i$

3. $\ln z = 1 - \dfrac{\pi}{2}i$

4. $\ln z = 2 + \dfrac{\pi}{3}i$

※ 다음을 $u + vi$ 형태로 나타내라. [5 ~ 8]

5. $z = \ln(3i)$

6. $z = \ln(e^{2i})$

7. $z = \ln(1 + i)$

8. $z = \ln(\sqrt{3} - i)$

※ 다음을 $u + vi$ 형태로 나타내라. [9 ~ 14]

9. $\sin(2i)$

10. $\cos(\pi i)$

11. $\sin\left(\dfrac{\pi}{6} + i\right)$

12. $\cos(1 - i)$

13. $\sinh(2 + \pi i)$

14. $\cosh\dfrac{\pi}{2}(1 - i)$

Engineering Mathematics with MATLAB

CHAPTER

13

복소적분

13.1 복소평면에서의 선적분

13.2 Cauchy 적분정리 Ⅰ, Ⅱ

13.3 Cauchy 적분정리 Ⅲ (해석함수의 도함수)

이 장에서는 12 장에서 배운 복소수와 복소함수를 바탕으로 복소적분을 학습할 것이며, 그 중에서도 Cauchy 적분정리를 배우게 된다. 복소적분이 중요한 이유는 실수 미적분에서 접근이 용이하지 않았던 물리학 등의 응용분야에서 포함되는 적분들이 복소적분으로 쉽게 해결될 수 있기 때문이다.

13.1절에서는 주어진 경로에 따른 복소평면에서의 적분을, 13.2절과 13.3절에서는 Cauchy 적분정리에 대해 배우기로 한다.

13.1 복소평면에서의 선적분

13.1.1 복소 선적분(complex line integral)

복소평면에서 함수 $f(z)$를 주어진 경로 C(적분경로, path of integration)를 따라서 적분할 때 이루는 선적분(line integral)을 다음과 같이 나타낸다.

$$\int_C f(z)\,dz \tag{13.1}$$

특히, 경로 C가 닫힌 경로(closed path, 처음 시작점과 끝점이 같은 경로)인 경우에는 다음과 같이 표기한다.

$$\oint_C f(z)\,dz \tag{13.2}$$

여기서, 복소함수 $z(t) = x(t) + iy(t)\,(a \le t \le b)$는 매개변수 t에 따라서 변화하며, 실수성분 $x(t)$와 허수성분 $y(t)$로 구성된다. 매개변수 t가 증가하는 방향을 경로 C의 양의 방향(positive sense)이라 한다.

예를 들어, $z(t) = \cos t + i \sin t\,(-2\pi \le t \le 2\pi)$는 복소평면 상에서 $|z| = 1$인 원을 의미한다.

복소함수 $z(t)$가 경로 C의 모든 점에서 연속이고 미분가능이면 다음 식을 만족하게 된다.

$$\dot{z}(t) = \frac{d}{dt}z(t) = \frac{d}{dt}x(t) + i\frac{d}{dt}y(t) = \dot{x} + i\dot{y} \tag{13.3}$$

복소 선적분(complex line integral)은 다음과 같이 분배법칙이 성립한다.

$$\int_C \{k_1 f_1(z) + k_2 f_2(z)\}\,dz = k_1 \int_C f_1(z)\,dz + k_2 \int_C f_2(z)\,dz \tag{13.4}$$

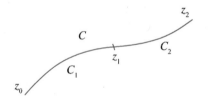

[그림 13.1] 경로 C의 시작점 z_0과 끝점 z_2

그림 13.1에서 보는 바와 같이, 경로 C의 시작점이 z_0이고 끝점이 z_2일 때, 경로가 반대방향으로 바뀌면, 즉, z_2에서 시작하여 z_0에서 끝나면, 다음과 같이 그 선적분 값의 부호가 반대로 바뀐다. 이렇게 시작점과 끝점이 다른 경로를 열린 경로 (open path)라 한다.

$$\int_{z_0}^{z_2} f(z)\,dz = -\int_{z_2}^{z_0} f(z)\,dz \tag{13.5}$$

또한, 그림 13.1에서 보는 바와 같이, 경로 C의 경로(시작점 z_0과 끝점 z_2)가 경로 C_1(시작점 z_0과 끝점 z_1)과 경로 C_2(시작점 z_1과 끝점 z_2)로 분할되면, 경로 C의 경로에 대한 선적분은 각 경로에 대한 선적분의 합과 같다.

$$\int_{z_0}^{z_2} f(z)\,dz = \int_{z_0}^{z_1} f(z)\,dz + \int_{z_1}^{z_2} f(z)\,dz \tag{13.6a}$$

$$\int_C f(z)\,dz = \int_{C_1} f(z)\,dz + \int_{C_2} f(z)\,dz \tag{13.6b}$$

🧩 CORE　복소 선적분의 계산

영역 D 내에서 함수 $f(z)$의 부정적분을 $F(z)$라 한다면, 영역 D 내의 두 점 z_0, z_2를 연결하는 모든 경로에 대하여 다음 식이 성립된다.

$$\int_C f(z)\,dz = \int_{z_0}^{z_2} f(z)\,dz = F(z_2) - F(z_0) \tag{13.7}$$

⚙ 예제 13.1

다음의 복소 선적분을 계산하라.

(a) $\displaystyle\int_{1-2i}^{1+2i} z\,dz$　　　　　　(b) $\displaystyle\int_0^{\pi i} \sin z\,dz$

(c) $\displaystyle\int_{2-i}^{2+i} e^z\,dz$

풀이

(a) $\displaystyle\int_{1-2i}^{1+2i} z\,dz = \left[\frac{z^2}{2}\right]_{1-2i}^{1+2i} = \frac{1}{2}\{(1+2i)^2 - (1-2i)^2\} = 4i$

(b) $\displaystyle\int_0^{\pi i} \sin z\,dz = -\left[\cos z\right]_0^{\pi i} = 1 - \cos(\pi i) = 1 - \cosh\pi$

(c) $\displaystyle\int_{2-i}^{2+i} e^z\,dz = \left[e^z\right]_{2-i}^{2+i} = e^{2+i} - e^{2-i} = e^2(\cos 1 + i\sin 1) - e^2(\cos 1 - i\sin 1) = 2e^2 i\sin 1$

답 (a) $4i$, (b) $1-\cosh\pi$, (c) $2e^2 i\sin 1$

13.1.2 복소 경로의 매개변수 표현

 예제 13.2

다음의 복소 경로를 매개변수로 표현하라.

(a) 경로 C는 원점에서 $(3,\ 2)$까지의 최단경로

(b) 경로 C는 $(0,\ 1)$에서 $(2,\ 1)$까지의 반원, $y \leq 1$

(c) 경로 C는 중심이 원점이고 반지름이 2인 원에서 반시계 방향

풀이

(a) 원점에서 $(3,\ 2)$까지의 최단경로를 매개변수로 표현하면 다음과 같다.

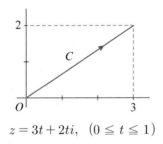

$$z = 3t + 2ti, \quad (0 \leq t \leq 1)$$

(b) $(0,\ 1)$에서 $(2,\ 1)$까지의 반원, $y \leq 1$의 경로 C를 매개변수로 표현하면 다음과 같다.

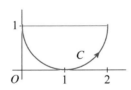

중심이 $(1,\ 1)$이고 반지름이 1인 원이므로, $|z - (1+i)| = 1$이다.

$$z = (1 + \cos t) + i(1 + \sin t), \quad (\pi \leq t \leq 2\pi)$$

(c) 중심이 원점이고 반지름이 2인 원에서 반시계 방향의 경로를 매개변수로 표현하면 다음과 같다.

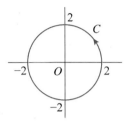

$$z = 2(\cos t + i \sin t), \quad (0 \le t \le 2\pi)$$

답 (a) $z = 3t + 2ti, \quad (0 \le t \le 1)$,

(b) $z = (1 + \cos t) + i(1 + \sin t), \quad (\pi \le t \le 2\pi)$,

(c) $z = 2(\cos t + i \sin t), \quad (0 \le t \le 2\pi)$

13.1.3 매개변수로 표현된 복소 선적분

> **CORE** **복소 선적분의 계산**
>
> 곡선 C 위에서 연속인 복소함수 z를 다음과 같이 매개변수 $t(a \le t \le b)$로 나타 낼 수 있다면, 즉, $z = z(t) = x(t) + i\, y(t)$이면 다음 식이 성립된다.
>
> $$\int_C f(z)\, dz = \int_a^b f[z(t)]\, \dot{z}(t)\, dt \tag{13.8}$$

증명 $z = z(t) = x(t) + i\, y(t)$이면 $dz = dx + i\, dy$가 된다.

여기서, $dx = \dot{x}\, dt$, $dy = \dot{y}\, dt$이다.

$f(z) = u(z) + i\, v(z)$를 식 (13.8)의 우변 식에 적용하면 다음과 같이 유도된다.

$$\int_C f(z)dz = \int_C (u + iv)(dx + i\, dy) = \int_a^b (u + iv)(\dot{x} + i\, \dot{y})\, dt = \int_a^b f[z(t)]\, \dot{z}(t)\, dt$$

예제 13.3

다음 경로에 대한 복소 선적분을 계산하라.

(a) $\displaystyle\int_C Re\,z\,dz$, 경로 C: 원점에서 $2+2i$까지의 최단경로

(b) $\displaystyle\int_C \cos z\,dz$, 경로 C: $(2, 0)$에서 $(-2, 0)$까지의 반원, $y \geqq 0$

(c) $\displaystyle\oint_C \frac{1}{z}\,dz$, 경로 C: 중심이 원점이고 반지름이 1인 원에서 반시계 방향

풀이

(a) 원점에서 $2+2i$까지의 최단경로를 매개변수로 표현하면 다음과 같다.

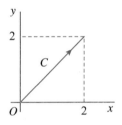

$$z = t + it, \quad (0 \leq t \leq 2)$$

즉, $dz = (1+i)dt$, $Re\,z = t$이다.

$$\int_C Re\,z\,dz = \int_0^2 t \cdot (1+i)\,dt = (1+i)\left.\frac{t^2}{2}\right|_0^2 = 2(1+i)$$

(b) $(2, 0)$에서 $(-2, 0)$까지의 반원, $y \geqq 0$의 경로를 매개변수로 표현하면 다음과 같다.

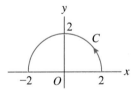

중심이 $(0, 0)$이고 반지름이 2인 원이므로, $|z| = 2$이다.

$$z = 2(\cos t + i\sin t) = 2e^{it}, \quad (0 \leq t \leq \pi)$$

즉, $dz = 2ie^{it}dt$이다.

$$\int_C \cos z\,dt = \int_2^{-2} \cos z\,dt = \sin z \Big|_2^{-2}$$

$$= \sin(-2) - \sin 2 = -2\sin 2$$

(c) 중심이 원점이고 반지름이 1인 원에서 반시계 방향의 경로를 매개변수로 표현하면 다음과 같다.

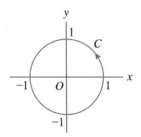

$$z = \cos t + i \sin t = e^{it}, \quad (0 \leq t \leq 2\pi)$$

즉, $dz = i e^{it} dt$ 이다.

$$\oint_C \frac{1}{z}\,dz = \int_0^{2\pi} \frac{i e^{it}}{e^{it}}\,dt = i \int_0^{2\pi} dt = 2\pi i$$

 (a) $2(1+i)$, (b) $-2\sin 2$, (c) $2\pi i$

예제 13.4

다음과 같이 경로에 대한 복소 선적분 $\displaystyle\int_C Im\,z\,dz$ 를 계산하라.

(a) 경로 C_1 : 원점에서 $2+4i$ 까지의 최단경로

(b) 경로 C_2 : 원점에서 $2+4i$ 까지의 곡선경로

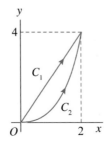

풀이

(a) 경로 C_1: 원점에서 $2+4i$까지의 최단경로를 매개변수로 표현하면 다음과 같다.

$$z = t + 2ti, \quad (0 \le t \le 2)$$

즉,

$$dz = (1+2i)dt, \quad Im\,z = 2t$$

이다.

$$\int_C Im\,z\,dz = \int_0^2 2t \cdot (1+2i)\,dt = (1+2i) \cdot t^2 \big|_0^2 = 4 + 8i$$

(b) 경로 C_2: 원점에서 $2+4i$까지의 곡선경로를 매개변수로 표현하면 다음과 같다.

$$z = t + t^2 i, \quad (0 \le t \le 2)$$

즉,

$$dz = (1+2ti)dt, \quad Im\,z = 2t$$

이다.

$$\int_C Im\,z\,dz = \int_0^2 2t \cdot (1+2ti)\,dt = \left[t^2 + \frac{4}{3}t^3 i \right]_0^2 = 4 + \frac{32}{3}i$$

답 (a) $4+8i$, (b) $4 + \frac{32}{3}i$

🧩 CORE 경로 의존성 (dependence on path)

경로가 다르면 선적분 결과 값도 달라짐을 알 수 있다.

예제 13.5

경로 C가 중심이 z_0이고 반지름이 ρ_0인 반시계 방향의 원일 때 다음의 복소 선적분을 계산하라.

$$\oint_C (z - z_0)^m \, dz, \text{ (단, } m \text{은 정수)}$$

풀이

중심이 z_0이고 반지름이 ρ_0인 반시계 방향의 원은 $|z - z_0| = \rho_0$이다.

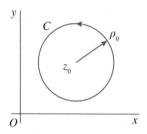

$$z = z_0 + \rho(\cos t + i \sin t) = z_0 + \rho_0 e^{it}, \ (0 \le t \le 2\pi)$$

즉, $dz = \rho_0 i e^{it} dt$이다.

$$\oint_C (z - z_0)^m dz = \int_0^{2\pi} \rho_0^m e^{imt} \cdot \rho_0 i e^{it} dt$$

$$= \rho_0^{m+1} i \int_0^{2\pi} e^{i(m+1)t} dt$$

$$= \rho_0^{m+1} i \int_0^{2\pi} \{\cos(m+1)t + i \sin(m+1)t\} dt$$

$$= \begin{cases} i \int_0^{2\pi} dt & (m = -1) \\ \rho_0^{m+1} i \left[\dfrac{\sin(m+1)t}{m+1} - i \dfrac{\cos(m+1)t}{m+1} \right]_0^{2\pi} & (m \ne -1) \end{cases}$$

$$= \begin{cases} 2\pi i & (m = -1) \\ 0 & (m \ne -1 \text{인 정수}) \end{cases}$$

답 $\oint_C (z - z_0)^m dz = \begin{cases} 2\pi i & (m = -1) \\ 0 & (m \ne -1 \text{인 정수}) \end{cases}$

13.1.4 선적분의 한계

복소 선적분을 정확하게 계산할 수 없는 경우가 있을 것이다. 이런 경우에는 복소 선적분의 절댓값을 대략적으로 구하여 복소 선적분의 한계 구간을 추정하여 보자.

🧩 **CORE   복소 선적분의 한계 (upper bound)**

경로 C의 길이를 L, 경로 위의 모든 점에서 $|f(z)| \leq M$을 만족한다고 한다면, 다음 식이 성립된다.

$$\left| \int_C f(z)\,dz \right| \leq M \cdot L \tag{13.9}$$

증명 $\displaystyle\int_C f(z)\,dz$에 대하여 n 등분한 구분적분을 $S_n = \displaystyle\sum_{m=1}^{n} f(z_m)\,\Delta z_m$으로 나타난다고 할 때 일반적인 삼각부등식을 적용하면 다음과 같은 부등식을 얻게 된다.

$$|S_n| = \left| \sum_{m=1}^{n} f(z_m)\,\Delta z_m \right| \leq \sum_{m=1}^{n} |f(z_m)| \cdot |\Delta z_m| \leq M \cdot \sum_{m=1}^{n} |\Delta z_m| = M \cdot L$$

⚙️ **예제 13.6**

경로 C가 원점에서 $2 + 2i$까지의 최단경로일 때 다음을 구하라.

(a) 복소 선적분의 계산
(b) 복소 선적분의 대략적인 한계(upper bound)

$$\int_C z\,dz$$

풀이

원점에서 $2+2i$ 까지의 최단경로를 매개변수로 표현하면 다음과 같다.

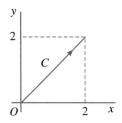

$$z = t + it, \quad (0 \leq t \leq 2)$$

즉,

$$dz = (1+i)dt$$

이다.

(a) $\displaystyle \int_C z\,dz = \int_0^2 (t+it) \cdot (1+i)dt = (1+i)^2 \int_0^2 t\,dt = 4i$

(b) $|f(z)| = |z| \leq |2+2i| = 2\sqrt{2} = M$

경로 C의 길이 $L = 2\sqrt{2}$

따라서

$$\left| \int_C z\,dz \right| \leq M \cdot L = 2\sqrt{2} \cdot 2\sqrt{2} = 8$$

이다.

답 (a) $4i$, (b) 8

※ 다음 경로를 매개변수로 나타내라. [1 ~ 10]

1. $(0,\ 1)$에서 $(2,\ 4)$까지의 선분

2. $(0,\ 1)$에서 $(3,\ 1)$까지의 선분

3. $(1,\ 1)$에서 $\left(3,\ \dfrac{1}{3}\right)$까지의 $y = \dfrac{1}{x}$

4. $(1,\ 1)$에서 $(2,\ 4)$까지의 $y = x^2$

5. $|z - i| = 1$, 반시계 방향

6. $|z - (2+i)| = 2$, 시계 방향

7. $\dfrac{x^2}{4} + \dfrac{y^2}{9} = 1$, 반시계 방향

8. $\dfrac{(x-1)^2}{4} - \dfrac{(y-2)^2}{9} = 1$, 반시계 방향

9. 단위원, 반시계 방향

10. $-\dfrac{x^2}{4} + \dfrac{y^2}{9} = 1$, 시계 방향

※ 다음 복소 선적분을 계산하라. [11 ~16]

11. $\displaystyle\int_{-i}^{i} 2z\, dz$

12. $\displaystyle\int_{0}^{1+i} z^2\, dz$

13. $\displaystyle\int_{-\frac{\pi}{2}i}^{\frac{\pi}{2}i} \cos z\, dz$

14. $\displaystyle\int_{1}^{1+i} \sin 2z\, dz$

15. $\displaystyle\int_{1-i}^{1+i} e^{-z}\, dz$

16. $\displaystyle\int_{-i}^{i} z\, e^{z^2}\, dz$

※ 다음과 같이 매개변수로 표현된 복소 선적분을 계산하라. [17 ~ 26]

17. $\int_C Im\, z\, dz$, 경로 C: $1 + i$ 에서 $2 + 2i$까지의 최단경로

18. $\int_C Re\, z\, dz$, 경로 C: $(0,\ 0)$에서 $(1,\ 1)$까지의 $y = x^2$ 경로

19. $\int_C z\, dz$, 경로 C: $(0,\ 1)$에서 $(3,\ 1)$까지의 선분 경로

20. $\int_C z\, dz$, 경로 C: 단위원, 반시계 방향 경로

21. $\int_C z\, dz$, 경로 C: $\dfrac{x^2}{9} + \dfrac{y^2}{4} = 1$, 반시계 방향

22. $\int_C \cos z\, dz$, 경로 C: $(1,\ 0)$에서 $(-1,\ 0)$까지의 반원, $y \geqq 0$

23. $\int_C \sin z\, dz$, 경로 C: $(0,\ 1)$에서 $(0,\ 2)$까지의 선분 경로

24. $\int_C \sec^2 z\, dz$, 경로 C: $(1,\ 0)$에서 $(0,\ 1)$까지의 사분원, $x \geqq 0$, $y \geqq 0$

25. $\oint_C \dfrac{1}{z^2}\, dz$, 경로 C: 중심이 원점이고 반지름이 1인 원에서 반시계 방향

26. $\oint_C z^2\, dz$, 경로 C: 중심이 원점이고 반지름이 1인 원에서 반시계 방향

13.2 Cauchy 적분정리 I, II

본 절은 13장 복소적분에서 가장 중요한 부분이다.

앞 절에서 함수 $f(z)$의 복소 선적분은 경로에 의존함을 확인하였다. 적분경로 C 의 시작점과 끝점이 일치하는 경우를 닫힌 경로(closed path)라 하였으며, 그림 13.2 에서 보는 바와 같이, 닫힌 경로 중에서 경로 상에서 교차하지 않고 접촉하지 않는 경우를 단순 닫힌 경로(simple closed path)라 한다.

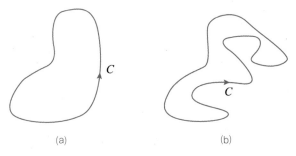

(a)   (b)

[그림 13.2] 단순 닫힌 경로

복소평면에서 단순 연결 영역(simply connected domain) D 라 함은 영역 D 내의 모든 단순 닫힌 경로가 영역 D 를 벗어나지 않을 경우를 말한다. 그림 13.3(b)에서 보는 바와 같이, 영역 내에 또 다른 영역이 있으면 단순 연결 영역이라고 할 수 없다.

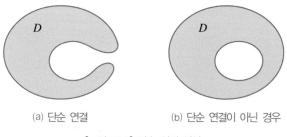

(a) 단순 연결   (b) 단순 연결이 아닌 경우

[그림 13.3] 단순 연결 영역

13.2.1 Cauchy 적분정리 I

🧩 **CORE**　Cauchy 적분정리 I (Cauchy's integral theorem I)

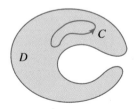

[그림 13.4] 단순 연결 영역 D 내의 단순 닫힌 경로 C

그림 13.4에서 보는 바와 같이, 복소함수 $f(z)$가 단순 연결 영역 D에서 해석적(analytic)이면, 영역 D 내의 모든 단순 닫힌 경로 C에 대하여 다음 식을 만족한다.

$$\oint_C f(z)\,dz = 0 \tag{13.10}$$

⚙️ **예제 13.7**

단순 연결 영역 D 내의 단순 닫힌 경로 C일 경우, 다음을 계산하라.

(a) $\oint_C (z^2+z)\,dz$　　　　(b) $\oint_C e^z\,dz$

(c) $\oint_C \sin z\,dz$

풀이

(a) 단순연결 영역 D 내에서 단순 닫힌 경로 C의 모든 z에 대하여 복소함수 $f(z)=z^2+z$는 해석적이므로, $\oint_C (z^2+z)\,dz=0$이 된다.

(b) 단순연결 영역 D 내에서 단순 닫힌 경로 C의 모든 z에 대하여 복소함수 $f(z)=e^z$은 해석적이므로, $\oint_C e^z\,dz=0$이 된다.

(c) 단순연결 영역 D 내에서 단순 닫힌 경로 C의 모든 z에 대하여 복소함수 $f(z) = \sin z$는 해석 적이므로, $\displaystyle\oint_C \sin z\, dz = 0$이 된다.

> **답** (a) 0, (b) 0, (c) 0

 예제 13.8

경로 C가 단위원일 때, 다음을 계산하라.

(a) $\displaystyle\oint_C \frac{1}{\cos z}\, dz$ (b) $\displaystyle\oint_C \frac{1}{z}\, dz$

(c) $\displaystyle\oint_C \frac{1}{z^2}\, dz$ (d) $\displaystyle\oint_C z\, dz$

(e) $\displaystyle\oint_C \frac{1}{z^2+9}\, dz$

풀이

(a) $f(z) = \dfrac{1}{\cos z}$은 $z = \pm\dfrac{\pi}{2},\ \pm\dfrac{3\pi}{2},\ \cdots$에서 해석적이지 않다. 그러나 이 점들은 모두 단위원 밖에 있으므로, 경로 C의 모든 z에 대하여 복소함수 $f(z) = \dfrac{1}{\cos z}$은 해석적이라 할 수 있다. 따라서 Cauchy 적분정리에 의해 $\displaystyle\oint_C \frac{1}{\cos z}\, dz = 0$이 된다.

(b) $f(z) = \dfrac{1}{z}$은 $z = 0$에서 해석적이지 않다. 그러나 이 점은 단위원 안에 있으므로, Cauchy 적분 정리를 이용할 수 없다.

$$z = e^{it}\ \ (0 \le t \le 2\pi)\,\text{에서}\ \ dz = i\,e^{it}\,dt$$

따라서

$$\oint_C \frac{1}{z}\, dz = \int_0^{2\pi} \frac{1}{e^{it}} i\,e^{it} dt = \int_0^{2\pi} i\, dt = 2\pi i$$

(c) $f(z) = \dfrac{1}{z^2}$은 $z = 0$에서 해석적이지 않다. 그러나 이 점은 단위원 안에 있으므로, Cauchy 적 분정리를 이용할 수 없다.

$$z = e^{it}\ \ (0 \le t \le 2\pi)$$

에서

$$dz = i e^{it} dt$$

이다. 따라서

$$\oint_C \frac{1}{z^2}\, dz = \int_0^{2\pi} \frac{1}{e^{i2t}} i e^{it} dt = \int_0^{2\pi} i e^{-it} dt = -e^{-it}\Big|_0^{2\pi} = 0$$

이다.

(d) $f(z) = z$는 해석적이다. 따라서

$$\oint_C z\, dz = 0$$

이다.

(e) $f(z) = \dfrac{1}{z^2+9}$는 $z = \pm 3i$에서 해석적이지 않다. 그러나 이 점들은 모두 단위원 밖에 있으므로, 경로 C의 모든 z에 대하여 복소함수 $f(z) = \dfrac{1}{z^2+9}$은 해석적이라 할 수 있다. 따라서 Cauchy 적분정리에 의해

$$\oint_C \frac{1}{z^2+9}\, dz = 0$$

이다.

답 (a) 0, (b) $2\pi i$, (c) 0, (d) 0, (e) 0

🧩 **CORE** **경로의 독립성 (independence of path)**

복소함수 $f(z)$가 단순 연결 영역 D에서 해석적(analytic)이면, $f(z)$의 적분은 영역 D 내의 모든 경로에 대하여 독립이다.

즉, 그림 13.5에서 보는 바와 같이, 시작점 z_0과 끝점 z_1인 서로 다른 경로 C_1과 C_2에 대한 적분 값은 서로 같다.

$$\int_{C_1} f(z)\, dz = \int_{C_2} f(z)\, dz \tag{13.11}$$

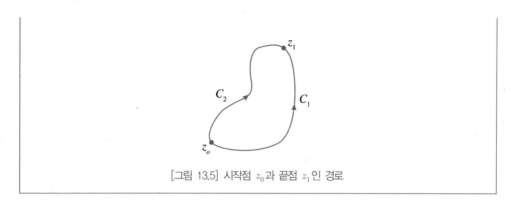

[그림 13.5] 시작점 z_0과 끝점 z_1인 경로

증명 식 (13.10)에서 $\oint_C f(z)\,dz = 0$이므로, 그림 13.5에서 단순 닫힌 경로 C가 경로 C_1과 역방향 경로 C_2 (즉, C_2^*)로 이루어졌다고 한다면

$$\oint f(z)dz = \int_{C_1} f(z)dz + \int_{C_2^*} f(z)dz = 0 \tag{13.12}$$

이 된다. 여기서 $\int_{C_2^*} f(z)dz = -\int_{C_2} f(z)dz$가 성립하므로, 이를 식 (13.12)에 대입하면

$$\int_{C_1} f(z)\,dz - \int_{C_2} f(z)\,dz = 0 \tag{13.13}$$

이 되어 식 (13.11)이 유도된다.

13.2.2 Cauchy 적분정리 II

> 🧩 **CORE**　**Cauchy 적분정리 II (Cauchy's integral theorem II)**
>
>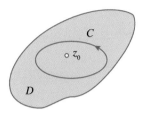
>
> [그림 13.6] 단순 연결 영역 D 내에서 점 z_0을 품은 단순 닫힌 경로 C
>
> 복소함수 $f(z)$가 단순 연결 영역 D에서 해석적이면, 영역 D 내에 있는 임의의 점 z_0와 z_0를 둘러싸고 있는 임의의 단순 닫힌 경로 C에 대하여(그림 13.6 참조) 다음 식이 성립한다.
>
> $$\oint_{C} \frac{f(z)}{z - z_0}\, dz = 2\pi i\, f(z_0) \tag{13.14}$$
>
> 여기서, 경로의 방향은 반시계 방향이다.
>
> 식 (13.14)의 양변을 $2\pi i$로 나누어 식을 변형하면 다음과 같다.
>
> $$f(z_0) = \frac{1}{2\pi i} \oint_{C} \frac{f(z)}{z - z_0}\, dz \tag{13.15}$$

증명 단순 연결 영역 D에서 복소함수 $f(z)$가 해석적일지라도, 함수 $\dfrac{f(z)}{z - z_0}$는 $z = z_0$에서 불연속이 되어 비해석적이다.

$f(z)$에서 $f(z_0)$를 빼고 더하면, $f(z) = \{f(z) - f(z_0)\} + f(z_0)$가 된다. 따라서, 다음과 같이 정리할 수 있다.

$$\oint_{C} \frac{f(z)}{z - z_0}\, dz = \oint_{C} \frac{f(z) - f(z_0)}{z - z_0}\, dz + \oint_{C} \frac{f(z_0)}{z - z_0}\, dz \tag{13.16}$$

식 (13.16)의 두 번째 항은 $\oint_{C} \dfrac{f(z_0)}{z - z_0}\, dz = f(z_0) \oint_{C} \dfrac{1}{z - z_0}\, dz$가 되며, 예제 13.5에

유도된 결과인 $\oint_C \dfrac{1}{z-z_0}\,dz = 2\pi i$를 적용하면 다음과 같다.

$$\oint_C \frac{f(z_0)}{z-z_0}\,dz = 2\pi i\,f(z_0) \qquad (13.17)$$

식 (13.16)의 첫 번째 항이 0임을 보이면 Cauchy 적분정리 II를 증명할 수 있다.

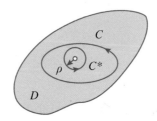

[그림] 점 z_0을 중심으로 하는 반지름 ρ인 원 C^*

그림에서 보는 바와 같이, 원판 $|z-z_0| \le \delta$ 안에 있는 모든 z에 대하여 $|f(z)-f(z_0)| < \epsilon\ (\epsilon > 0)$을 만족하는 δ가 존재한다. 원 C^*의 반지름 ρ를 δ보다 작게 한다면, 원 C^*의 모든 점에서 다음 식을 만족한다.

$$\left| \frac{f(z)-f(z_0)}{z-z_0} \right| < \frac{\epsilon}{\rho} \qquad (13.18)$$

식 (13.18)에 식 (13.9)의 복소 선적분의 한계를 적용하면, 원 C^*의 경로 길이가 $2\pi\rho$이므로

$$\oint_{C^*} \left| \frac{f(z)-f(z_0)}{z-z_0} \right| dz < \frac{\epsilon}{\rho} \cdot 2\pi\rho = 2\pi\epsilon \qquad (13.19)$$

이 성립된다. 양($\epsilon > 0$)의 ϵ에 대하여 무한히 작은 값을 택하면, 식 (13.19)의 값은 0에 근접하여 식 (13.16)의 첫 번째 항은 0이 된다. 즉,

$$\oint_C \frac{f(z)-f(z_0)}{z-z_0}\,dz = 0 \qquad (13.20)$$

따라서, 식 (13.13)이 증명된다.

⚙ 예제 13.9

점 $z_0 = 1$을 둘러싸고 있는 임의의 윤곽선 C에 대하여, 다음을 계산하라.

$$\oint_C \frac{z^2}{z-1}\, dz$$

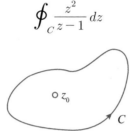

풀이

$\dfrac{z^2}{z-1}$ 은 점 $z_0 = 1$에서 비해석적이다.

$f(z) = z^2$ 이라 할 때, Cauchy 적분정리 II에 의하여

$$\oint_C \frac{f(z)}{z-1}\, dz = 2\pi i\, f(z)\Big|_{z=1} = 2\pi i$$

가 된다.

별해

$\dfrac{z^2}{z-1} = z+1+\dfrac{1}{z-1}$ 이 되므로

$$\oint_C \frac{z^2}{z-1}\, dz = \oint_C \left(z+1+\frac{1}{z-1}\right)dz = \oint_C (z+1)dz + \oint_C \frac{1}{z-1}\, dz$$

먼저, $z+1$은 해석함수이므로, Cauchy 적분정리 I에 의하여 다음과 같다.

$$\oint_C (z+1)dz = 0$$

또한, 예제 13.5에 유도된 결과로써

$$\oint_C \frac{1}{z-1} \, dz = 2\pi i$$

이다.

답 $2\pi i$

 예제 13.10

중심 $z_0 = -1$이고 반지름이 1인 원 경로(반시계 방향)에 대하여, 다음을 계산하라.

$$\oint_C \frac{z^2}{z-1} \, dz$$

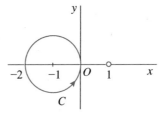

풀이

$\dfrac{z^2}{z-1}$은 점 $z_0 = 1$에서 비해석적이지만 $z_0 = 1$은 경로 C 밖에 있다.

따라서, Cauchy 적분정리 I에 의하여 다음과 같이 계산된다.

$$\oint_C \frac{z^2}{z-1} \, dz = 0$$

답 0

※ 중심 $z_0 = 1$이고 반지름이 2인 원 경로(반시계 방향)에 대하여, 다음을 계산하라. [1 ~ 6]

1. $\displaystyle\oint_C \frac{z}{z^2 - 4}\, dz$

2. $\displaystyle\oint_C \frac{e^z}{z}\, dz$

3. $\displaystyle\oint_C \frac{z^2}{z - i}\, dz$

4. $\displaystyle\oint_C \frac{z}{z + 2i}\, dz$

5. $\displaystyle\oint_C \frac{\cos z}{z + 2}\, dz$

6. $\displaystyle\oint_C \frac{\sin z}{z - \pi/2}\, dz$

※ 반시계 방향의 윤곽선 C에 따라 다음을 계산하라. [7 ~ 12]

7. $\displaystyle\oint_C \frac{z^2}{z + 1}\, dz \qquad C: x^2 + \frac{(y-1)^2}{4} = 1$

8. $\displaystyle\oint_C \frac{z}{z + 2i}\, dz \qquad C: \frac{(x-1)^2}{4} + (y+1)^2 = 1$

9. $\displaystyle\oint_C \frac{\sin z}{z + i}\, dz \qquad C: |z| = 2$

10. $\displaystyle\oint_C \frac{z-1}{z + 2}\, dz \qquad C: |z + 1| = \sqrt{2}$

11. $\displaystyle\oint_C \frac{e^{-z}}{z^2 - 9}\, dz \qquad C: |z - 1| = 1$

12. $\displaystyle\oint_C \frac{z^2}{z^2 + 2}\, dz \qquad C: |z - i| = 1$

13.3 Cauchy 적분정리 III(해석함수의 도함수)

앞 절에서 배운 Cauchy 적분정리 II의 변형 형태로. 영역 D 내에 있는 임의의 점 z_0에서의 도함수 값을 구해보도록 하자.

🧩 **CORE**   Cauchy 적분정리 III (Cauchy's integral theorem III)

복소함수 $f(z)$가 단순 연결 영역 D에서 해석적이면, 영역 D 내에서 모든 계 (order)의 도함수를 가지며, 이 도함수들도 영역 D에서 해석적이다.

영역 D 내에 있는 임의의 점 z_0에서의 도함수 값은 다음과 같이 나타난다.

$$f'(z_0) = \frac{1}{2\pi i} \oint_C \frac{f(z)}{(z-z_0)^2} \, dz \tag{13.21}$$

$$f''(z_0) = \frac{2!}{2\pi i} \oint_C \frac{f(z)}{(z-z_0)^3} \, dz \tag{13.22}$$

이를 일반식으로 나타내면 다음과 같다.

$$f^{(n)}(z_0) = \frac{n!}{2\pi i} \oint_C \frac{f(z)}{(z-z_0)^{n+1}} \, dz \, (n=1,\, 2,\, \cdots) \tag{13.23}$$

여기서, 경로 C는 단순 연결 영역 D에서 점 z_0을 둘러싸고 있는 임의의 단순 닫힌 경로이며, 반시계 방향을 갖는다.

따라서, 위 식들을 변형하면 다음과 같다.

$$\oint_C \frac{f(z)}{(z-z_0)^{n+1}} \, dz = \frac{2\pi i}{n!} f^{(n)}(z_0) \, (n=1,\, 2,\, \cdots) \tag{13.24}$$

증명 먼저 영역 D 내에 있는 임의의 점 z_0에서의 도함수 값을 도함수 정리를 사용하면 다음과 같다.

$$f'(z_0) = \lim_{\Delta z \to 0} \frac{f(z_0 + \Delta z) - f(z_0)}{\Delta z} \tag{13.25}$$

식 (13.24)의 분자 항에 있는 $f(z_0 + \Delta z)$와 $f(z_0)$에 Cauchy 적분정리 II를 각각 적용하면

$$f(z_0 + \Delta z) = \frac{1}{2\pi i} \oint_C \frac{f(z)}{z - (z_0 + \Delta z)} dz \qquad (13.26a)$$

$$f(z_0) = \frac{1}{2\pi i} \oint_C \frac{f(z)}{z - z_0} dz \qquad (13.26b)$$

가 되므로, 식 (13.24)의 분수식은 다음과 같이 정리된다.

$$\frac{f(z_0 + \Delta z) - f(z_0)}{\Delta z} = \frac{1}{2\pi i \Delta z} \left\{ \oint_C \frac{f(z)}{z - (z_0 + \Delta z)} dz - \oint_C \frac{f(z)}{z - z_0} dz \right\} \quad (13.27)$$

식 (13.27)의 우변에 있는 두 항을 통분하면

$$\frac{1}{z - (z_0 + \Delta z)} - \frac{1}{z - z_0} = \frac{\Delta z}{(z - z_0 - \Delta z)(z - z_0)}$$

가 되므로 이를 식 (13.27)에 적용하면 다음과 같이 정리된다.

$$\frac{f(z_0 + \Delta z) - f(z_0)}{\Delta z} = \frac{1}{2\pi i} \oint_C \frac{f(z)}{(z - z_0 - \Delta z)(z - z_0)} dz \qquad (13.28)$$

식 (13.28)로부터 $\Delta z \to 0$일 때 식 (13.21)이 유도된다.

$$f'(z_0) = \lim_{\Delta z \to 0} \frac{f(z_0 + \Delta z) - f(z_0)}{\Delta z} = \frac{1}{2\pi i} \oint_C \frac{f(z)}{(z - z_0)^2} dz \qquad (13.21 \text{ 반복})$$

식 (13.22), (13.23)도 이와 유사한 방법으로 유도된다.

예제 13.11

점 $z_0 = 1$을 둘러싸고 있는 임의의 윤곽선 C에 대하여, 다음을 계산하라.

$$\oint_C \frac{z^2}{(z-1)^2} \, dz$$

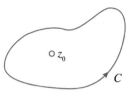

풀이

$\dfrac{z^2}{(z-1)^2}$ 은 점 $z_0 = 1$에서 비해석적이다.

$f(z) = z^2$이라 할 때, Cauchy 적분정리 III에 의하여 다음과 같이 계산된다.

$$\oint_C \frac{f(z)}{(z-1)^2} \, dz = 2\pi i f'(1) = 2\pi i \left[2z \right]_{z=1} = 4\pi i$$

답 $4\pi i$

 예제 13.12

점 $z_0 = \pi/2$를 둘러싸고 있는 임의의 윤곽선 C에 대하여, 다음을 계산하라.

$$\oint_C \frac{z \sin z}{(z - \pi/2)^3} \, dz$$

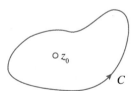

풀이

$\dfrac{z\sin z}{(z-\pi/2)^3}$ 는 점 $z_0 = \pi/2$에서 비해석적이다.

$f(z) = z\sin z$라 할 때, Cauchy 적분정리 III에 의하여

$$\oint_C \frac{f(z)}{(z-\pi/2)^3}\,dz = \pi i f''\left(\frac{\pi}{2}\right)$$

이다. 한편, $f(z) = z\sin z$를 미분하면,

$$f'(z) = \sin z + z\cos z,\ f''(z) = 2\cos z - z\sin z$$

이므로

$$f''\left(\frac{\pi}{2}\right) = -\frac{\pi}{2}$$

이다. 따라서

$$\oint_C \frac{f(z)}{(z-\pi/2)^3}\,dz = \pi i \cdot \left(-\frac{\pi}{2}\right) = -\frac{\pi^2}{2}i$$

이다.

답 $-\dfrac{\pi^2}{2}i$

 예제 13.13

경로 $C: 4x^2 + y^2 = 1$(시계방향)에 대하여, 다음을 계산하라.

$$\oint_C \frac{\sin 2z}{z^2}\,dz$$

풀이

경로 $C: \dfrac{x^2}{(1/2)^2} + y^2 = 1$

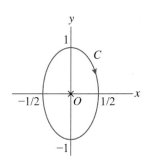

$\dfrac{\sin 2z}{z^2}$ 는 점 $z_0 = 0$에서 비해석적이다. 점 $z_0 = 0$이 경로 C 내부에 있으므로

$f(z) = \sin 2z$라 할 때,

$$f'(z) = 2\cos 2z$$

가 되어

$$f'(0) = 2$$

이다.

　경로 C의 방향이 시계방향이므로, 적분 값의 부호를 반대로 한 Cauchy 적분정리 III에 의하여

$$\oint_C \frac{f(z)}{z^2}\, dz = -2\pi i\, f'(0) = -4\pi i$$

가 된다.

답 $-4\pi i$

📎 예제 13.14

경로 $C: |z-1| = 1$ (반시계방향)에 대하여, 다음을 계산하라.

$$\oint_C \frac{e^z}{z^3 - z^2 - z + 1}\, dz$$

풀이

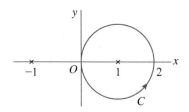

$$\frac{e^z}{z^3-z^2-z+1}=\frac{e^z}{(z-1)^2(z+1)}$$ 은 점 $z_0=1$에서 비해석적이다.

점 $z_0=1$이 경로 C 내부에 있으므로

$f(z)=\dfrac{e^z}{z+1}$ 이라 할 때, Cauchy 적분정리 III에 의하여

$$\oint_C \frac{f(z)}{(z-1)^2}\,dz=2\pi i f'(1)$$

이다. 한편

$$f'(z)=\frac{ze^z}{(z+1)^2}$$

이 되어

$$f'(1)=\frac{e}{4}$$

이다. 따라서

$$\oint_C \frac{f(z)}{(z-1)^2}\,dz=\frac{\pi e i}{2}$$

이다.

답 $\dfrac{\pi e i}{2}$

※ C: $|z| = 1$인 원 경로(반시계 방향)에 대하여, 다음을 계산하라. [1 ~ 6]

1. $\oint_{C} \dfrac{1}{z^2(z-2)} \, dz$

2. $\oint_{C} \dfrac{e^z}{z^2} \, dz$

3. $\oint_{C} \dfrac{\cos 2z}{z^3} \, dz$

4. $\oint_{C} \dfrac{\cos z}{z^4} \, dz$

5. $\oint_{C} \dfrac{z \cos z}{(z - \pi/4)^2} \, dz$

6. $\oint_{C} \dfrac{e^{2z}}{(z - i/2)^3} \, dz$

※ 반시계 방향의 윤곽선 C에 따라 다음을 계산하라. [7 ~ 14]

7. $\oint_{C} \dfrac{z^2}{(z-1)^3} \, dz \qquad C: x^2 + \dfrac{(y-1)^2}{4} = 1$

8. $\oint_{C} \dfrac{z^2}{(z-i)^3} \, dz \qquad C: x^2 + \dfrac{(y-1)^2}{4} = 1$

9. $\oint_{C} \dfrac{z}{(z+2i)^2} \, dz \qquad C: \dfrac{(x-1)^2}{4} + (y+1)^2 = 1$

10. $\oint_{C} \dfrac{e^z}{(z+i)^3} \, dz \qquad C: \dfrac{(x-1)^2}{4} + (y+1)^2 = 1$

11. $\oint_{C} \dfrac{\sin z}{(z-i)^2} \, dz \qquad C: |z| = 2$

12. $\oint_{C} \dfrac{z^3}{(z+2)^2} \, dz \qquad C: |z+1| = \sqrt{2}$

13. $\oint_{C} \dfrac{e^z}{z^2(z+2)} \, dz \qquad C: |z| = \sqrt{3}$

14. $\oint_{C} \dfrac{e^z \sin z}{(z^2-1)^2} \, dz \qquad C: |z-i| = 1$

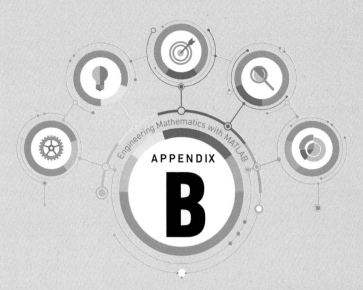

APPENDIX

B

Engineering Mathematics with MATLAB

MATLAB 사용법

MATLAB 시작하기

① 프로그램이 설치된 컴퓨터의 메인 화면에서 MATLAB 아이콘 📷을 마우스의 좌측 부분을 두 번 클릭한다.
② Command Window에서 작업을 시작한다.

MATLAB Toolbox
MATLAB에서 숫자 외에 문자(symbolic) 처리를 실행하기 위해서는 "Symbolic Math" Toolbox가 필요하다.

B.1 행렬의 기본

1. $A = \begin{bmatrix} 1 & 1 & 1 \\ 1 & 2 & 3 \\ 1 & 3 & 6 \end{bmatrix}$ 의 입력

```
a=[1 1 1; 1 2 3; 1 3 6]          % semicolon(;)은 행을 바꿔준다.
```

2. 복소수의 변환

```
b=[1+2i 3+4i]
b'                                % b': complex conjugate
b.'                               % b.': transpose
```

3. 기본 연산법

```
x=[-1.3 sqrt(3) (1+2+3)*4/5]       % 행렬 내에 계산식을 포함할 수 있다.
x=1:10                            % 1부터 10까지 자동배열
x=1:0.2:10                        % 1부터 0.2간격으로 10까지 배열

x=magic(3)                        % magic number
x=ones(2,3)                       % 행렬(2,3)의 모든 원소를 1로
I=eye(3)                          % identity matrix

c=1:3 ; d=2:4
x=c.*d                            % 각 원소끼리의 곱셈
x=c./d                            % 각 원소끼리의 나눗셈
x=a.^2                            % 행렬 a의 각 원소끼리의 제곱
x=a^2                             % a^2=a*a, 행렬의 제곱
```

4. 기본 명령어

```
det(a)                      % 행렬 a의 determinant 계산
inv(a)                      % 행렬 a의 역행렬 계산
eig(a)                      % 행렬 a의 eigenvalue와 eigenvector 계산
```

5. 기본 format

```
format long
format long e
format short
```

6. 특수상수 (Special number)

```
pi              3.1415926535897...
i, j            imaginary
inf             infinity
ans             가장 최근 답
clock           현재 년, 월, 일, 시, 분, 초
date            현재 일-월-년
```

7. 다항식의 곱셈 (conv.m)

$a(s) = s^2 + 2s + 3$과 $b(s) = 4s^2 + 5s + 6$을 곱한 후 전개하라.

풀이

```
a=[1 2 3];                  % a(s) = s² + 2s + 3
b=[4 5 6];                  % b(s) = 4s² + 5s + 6
c=conv(a,b)                 % c(s) = (s² + 2s + 3)(4s² + 5s + 6)
```

c= 4 13 28 27 18

답 $c(s) = 4s^4 + 13s^3 + 28s^2 + 27s + 18$

8. 다항식의 나눗셈 (deconv.m)

$d(s) = 4s^4 + 13s^3 + 28s^2 + 27s + 18$을 $a(s) = s^2 + 2s + 3$으로 나눈 몫과 나머지를 구하라.

풀이

```
d= [4 13 28 27 18];
a=[1 2 3];

[q,r]=deconv(d,a)           % d(s)/a(s) = q(s) + r(s)/a(s) ,  q(s): 몫,  r(s): 나머지
```

```
q= 4 5 6
r= 0 0 0 0 0
```

$$\boxed{답}\quad \frac{4s^4+13s^3+28s^2+27s+18}{s^2+2s+3}=4s^2+5s+6$$

B.2 심볼릭을 이용한 미적분법

1. 심볼릭 행렬 만들기 ("Symbolic Math" Toolbox가 필요함)

풀이

```
% syms.m
>> n=2;
>> syms x;
>> A= x.^( (1:n)' * (1:n) )
ans =
    [ x, x^2 ]
    [x^2, x^4]
```

$$\boxed{답}\quad \begin{bmatrix} x & x^2 \\ x^2 & x^4 \end{bmatrix}$$

2. 방정식 $ax+b=0$의 근을 구하라.

풀이

```
% solve.m
>> syms a, b, x;
>> eq1= 'a*x + b =0';
>> solve(eq1)                          % solve.m
ans =
    -b/a
```

$$\boxed{답}\quad x=-\frac{b}{a}$$

3. 2차방정식 $ax^2 + bx + c = 0$의 근을 구하라.

풀이

% solve.m

```
>> syms a, b, c, x;
>> eq1= 'a*x.^2 + b*x +c =0';
>> solve(eq1)                          % solve.m
ans =

    (-b+sqrt(b^2-4*a*c))/2/a
    (-b-sqrt(b^2-4*a*c))/2/a
```

답 $x = \dfrac{-b \pm \sqrt{b^2 - 4ac}}{2a}$

4. 다음 함수를 미분하라.

(a) x^n

(b) $\sin^3 x$

(c) $x \ln x$

풀이

(a) % diff.m

```
>> syms n, x;
>> diff(x^n)                          % diff.m
ans =
    x^n*n/x
>> simplify(ans)                      % simplify.m
ans =
    x^(n-1)*n
```

(b) % diff.m

```
>> syms x;
>> diff((sin(x))^3)                   % diff.m
ans =
    3*(sin(x))^2*cos(x)
```

(c) % diff.m

```
>> syms x;
>> diff(x* log(x))
ans =
    log(x)+1
```

% syms.m
% diff.m

답 (a) nx^{n-1}, (b) $3\sin^2 x \cos x$, (c) $\ln x + 1$

5. 다음 함수를 편미분하라.

(a) $\dfrac{\partial(x^3 y^2)}{\partial x}$

(b) $\dfrac{\partial(x^3 y^2)}{\partial y}$

(c) $\dfrac{\partial(x \sin xy)}{\partial x}$

(d) $\dfrac{\partial^2(x \sin xy)}{\partial x^2}$

풀이

(a)
```
>> syms x, y
>> diff(x^3*y^2, x)                    % diff.m
ans =
3*x^2*y^2
```

(b)
```
>> syms x, y
>> diff(x^3*y^2, y)                    % diff.m
ans =
    2*x^3*y
```

(c)
```
>> syms x, y
>> diff(x*sin(x*y), x)                 % diff.m
ans =
    sin(x*y)+x*y*cos(x*y)
```

(d)
```
>> syms x, y
>> diff(x*sin(x*y), x, 2)              % diff.m
ans =
    2*y*cos(x*y)-x*y^2*sin(x*y)
```

답 (a) $3x^2y^2$, (b) $2x^3y$, (c) $\sin xy + xy\cos(xy)$, (d) $2y\cos xy - xy^2\sin(xy)$

6. 다음 함수를 부정적분하라.

(a) $\displaystyle\int x^n dx$

(b) $\displaystyle\int \ln(x+1)\,dx$

(c) $\displaystyle\int e^{ax}\sin bx\,dx$

풀이

(a)
```
>> syms x, n
>> int(x*n, x)                          % int.m
ans =
     x^(n+1)/(n+1)
```

(b)
```
>> syms x, n
>> int(log(x+1), x)                     % int.m
ans =
     (x+1)*log(x+1)-x
```

(c) $\displaystyle\int e^{ax}\sin bx\,dx$

```
>> syms x, a, b
>> int(exp(a*x)*sin(b*x), x)            % int.m
ans =
     exp(a*x)*(-b*cos(b*x)+a*sin(b*x))/(a^2+b^2)
```

답 (a) $\dfrac{x^{n+1}}{n+1}$, (b) $(x+1)\ln(x+1)-x$, (c) $\dfrac{e^{ax}}{a^2+b^2}(-b\cos bx + a\sin bx)$

7. 다음 함수를 정적분하라.

(a) $\displaystyle\int_0^1 x^n dx$

(b) $\displaystyle\int_1^2 \ln(x+1)\,dx$

(c) $\displaystyle\int_t^{t^2} \cos x\, dx$

풀이

(a)
```
>> syms x, n
>> int(x*n, x, 0, 1)                    % int.m
ans =
     1/(n+1)
```

(b)
```
>> syms x, n
>> int(log(x+1), x, 1, 2)               % int.m
ans =
     3*log(3)-2*log(2)-1
```

(c) $\displaystyle\int_t^{t^2} \cos x\, dx$

```
>> syms x, t
>> int(cos(x), x, t, t^2)               % int.m
ans =
     sin(t^2)-sin(t)
```

답 (a) $\dfrac{1}{n+1}$, (b) $3\ln 3 - 2\ln 2 - 1$, (c) $\sin(t^2) - \sin t$

B.3 Laplace 변환과 역변환

MATLAB을 이용하여, Laplace 변환(Laplace transform)과 Laplace 역변환(inverse Laplace transform) 함수를 구할 수도 있다.

B.3-1 Laplace 변환

1. $x(t) = 1 + 3t - t^2$에 대해, Laplace 변환하면 $X(s) = \mathcal{L}\left(1 + 3t - t^2\right) = \dfrac{1}{s} + \dfrac{3}{s^2} - \dfrac{2}{s^3}$

가 된다. 이에 대한 MATLAB 명령어는 다음과 같다.

```
>> syms t
>> laplace(1+3*t-t^2)                    % laplace.m
```

이에 대한 MATLAB 결과는 다음과 같다.

```
ans =

    1/s + 3/s^2 -2/s^3
```

답 $F(s) = \dfrac{1}{s} + \dfrac{3}{s^2} - \dfrac{2}{s^3}$

2. $x(t) = t^n$에 대해 Laplace 변환하라.

```
>> syms t n
>> laplace(t^n)                          % laplace.m
ans =

    n!/s^(n+1)
```

답 $F(s) = \dfrac{n!}{s^{n+1}}$

3. $x(t) = e^{at}$에 대해 Laplace 변환하라.

```
>> syms t a
>> laplace(e^(a*t))                      % laplace.m
ans =

    1/(s-a)
```

답 $F(s) = \dfrac{1}{s-a}$

4. $x(t) = \cos\omega t$에 대해 Laplace 변환하라.

```
>> syms t omega
>> laplace(cos(omega*t))                 % laplace.m
ans =

    s/(s^2+omega^2)
```

답 $F(s) = \dfrac{s}{s^2 + \omega^2}$

5. $x(t) = \sin \omega t$에 대해 Laplace 변환하라.

```
>> syms t omega
>> laplace(sin(omega*t))                        % laplace.m
ans =
    omega/(s^2+omega^2)
```

달 $F(s) = \dfrac{\omega}{s^2 + \omega^2}$

6. $x(t) = t e^{at}$에 대해 Laplace 변환하라.

```
>> syms t a
>> laplace(t.*e^(a*t))                          % laplace.m
ans =
    1/(s-a)^2
```

달 $F(s) = \dfrac{1}{(s-a)^2}$

7. $x(t) = t^n e^{at}$에 대해 Laplace 변환하라.

```
>> syms t a n
>> laplace(t^n.*e^(a*t))                         % laplace.m
ans =
    n!/(s-a)^(n+1)
```

달 $F(s) = \dfrac{n!}{(s-a)^{n+1}}$

8. $x(t) = e^{at} \cos \omega t$에 대해 Laplace 변환하라.

```
>> syms t, a, omega
>> laplace(e^(a*t).*cos(omega*t))                % laplace.m
ans =
    (s-a)/((s-a)^2+omega^2)
```

달 $F(s) = \dfrac{s-a}{(s-a)^2 + \omega^2}$

9. $x(t) = e^{at} \sin\omega t$에 대해 Laplace 변환하라.

```
>> syms t a omega
>> laplace(e^(a*t).*sin(omega*t))              % laplace.m
ans =
    omega/((s-a)^2+omega^2)
```

> 답 $F(s) = \dfrac{\omega}{(s-a)^2+\omega^2}$

10. $x(t) = t\cosh\omega t$에 대해 Laplace 변환하라.

```
>> syms t omega
>> laplace(t.*cosh(omega*t))                   % laplace.m
ans =
    (s^2 +omega^2)/((s^2-omega^2)^2
```

> 답 $F(s) = \dfrac{s^2+\omega^2}{(s^2-\omega^2)^2}$

11. $x(t) = \delta(t)$에 대해 Laplace 변환하라.

```
>> syms t
>> laplace(delta(t))                           % laplace.m
ans =
    1
```

> 답 $F(s) = 1$

B.3-2 Laplace 역변환

1. $\mathcal{L}\{x(t)\} = \dfrac{1}{s+a} + \dfrac{2b}{s^2+b^2}$에 대해 Laplace 역변환하면 $x(t) = e^{-at} + 2\sin bt$가 된다.

   이에 대한 MATLAB 명령어는 다음과 같다.

```
>> syms s a b
>> ilaplace(1/(s+a)+(2*b)/(s^2+b^2))           % ilaplace.m
```

이에 대한 MATLAB 결과는 다음과 같다.

```
ans =
    exp(-a*t) + 2*sin(b*t)
```

답 $f(t) = e^{-at} + 2\sin bt$

2. 함수 $F(s) = \dfrac{s+2}{s^2 - 2s + 10}$ 를 Laplace 역변환하라.

```
>> syms s
>> ilaplace((s+2)/(s^2-2*s+10))              % ilaplace.m
ans =
    exp(t).*(cos(3*t)+sin(3*t))
```

답 $f(t) = e^t (\cos 3t + \sin 3t)$

3. 함수 $F(s) = \dfrac{2s}{(s+3)^2}$ 를 Laplace 역변환하라.

```
>> syms s
>> ilaplace(2*s/(s+3)^2)                      % ilaplace.m
ans =
    (2-6*t).*exp(-3*t)
```

답 $f(t) = (2 - 6t) e^{-3t}$

4. 함수 $F(s) = \dfrac{5s+2}{s^2 + 2s}$ 를 Laplace 역변환하라.

```
>> syms s
>> ilaplace((5*s+2)/(s^2+2*s))                % ilaplace.m
ans =
    1+4*exp(-2*t)
```

답 $f(t) = 1 + 4 e^{-2t}$

5. 함수 $F(s) = \dfrac{2s-2}{(s-2)^3}$ 를 Laplace 역변환하라.

```
>> syms s
>> ilaplace((2*s-2)/(s-2)^3)                  % ilaplace.m
```

ans =

    exp(2*t).*(2*t+t.^2)

답 $f(t) = e^{2t}\left(2t + t^2\right)$

6. 함수 $F(s) = \dfrac{s^2 - 10\,s + 20}{s\,(s^2 - 6\,s + 10)}$ 을 Laplace 역변환하라.

```
>> syms s
>> ilaplace((s^2-10*s+20)/s/(s^2-6*s+10)          % ilaplace.m
ans =
    2-exp(3*t).*(cos(t)+sin(t))
```

답 $f(t) = 2 - e^{3t}\left(\cos t + \sin t\right)$

7. 함수 $F(s) = \dfrac{1}{s\,(s^2 + \omega^2)}$ 을 Laplace 역변환하라.

```
>> syms s omega
>> ilaplace(1/s/(s^2+omega^2)          % ilaplace.m
ans =
    (1-cos(omega*t))/omega^2
```

답 $f(t) = \dfrac{1 - \cos \omega t}{\omega^2}$

8. 함수 $F(s) = \dfrac{1}{s\,(s^2 - 4)}$ 을 Laplace 역변환하라.

```
>> syms s
>> ilaplace(1/s/(s^2-4)          % ilaplace.m
ans =
    (cosh(2*t)-1)/4
```

답 $f(t) = \dfrac{1}{4}\left(\cosh 2t - 1\right)$

9. 함수 $F(s) = \ln\left(\dfrac{s+2}{s-1}\right)$ 를 Laplace 역변환하라.

```
>> syms s
>> ilaplace(ln((s+2)/(s-1))          % ilaplace.m
```

```
ans =
     (exp(t)-exp(-2*t))./t
```

답 $f(t) = \dfrac{e^t - e^{-2t}}{t}$

10. 함수 $F(s) = \ln\left(s + \dfrac{\omega^2}{s}\right)$ 을 Laplace 역변환하라.

```
>> syms s omega
>> ilaplace(ln(s+omega^2/s))                    % ilaplace.m
ans =
     (1-2*cos(omega*t))./t
```

답 $f(t) = \dfrac{1 - 2\cos\omega t}{t}$

11. 함수 $F(s) = \ln\left(1 + \dfrac{4}{s} + \dfrac{5}{s^2}\right)$ 를 Laplace 역변환하라.

```
>> syms s
>> ilaplace(ln(1+4/s+5/s^2))                    % ilaplace.m
ans =
   2*(1-exp(-2*t).*cos(t))./t
```

답 $f(t) = \dfrac{2(1 - e^{-2t}\cos t)}{t}$

12. 함수 $F(s) = \ln\left\{\dfrac{s+3}{(s^2 + 2s + 5)^2}\right\}$ 을 Laplace 역변환하라.

```
>> syms s
>> ilaplace(ln((s+3)/(s^2 +2*S+5)^2))           % ilaplace.m
ans =
     (4*exp(-t).*cos(2*t)-exp(-3*t))./t
```

답 $f(t) = \dfrac{4e^{-t}\cos 2t - e^{-3t}}{t}$

B.4 선형대수(고유값 문제)

1. 특성방정식(characteristic equation) 구하기 (poly.m)

$a = \begin{bmatrix} 1 & 2 & 3 \\ 4 & 5 & 6 \\ 7 & 8 & 0 \end{bmatrix}$ 일 때 $\det(a - \lambda I) = 0$을 구하라.

풀이

```
a=[1 2 3 ; 4 5 6 ; 7 8 9];
p=poly(a)                                    % poly.m
```

[결과]

```
p= 1  -6  -72  -27
```
$\therefore \quad \lambda^3 - 6\,\lambda^2 - 72\lambda - 27 = 0$

[검토]

$\begin{vmatrix} 1-\lambda & 2 & 3 \\ 4 & 5-\lambda & 6 \\ 7 & 8 & -\lambda \end{vmatrix} = -\lambda^3 + 6\,\lambda^2 + 72\lambda + 27 = 0$

2. 고차 방정식의 근을 구하기 (roots.m)

방정식 $\lambda^3 - 6\,\lambda^2 - 72\lambda - 27 = 0$의 근을 구하라.

풀이

```
p=[ 1 -6 -72 -27];
r=roots(p)                                   % roots.m
```

[결과]

```
r= 12.1229,      -6.7345,      -0.3884
```

3. 근으로부터 방정식을 구하기 (poly.m)

풀이

```
p2=poly(r)                                   % poly.m
```

[결과]

```
p2= 1  -6  - 72  -27
```

4. $A = \begin{bmatrix} 1 & 2 \\ 3 & 4 \end{bmatrix}$ 일 때, $A\,x = \lambda\,x$를 만족하는 고유벡터와 고유값을 구하라.

풀이

```
a=[1 2 ; 3 4];
[v, d]=eig(a)              % v: eigenvector, d: eigenvalue, eig.m
```

[결과]

```
v =
 -0.8246   -0.4160
  0.5658   -0.9094
d =
 -0.3723         0
       0    6.3723
```

5. $A = \begin{bmatrix} 1 & 2 \\ 3 & 4 \end{bmatrix}$, $B = \begin{bmatrix} 4 & 0 \\ 0 & 2 \end{bmatrix}$ 일 때, $A\,x = \lambda\,B\,x$를 만족하는 고유벡터와 고유값을 구하라.

풀이

```
a=[1 2 ; 3 4]; b=[4 0 ; 0 2];
[v, d]=eig(a, b)                % v: eigenvector, d: eigenvalue, eig.m
```

[결과]

```
v =
  1.0000    0.2374
 -0.7122    1.0000
d =
 -0.1061         0
       0    2.3561
```

6. $A = \begin{bmatrix} 1 & 2 & 3 \\ 1 & 5 & 6 \\ 1 & 4 & 9 \end{bmatrix}$ 일 때, $A\,x = \lambda\,x$를 만족하는 고유벡터와 고유값을 구하라.

풀이

```
a=[1 2 3; 1 5 6; 1 4 9];
[v, d]=eig(a)                           % eig.m
```

[결과]

```
v =
   -0.2927   -0.9838   -0.2492
   -0.6104    0.1763   -0.8332
   -0.7360    0.0329    0.4937
d =
   12.7148        0        0
        0    0.5411        0
        0        0    1.7441
```

B.5 그래프 그리기

1. 최소자승법(least mean square method)에 의한 선형 피팅

어느 스프링 인장실험 데이터를 아래와 같이 얻었다고 할 때, 이에 대한 선형 그래프를 그려라.

힘 (N)	0	50	100	150	200	250	300	350
변형 (mm)	0	1.7	2.6	3.7	5.7	7.3	9.8	11.9

풀이

```
% M5_1
close all; clear all
y=[0:50:350];
x=[0 1.7 2.6 3.7 5.7 7.3 9.8 11.9];
p=polyfit(x,y,1)                    % 1차 함수(직선) 피팅 polyfit.m
xi=linspace(0, 12, 100);            % linspace.m
z=polyval(p,xi);

plot(x, y, '-o', 'linewidth', 2), hold on
plot(xi, z, ':')
xlabel('Deformation (mm)', 'fontsize', 13)
ylabel('Force (N)', 'fontsize', 13)
```

[결과]

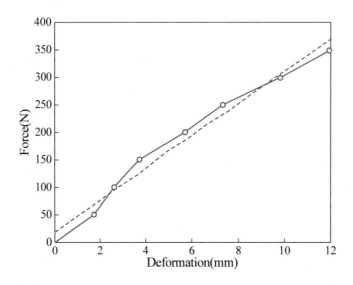

p= 29.4257   17.9404

따라서, 선형 모델에 대한 함수식은 $f = 29.4\,x + 17.9$ [N]이 된다.

※ 예를 들어 p=polyfit(x,y,1) 대신 p=polyfit(x,y,3)이라 하면, 3차 함수 피팅이 된다.

2. 간단한 함수의 그래프 그리기

$y = t \sin(2t - 0.3)$(시간 t의 단위는 s, 변위 y의 단위는 m)의 그래프를 MATLAB 을 이용하여 아래와 같이 얻었다. 이를 그리기 위한 m-file을 작성하라.

```
% M5_2
close all; clear all;
t=0:0.01:6;
y=t .* sin(2*t-0.3);                % '.*'에 주의
plot(t, y, 'linewidth', 2 )
xlabel('Time (s)','Fontsize',13)
ylabel('Displacement (m)','Fontsize',13)
title('Graph of y=t sin(2t-0.3)','Fontsize',13)
grid
```

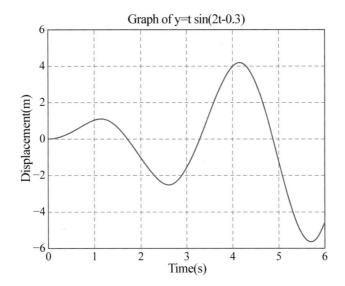

B.6 Runge-Kutta method를 이용하여 미분방정식의 해를 그리기

1. 1계 선형미분방정식 $\dot{x}+3\,x = 0$, $x(0) = 2$에 대한 해를 그려라.

풀이

변수는 x만 있으므로 $y = \dot{x}$라고 놓으면 $y = -3\,x$가 된다.

이러한 함수를 정의하는 m_file(file 명은 song6_1로 하자)을 별도로 만들고, 실행 file 명은 M6_1로 하자.

```
% song6_1.m
function y=song6_1(t,x)
y= zeros(1,1);
y=-3*x;
```

```
% main file M6_1.m
close all; clear all;
t=0:0.01:2;
x00=2;                          % initial condition
[t, x]= ode23('song6_1', t, x00);   % ode23.m (ordinary differential equation)
plot(t, x, 'linewidth', 2)
xlabel('Time (s)', 'fontsize', 13);
ylabel('Displacement (m)', 'fontsize', 13); grid
```

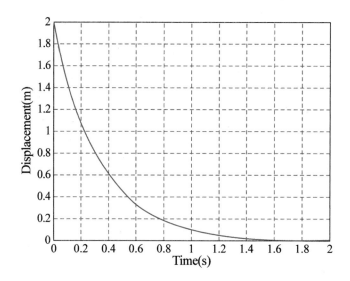

2. 2계 미분방정식 $\ddot{x} + 0.2\,\dot{x} + 50\,x = 20$, $x(0) = 0.1$, $\dot{x}(0) = 0$**에 대한 해를 그려라.**

풀이

$x = \begin{Bmatrix} \dot{x} \\ x \end{Bmatrix}$라고 놓고, $y = \begin{Bmatrix} \ddot{x} \\ \dot{x} \end{Bmatrix}$라 놓으면

$$y(1) = x(2)$$

$y(2) = -0.2\,x(2) - 50\,x(1) + 20$이 된다.

위와 같은 함수를 정의하는 m_file(file 명은 song6_2로 하자)을 별도로 만들고, 실행 file 명은 M6_2로 하자.

```
% song6_2.m
function y=song6_2(t,x)
y= zeros(2,1);
y(1)=x(2);
y(2)= -0.2*x(2)-50*x(1)+20;
```

```
% main file M6_2.m
close all; clear all;
t=0:0.01:20;
x00=[0.1; 0];                      % initial condition
[t, x]= ode23('song6_2', t, x00);  % ode23.m(ordinary differential equation)
plot(t, x(:,1), 'linewidth', 2)
xlabel('Time (s)', 'fontsize', 13);
ylabel('Displacement (m)', 'fontsize', 13); grid
```

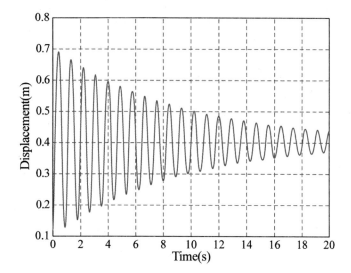

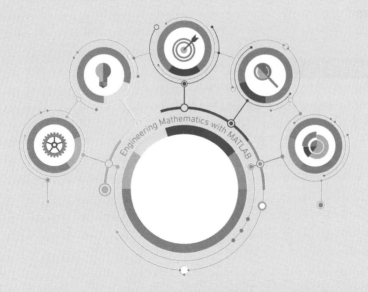

연습문제 해답

CHAPTER 1

연습문제 7.1

1. $\begin{bmatrix} -1 & 5 \\ 8 & 1 \end{bmatrix}$

2. $\begin{bmatrix} 1 & -8 \\ 2 & 5 \\ -5 & -5 \end{bmatrix}$

3. $\begin{Bmatrix} 3 \\ 1 \\ -1 \end{Bmatrix}$

4. $\begin{bmatrix} 3 & 2 & -2 \\ 1 & -1 & 3 \end{bmatrix}$

5. $\begin{bmatrix} 5 & 5 \\ -6 & -8 \end{bmatrix}$

6. $\begin{bmatrix} 2 & 0 \\ 4 & -5 \end{bmatrix}$

7. 5

8. $\begin{bmatrix} 1 & 1 & -2 \\ 2 & 2 & -4 \\ -1 & -1 & 2 \end{bmatrix}$

9. $\begin{bmatrix} 2 & -4 \\ 13 & 6 \end{bmatrix}$

10. $\begin{bmatrix} 5 & 0 & 7 \\ 9 & 1 & 11 \\ -2 & -3 & 2 \end{bmatrix}$

연습문제 7.2

1. $x_1 = 1, \ x_2 = 0$
2. $x = 1, \ y = 1$
3. $x = 3, \ y = -1, \ z = 1$
4. $x = 1, \ y = -1, \ z = 2$
5. $x = -1, \ y = 3, \ z = 1$
6. $x = 1, \ y = 2, \ z = -1$
7. 2
8. 3
9. 2
10. 3
11. 1차 종속
12. 1차 독립
13. 1차 종속

14. 1차 독립
15. 1차 독립
16. 1차 종속

17. $\begin{bmatrix} -2 & 1 \\ 1.5 & -0.5 \end{bmatrix}$

18. $\dfrac{1}{14}\begin{bmatrix} 4 & 2 \\ -1 & 3 \end{bmatrix}$

19. $\dfrac{1}{9}\begin{bmatrix} 5 & 2 & 4 \\ 1 & 4 & -1 \\ -2 & 1 & 2 \end{bmatrix}$

20. $\dfrac{1}{18}\begin{bmatrix} 12 & 0 & 6 \\ -2 & 6 & -4 \\ -4 & 3 & 1 \end{bmatrix}$

21. $\begin{bmatrix} \cos\theta & -\sin\theta \\ \sin\theta & \cos\theta \end{bmatrix}$

22. $\begin{bmatrix} \cosh 2\theta & -\sinh 2\theta \\ -\sinh 2\theta & \cosh 2\theta \end{bmatrix}$

23. $x_1 = 1, \ x_2 = 0$
24. $x = 1, \ y = 1$
25. $x = 3, \ y = -1, \ z = 1$
26. $x = 1, \ y = -2, \ z = 3$
27. $x = -1, \ y = 3, \ z = 1$
28. $x = 2, \ y = -1, \ z = 3$

연습문제 7.3

1. 행 공간의 기저: $\{2 \ -1 \ 0\}$, $\{0 \ 0 \ 1\}$,
   열 공간의 기저: $\begin{Bmatrix} 1 \\ 0 \end{Bmatrix}$, $\begin{Bmatrix} 0 \\ 1 \end{Bmatrix}$

2. 행 공간의 기저: $\{1 \ 0\}$, $\{0 \ 1\}$,
   열 공간의 기저: $\begin{Bmatrix} 1 \\ -1 \\ 0 \end{Bmatrix}$, $\begin{Bmatrix} 0 \\ -1 \\ 2 \end{Bmatrix}$

3. 행 공간의 기저: $\{1 \ 0 \ 0\}$, $\{0 \ 0 \ 1\}$,
   열 공간의 기저: $\begin{Bmatrix} 1 \\ 0 \\ 0 \end{Bmatrix}$, $\begin{Bmatrix} 0 \\ 1 \\ -2 \end{Bmatrix}$

4. 행 공간의 기저: $\{1 \ 1 \ 0\}$, $\{0 \ 4 \ -1\}$,
   열 공간의 기저: $\begin{Bmatrix} 1 \\ 0 \\ 1 \end{Bmatrix}$, $\begin{Bmatrix} 0 \\ 1 \\ 1 \end{Bmatrix}$

5. 행 공간의 기저: $\{1 \ 0 \ 0\}$, $\{0 \ 1 \ 0\}$,
   $\{0 \ 0 \ 1\}$, 열 공간의 기저: $\begin{Bmatrix} 1 \\ 0 \\ 0 \end{Bmatrix}$, $\begin{Bmatrix} 0 \\ 1 \\ 0 \end{Bmatrix}$, $\begin{Bmatrix} 0 \\ 0 \\ 1 \end{Bmatrix}$

6 행 공간의 기저: $\{1\ \ 0\ \ 0\}$, $\{0\ \ 1\ \ 0\}$, $\{0\ \ 0\ \ 1\}$,

열 공간의 기저: $\left\{\begin{matrix}1\\0\\0\end{matrix}\right\}$, $\left\{\begin{matrix}0\\1\\0\end{matrix}\right\}$, $\left\{\begin{matrix}0\\0\\1\end{matrix}\right\}$

7. 2

8. -9

9. 1

10. -6

11. $k=-1$

12. $k=-\dfrac{1}{2}$

13. $\mathbf{k}$

14. $-\mathbf{i}+\mathbf{j}+4\mathbf{k}$

15. $\mathbf{i}+8\mathbf{j}+5\mathbf{k}$

16. $4\mathbf{i}-10\mathbf{j}+8\mathbf{k}$

연습문제 7.4

1. 고유값 $\lambda_1=1$에서 고유벡터 $\mathbf{v}_1=\left\{\begin{matrix}1\\1\end{matrix}\right\}$,

고유값 $\lambda_2=3$에서 고유벡터 $\mathbf{v}_2=\left\{\begin{matrix}-1\\1\end{matrix}\right\}$

2. 고유값 $\lambda_1=2$에서 고유벡터 $\mathbf{v}_1=\left\{\begin{matrix}1\\0.5\end{matrix}\right\}$,

고유값 $\lambda_2=3$에서 고유벡터 $\mathbf{v}_2=\left\{\begin{matrix}1\\1\end{matrix}\right\}$

3. 고유값 $\lambda_1=2$에서 고유벡터 $\mathbf{v}_1=\left\{\begin{matrix}1\\-1\end{matrix}\right\}$,

고유값 $\lambda_2=5$에서 고유벡터 $\mathbf{v}_2=\left\{\begin{matrix}0.5\\1\end{matrix}\right\}$

4. $\lambda_1=\cos\theta-i\sin\theta$에서 $\mathbf{v}_1=\left\{\begin{matrix}1\\-i\end{matrix}\right\}$,

$\lambda_2=\cos\theta+i\sin\theta$에서 $\mathbf{v}_2=\left\{\begin{matrix}i\\1\end{matrix}\right\}$

5. $\lambda_1=1$에서 $\mathbf{v}_1=\left\{\begin{matrix}1\\0\\0\end{matrix}\right\}$,

$\lambda_2=3$에서 $\mathbf{v}_2=\left\{\begin{matrix}0.5\\1\\1\end{matrix}\right\}$,

$\lambda_3=-1$에서 $\mathbf{v}_3=\left\{\begin{matrix}0.5\\-1\\1\end{matrix}\right\}$

6. $\lambda_1=1$에서 $\mathbf{v}_1=\left\{\begin{matrix}1\\0.5\\0\end{matrix}\right\}$,

$\lambda_2=2$에서 $\mathbf{v}_2=\left\{\begin{matrix}1\\1\\0.5\end{matrix}\right\}$,

$\lambda_3=-1$에서 $\mathbf{v}_3=\left\{\begin{matrix}-1\\-1\\1\end{matrix}\right\}$

7. $\lambda_1=3$에서 $\mathbf{v}_1=\left\{\begin{matrix}1\\2.5\end{matrix}\right\}$,

$\lambda_2=9$에서 $\mathbf{v}_2=\left\{\begin{matrix}-2\\1\end{matrix}\right\}$

8. $\lambda_1=1$에서 $\mathbf{v}_1=\left\{\begin{matrix}1\\1\end{matrix}\right\}$,

$\lambda_2=3.5$에서 $\mathbf{v}_2=\left\{\begin{matrix}1\\-4\end{matrix}\right\}$

9. $\lambda_1=0.8625$에서 $\mathbf{v}_1=\left\{\begin{matrix}1\\1.5688\end{matrix}\right\}$,

$\lambda_2=4.6375$에서 $\mathbf{v}_2=\left\{\begin{matrix}-3.1375\\1\end{matrix}\right\}$

10. $\lambda_1=0.8333$에서 $\mathbf{v}_1=\left\{\begin{matrix}1\\1.3333\end{matrix}\right\}$,

$\lambda_2=2$에서 $\mathbf{v}_2=\left\{\begin{matrix}-1\\1\end{matrix}\right\}$

연습문제 7.5

1. $i_1=1.5789\,\mathrm{A}$, $i_2=1.0526\,\mathrm{A}$

2. $i_1=0.9687\,\mathrm{A}$, $i_2=0.7207\,\mathrm{A}$, $i_3=0.8783\,\mathrm{A}$, $i_4=1.5990\,\mathrm{A}$, $i_5=0.0904\,\mathrm{A}$, $i_6=1.6894\,\mathrm{A}$

3. $\omega_1=1.414\,\mathrm{rad/s}$에서 $\mathbf{v}_1=\left\{\begin{matrix}1\\1\end{matrix}\right\}$,

$\omega_2=2.236\,\mathrm{rad/s}$에서 $\mathbf{v}_2=\left\{\begin{matrix}1\\-2\end{matrix}\right\}$

4. $\omega_1=2\,\mathrm{rad/s}$일 때 $\mathbf{v}_1=\left\{\begin{matrix}1\\1\end{matrix}\right\}$,

$\omega_2=\sqrt{12}\,\mathrm{rad/s}$일 때 $\mathbf{v}_2=\left\{\begin{matrix}1\\-1\end{matrix}\right\}$

CHAPTER 8

연습문제 8.1

1. $A \cdot B = -2$, $\theta = 108.4°$
2. $A \cdot B = 0$, $\theta = 90°$
3. $A \cdot B = 4$, $\theta = 73.4°$
4. $A \cdot B = -2$, $\theta = 96.1°$
5. $A \cdot B = 0$, $\theta = 90°$
6. $A \cdot B = -3$, $\theta = 116.6°$
7. 8
8. 10
9. $5\sqrt{6}$
10. $\sqrt{118}$
11. $2\sqrt{21}$
12. $\sqrt{61}$
13. 24
14. 9
15. 30
16. 4
17. 1
18. 2
19. 7
20. $\dfrac{5\sqrt{2}}{2}$
21. 14
22. $\sqrt{11}$
23. 4
24. 1

연습문제 8.2

1. $2r\sin 2\theta$, $2r^2\cos 2\theta$
2. $2r + 4r^3$, 0
3. $\mathbf{r}' = (-2\sin t)\mathbf{i} + (2\cos t)\mathbf{j} + 3\mathbf{k}$
4. $\dfrac{\partial \mathbf{v}}{\partial x} = -e^{-x}\cos y\mathbf{i} - e^{-x}\sin y\mathbf{j} + 3y\mathbf{k}$,

   $\dfrac{\partial \mathbf{v}}{\partial y} = -e^{-x}\sin y\mathbf{i} + e^{-x}\cos y\mathbf{j} + 3x\mathbf{k}$
5. $\mathbf{r}(t) = (2 + \sqrt{13}\cos\theta,\ 3 + \sqrt{13}\sin\theta,\ 0)$
6. $\mathbf{r}(t) = (1 + 2t,\ 2 - t,\ 3 + t)$
7. $\mathbf{r}(t) = (1 + t,\ 2 + t,\ 3 + 4t)$
8. $\mathbf{r}(t) = (t,\ 2t + 1,\ 2t)$
9. $\mathbf{r}(t) = (\cos t,\ \sqrt{2}\sin t,\ 2\cos t)$
10. $\mathbf{r}(t) = (\cosh t,\ \sqrt{2}\sinh t,\ 2)$
11. $\mathbf{q}(t) = (1 - \sqrt{3}t,\ \sqrt{3} + t)$ 또는 $x + \sqrt{3}y = 4$
12. $\mathbf{q}(t) = \left(\sqrt{2}(1 + t),\ \dfrac{\sqrt{2}}{2}(-1 + t)\right)$

    또는 $\dfrac{x}{2\sqrt{2}} - \dfrac{y}{\sqrt{2}} = 1$
13. $\mathbf{q}(t) = (2 + \sqrt{3}t,\ \sqrt{3} + 2t)$

    또는 $2x - \sqrt{3}y = 1$
14. $\mathbf{q}(t) = (2 - \sqrt{3}t,\ -2\sqrt{3} + 4t)$

    또는 $2x + \dfrac{\sqrt{3}y}{2} = 1$

연습문제 8.3

1. $(2x-y)\mathbf{i}+(-x+2y)\mathbf{j}$

2. $2x\mathbf{i}+4y\mathbf{j}$

3. $\dfrac{2xz}{y}\mathbf{i}-\dfrac{x^2z}{y^2}\mathbf{j}+\dfrac{x^2}{y}\mathbf{k}$

4. $2(x+1)\mathbf{i}+2(y-2)\mathbf{j}+2z\mathbf{k}$

5. $\dfrac{4}{\sqrt{5}}$

6. $-\dfrac{6}{\sqrt{5}}$

7. $\dfrac{10}{\sqrt{14}}$

8. $\dfrac{10}{3}$

9. $\dfrac{1}{\sqrt{5}}$

10. $-\dfrac{4}{\sqrt{5}}$

11. $\mathbf{n}=\dfrac{1}{\sqrt{5}}(2\mathbf{i}-\mathbf{j})$

12. $\mathbf{n}=\dfrac{1}{\sqrt{5}}(2\mathbf{i}-\mathbf{j})$

13. $\mathbf{n}=\dfrac{1}{\sqrt{2}}(\mathbf{i}-\mathbf{j})$

14. $\mathbf{n}=\dfrac{1}{5}(3\mathbf{i}+4\mathbf{j})$

15. $\mathbf{n}=\dfrac{1}{\sqrt{21}}(2\mathbf{i}+4\mathbf{j}-\mathbf{k})$

16. $\mathbf{n}=\dfrac{1}{\sqrt{3}}(\mathbf{i}+\mathbf{j}-\mathbf{k})$

17. $\mathbf{n}=\dfrac{1}{3}(2\mathbf{i}-2\mathbf{j}+\mathbf{k})$

18. $\mathbf{n}=\dfrac{1}{\sqrt{154}}(3\mathbf{i}+12\mathbf{j}-\mathbf{k})$

연습문제 8.4

1. -4

2. $\dfrac{1}{\sqrt{5}}$

3. 4

4. -6

5. $-2(y+z)\mathbf{i}$

6. $-\ln x\,\mathbf{i}+\ln y\,\mathbf{j}+\left(\dfrac{z}{x}-\dfrac{z}{y}\right)\mathbf{k}$

7. $(2e^x\sin y)\mathbf{k}$

8. $e^{-xy}\{(-x+\sin z)\mathbf{i}+(\cos z+y)\mathbf{j}$
$+(-y\cos z+x\sin z)\mathbf{k}\}$

CHAPTER 9

연습문제 9.1

1. (a) $\dfrac{11}{12}$, (b) $\dfrac{11}{14}$

2. (a) $\dfrac{2}{3}$, (b) $\dfrac{2}{3}$

3. $e^{\pi}-1$

4. $\dfrac{25}{2}$

5. $\dfrac{2}{3}$

6. $\dfrac{\pi}{2}$

7. 0

8. $e+e^2$

9. $e-\dfrac{1}{e}$

10. -1

11. 1

12. 1

13. e^2

14. $\dfrac{e-e^{-1}}{2}$

연습문제 9.2

1. $\dfrac{11}{3}$

2. $\dfrac{1}{2}$

3. $\dfrac{4}{3}$

4. $-\dfrac{7}{20}$

5. 12

6. $e^4-\dfrac{e^3}{3}+\dfrac{1}{3}$

7. $\dfrac{16}{3}$

8. $\dfrac{224}{15}$

9. 4π

10. $\dfrac{\pi(e-1)}{4}$

11. $2\sqrt{2}$

12. $\dfrac{\pi}{8}$

연습문제 9.3

1. $\dfrac{3}{4}$

2. $\dfrac{10}{3}$

3. $-\dfrac{184}{15}$

4. $\dfrac{4}{15}$

5. 4π

6. 12π

7. $2e-\dfrac{e^2}{2}-\dfrac{3}{2}$

8. 4

9. $-\dfrac{14}{3}(1+\sqrt{2})$

10. 3π

연습문제 9.4

1. 42
2. -8π
3. $1-\sinh 1$
4. -3
5. 4π
6. 2π
7. $\dfrac{\sqrt{3}}{6}$
8. 42
9. $\dfrac{(b+c)\pi}{2}$
10. $\dfrac{136}{5}$

연습문제 9.6

1. 6
2. 24
3. 20π
4. 18π
5. -6
6. 2
7. 4π
8. 18π
9. 36
10. -2

연습문제 9.5

1. 2
2. $\dfrac{6\pi}{5}$
3. 0
4. $\dfrac{5}{24}+\dfrac{1}{\pi}$
5. $\dfrac{\pi}{2}$
6. 16π
7. $36\pi(a+b+c)$
8. $4\pi abc$
9. 48
10. 108π

CHAPTER 10

연습문제 10.1

1. $f(x) = \dfrac{\pi}{4} + \dfrac{2}{\pi}\left(\cos x + \dfrac{\cos 3x}{3^2} + \cdots\right) + \left(\sin x + \dfrac{\sin 2x}{2} + \dfrac{\sin 3x}{3} + \cdots\right)$

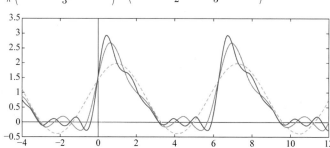

2. $f(x) = \dfrac{1}{\pi} - \dfrac{2}{\pi}\left(\dfrac{\cos 2x}{3 \cdot 1} + \dfrac{\cos 4x}{5 \cdot 3} + \cdots\right) + \dfrac{1}{2}\sin x$

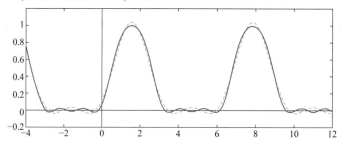

3. $f(x) = \dfrac{1}{2} + \dfrac{2}{\pi}\left(\sin \pi x + \dfrac{\sin 3\pi x}{3} + \dfrac{\sin 5\pi x}{5} + \cdots\right)$

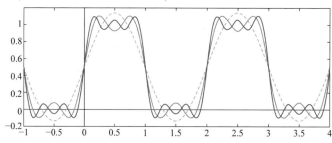

4. $\quad f(x) = \dfrac{1}{\pi} + \dfrac{1}{2}\sin\pi x - \dfrac{2}{\pi}\left(\dfrac{1}{1\cdot 3}\cos 2\pi x + \dfrac{1}{3\cdot 5}\cos 4\pi x + \dfrac{1}{5\cdot 7}\cos 6\pi x + \cdots\right)$

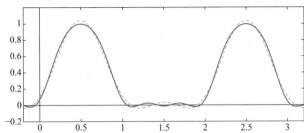

5. $\quad f(x) = 2 - \dfrac{16}{\pi^2}\left(\cos\dfrac{\pi x}{2} + \dfrac{1}{9}\cos\dfrac{3\pi x}{2} + \dfrac{1}{25}\cos\dfrac{5\pi x}{2} + \cdots\right)$

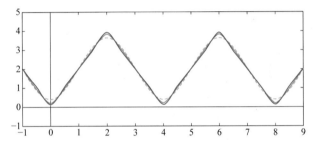

6. $\quad f(x) = \dfrac{\pi}{3} - \dfrac{4}{\pi}\left(\cos x - \dfrac{1}{4}\cos 2x + \dfrac{1}{9}\cos 3x + - \cdots\right)$

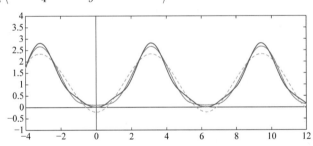

7. $\quad f(x) = 2\left(\sin x - \dfrac{1}{2}\sin 2x + \dfrac{1}{3}\sin 3x + - \cdots\right)$

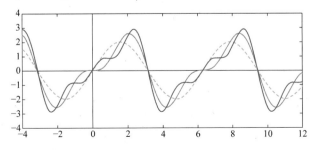

8. $f(x) = \left(\dfrac{8}{\pi} - \dfrac{32}{\pi^3}\right)\sin\left(\pi x/2\right) - \dfrac{4}{\pi}\sin \pi x + \left(\dfrac{8}{3\pi} - \dfrac{32}{(3\pi)^3}\right)\sin\left(3\pi x/2\right) + \cdots$

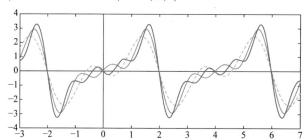

9. $f(x) = \dfrac{3}{2} - \dfrac{3}{\pi}\left\{\sin\left(\pi x/1.5\right) + \dfrac{1}{2}\sin\left(2\pi x/1.5\right) + \dfrac{1}{3}\sin\left(3\pi x/1.5\right) + \cdots\right\}$

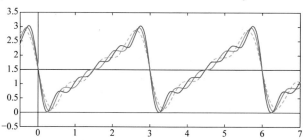

10. $f(x) = 1 + \dfrac{2}{\pi}\left(\sin \pi x - \dfrac{1}{2}\sin 2\pi x + \dfrac{1}{3}\sin 3\pi x + - \cdots\right)$

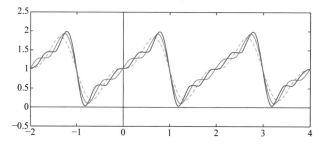

11.

(i) 주기적 우함수로 확장

$$f(x) = \frac{1}{2} - \frac{4}{\pi^2}\left(\cos\pi x + \frac{1}{9}\cos 3\pi x + \frac{1}{25}\cos 5\pi x + \cdots\right)$$

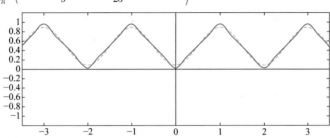

(ii) 주기적 기함수로 확장

$$f(x) = \frac{2}{\pi}\left(\sin\pi x - \frac{1}{2}\sin 2\pi x + \frac{1}{3}\sin 3\pi x + - \cdots\right)$$

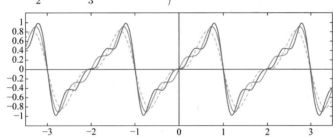

12

(i) 주기적 우함수로 확장

$$f(x) = 1 + \frac{8}{\pi^2}\left(\cos\pi x + \frac{1}{9}\cos 3\pi x + \frac{1}{25}\cos 5\pi x + \cdots\right)$$

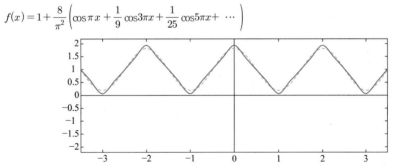

(ii) 주기적 기함수로 확장

$$f(x) = \frac{4}{\pi}\left(\sin\pi x + \frac{1}{2}\sin 2\pi x + \frac{1}{3}\sin 3\pi x + \ \cdots\ \right)$$

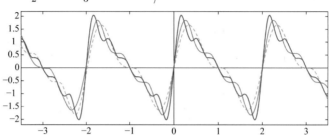

13.

(i) 주기적 우함수로 확장

$$f(x) = \frac{1}{2} - \frac{2}{\pi}\left\{\cos\left(\pi x/2\right) - \frac{1}{3}\cos(3\pi x/2) + \frac{1}{5}\cos(5\pi x/2) - + \ \cdots\right\}$$

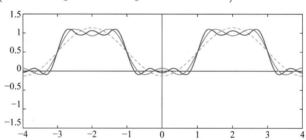

(ii) 주기적 기함수로 확장

$$f(x) = \frac{2}{\pi}\left\{\sin\left(\pi x/2\right) - \sin\pi x + \frac{1}{3}\sin\left(3\pi x/2\right) + \frac{1}{5}\sin\left(5\pi x/2\right) - \frac{1}{3}\sin\left(3\pi x\right) + \ \cdots\ \right\}$$

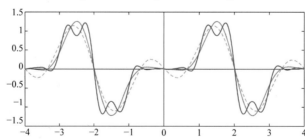

14.

(i) 주기적 우함수로 확장

$$f(x) = \frac{4}{\pi} \left\{ \cos(\pi x/2) - \frac{1}{3}\cos(3\pi x/2) + \frac{1}{5}\cos(5\pi x/2) - + \cdots \right\}$$

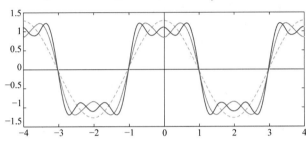

(ii) 주기적 기함수로 확장

$$f(x) = \frac{4}{\pi} \left(\sin\pi x + \frac{1}{3}\sin 3\pi x + \frac{1}{5}\sin 5\pi x + \cdots \right)$$

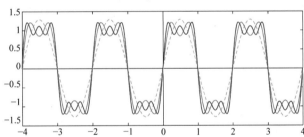

15. 직교함수

16. 직교함수

17. 직교함수

18. 직교함수

19. $\sqrt{\pi}$

20. $\sqrt{\pi}$

연습문제 10.2

1. $\displaystyle\int_0^\infty \left(\frac{\sin w}{w}\cos wx\right)dw = \begin{cases} \dfrac{\pi}{2} & (0 \le x < 1) \\[2mm] \dfrac{\pi}{4} & (x = 1) \\[2mm] 0 & (x > 1) \end{cases}$

2. $\displaystyle\int_0^\infty \frac{\cos(\pi w/2)}{1-w^2}\cos wx\, dw = \begin{cases} \dfrac{\pi}{2}\cos x & (0 \le x \le \pi/2) \\[2mm] 0 & (x > \pi/2) \end{cases}$

3. $\displaystyle\int_0^\infty \left(\frac{-w\cos w + \sin w}{w^2}\sin wx\right)dw = \begin{cases} \pi x/2 & (0 \le x < 1) \\ \pi/4 & (x = 1) \\ 0 & (x > 1) \end{cases}$

4. $\displaystyle\int_0^\infty \left(\frac{\sin 2\pi w}{w^2-1}\sin wx\right)dw = \begin{cases} \dfrac{\pi}{2}\sin x & (0 \le x \le 2\pi) \\[2mm] 0 & (x > 2\pi) \end{cases}$

5. $f(x) = \dfrac{2}{\pi}\displaystyle\int_0^\infty \left(\frac{w\sin w + \cos w - 1}{w^2}\cos wx\right)dw$

6. $f(x) = \dfrac{2}{\pi}\displaystyle\int_0^\infty \left\{\frac{w\sin w - \cos w}{e(w^2+1)} + \frac{1}{w^2+1}\right\}\cos wx\, dw$

7. $f(x) = \dfrac{2}{\pi}\displaystyle\int_0^\infty \left\{\frac{\cos(\pi w/2)}{1-w^2}\cos wx\right\}dw$

8. $f(x) = \dfrac{2}{\pi}\displaystyle\int_0^\infty \left\{\frac{w\sin(\pi w/2)}{w^2-1}\cos wx\right\}dw$

9. $f(x) = \dfrac{2}{\pi}\displaystyle\int_0^\infty \left(\frac{-w\cos w + \sin w}{w^2}\sin wx\right)dw$

10. $f(x) = \dfrac{2}{\pi}\displaystyle\int_0^\infty \left\{-\frac{w\cos w + \sin w}{e(w^2+1)} + \frac{w}{w^2+1}\right\}\sin wx\, dw$

11. $f(x) = \dfrac{2}{\pi}\displaystyle\int_0^\infty \left\{\frac{\sin(\pi w/2) - w}{1-w^2}\right\}\sin wx\, dw$

12. $f(x) = \dfrac{2}{\pi}\displaystyle\int_0^\infty \left\{\frac{w\cos(\pi w/2)}{1-w^2}\right\}\sin wx\, dw$

CHAPTER 11

연습문제 11.1

1.　$u(x, t) = \dfrac{8}{\pi^2} \left(\sin\pi x \cos\pi t - \dfrac{1}{9} \sin3\pi x \cos3\pi t + \dfrac{1}{25} \sin5\pi x \cos5\pi t - + \cdots \right)$

　(a)　$t = 0$

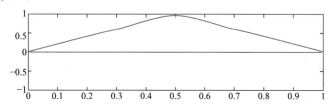

　(b)　$t = \dfrac{1}{6}$

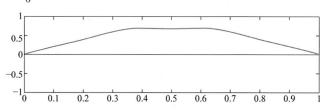

　(c)　$t = \dfrac{1}{3}$

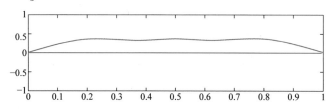

　(d)　$t = \dfrac{1}{2}$

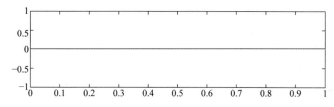

(e) $t = \dfrac{2}{3}$

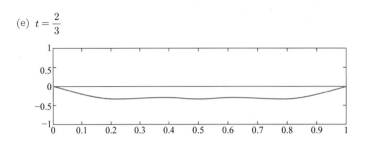

(f) $t = \dfrac{5}{6}$

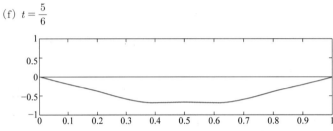

(g) $t = 1$

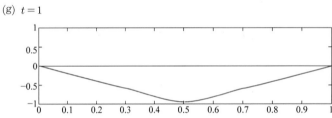

2   (a) $t = 0$

(b) $t = \dfrac{1}{6}$

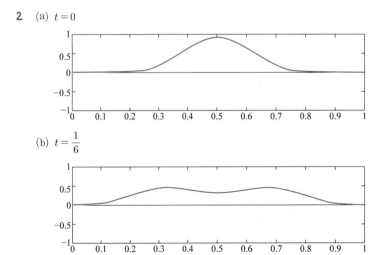

(c) $t = \dfrac{1}{3}$

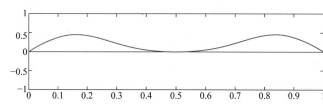

(d) $t = \dfrac{1}{2}$

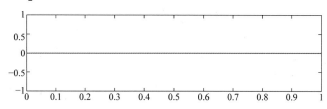

(e) $t = \dfrac{2}{3}$

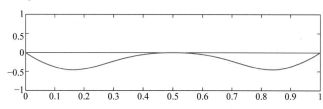

(f) $t = \dfrac{5}{6}$

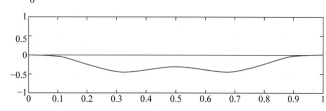

(g) $t = 1$

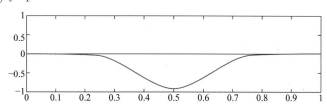

3. $u(x, t) = \dfrac{6}{\pi^2} \sum_{n=1}^{\infty} \sin n\pi x \cos n\pi t \left[\dfrac{1}{n^2} \{ \sin(n\pi/3) + \sin(2n\pi/3) - \sin n\pi \} \right]$

(a) $t = 0$

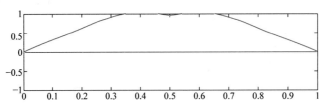

(b) $t = \dfrac{1}{6}$

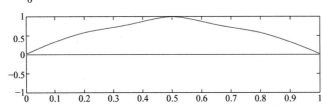

(c) $t = \dfrac{1}{3}$

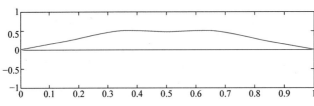

(d) $t = \dfrac{1}{2}$

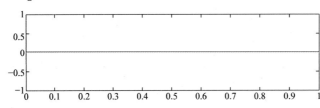

(e) $t = \dfrac{2}{3}$

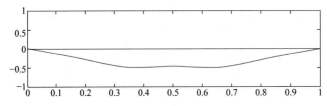

(f) $t = \dfrac{5}{6}$

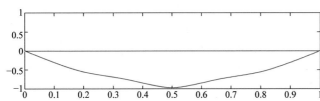

(g) $t = 1$

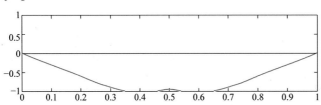

4.　$u(x, t) = \dfrac{8}{\pi^2} \displaystyle\sum_{n=1}^{\infty} \sin n\pi x \cos n\pi t \left[\dfrac{1}{n^2} \left(2\sin 0.25 n\pi - 2\sin 0.75 n\pi + \sin n\pi \right) \right]$

(a) $t = 0$

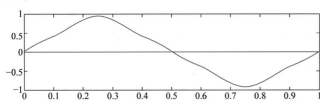

(b) $t = \dfrac{1}{8}$

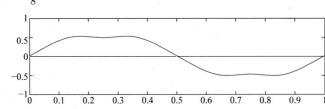

(c) $t = \dfrac{1}{4}$

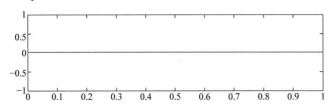

(d) $t = \dfrac{3}{8}$

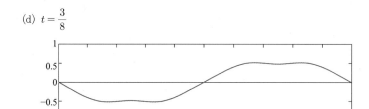

(e) $t = \dfrac{1}{2}$

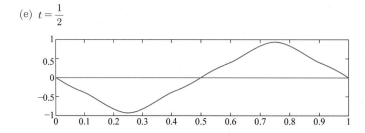

(f) $t = \dfrac{5}{8}$

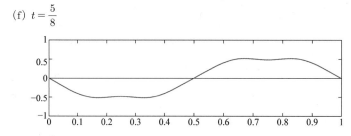

(g) $t = \dfrac{3}{4}$

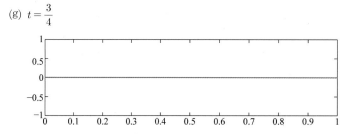

(h) $t = \dfrac{7}{8}$

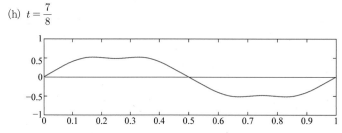

(i) $t=1$

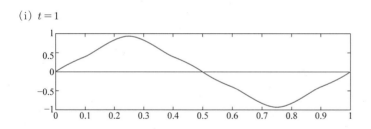

연습문제 11.2

1. $u(x, y, t) = \dfrac{4}{\pi^2} \displaystyle\sum_{m=1}^{\infty} \sum_{n=1}^{\infty} \left(\dfrac{1-\cos m\pi}{m} \right) \left(\dfrac{1-\cos n\pi}{n} \right) \sin m\pi x \, \sin n\pi y \cos \omega_{mn} t$

(a) $t=0$

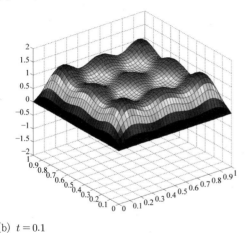

(b) $t=0.1$

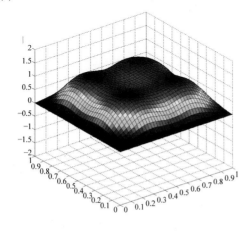

(c) $t = 0.2$

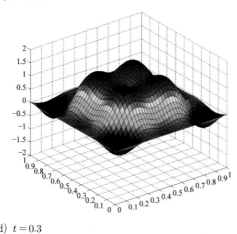

(d) $t = 0.3$

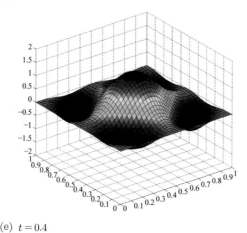

(e) $t = 0.4$

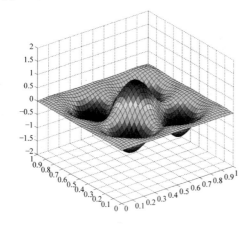

(f) $t = 0.5$

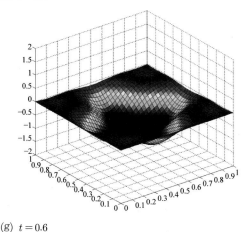

(g) $t = 0.6$

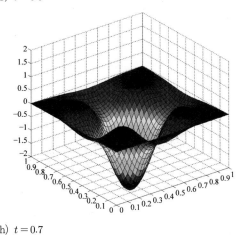

(h) $t = 0.7$

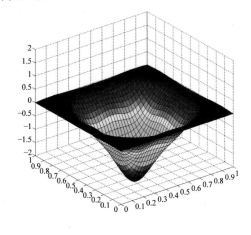

(ⅰ) $t = 0.8$

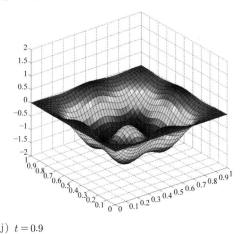

(ⅰ) $t = 0.9$

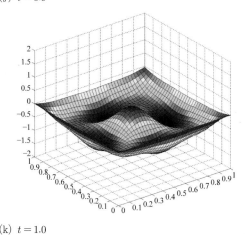

(k) $t = 1.0$

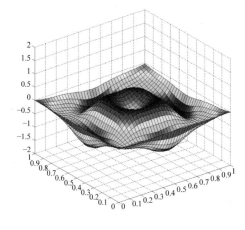

(1) $t = 1.1$

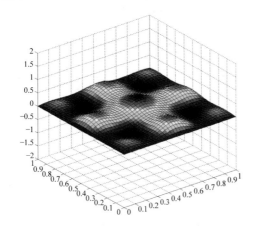

2. $u(x, y, t) = -\dfrac{4}{\pi^2} \displaystyle\sum_{m=1}^{\infty} \sum_{n=1}^{\infty} \dfrac{\cos m\pi}{m} \left(\dfrac{1-\cos n\pi}{n}\right) \sin m\pi x \, \sin n\pi y \, \cos\omega_{mn} t$

3. $u(x, y, t) = \dfrac{2}{\pi} \displaystyle\sum_{n=1}^{\infty} \left(\dfrac{1-\cos n\pi}{n}\right) \sin\pi x \, \sin n\pi y \, \cos\omega_n t$

4. $u(x, y, t) = \dfrac{4}{\pi^2} \displaystyle\sum_{m=1}^{\infty} \sum_{n=1}^{\infty} \dfrac{\cos m\pi}{m} \dfrac{\cos n\pi}{n} \sin m\pi x \, \sin n\pi y \, \cos\omega_{mn} t$

연습문제 11.3

1. $\nabla^2 = \dfrac{\partial^2}{\partial r^2} + \dfrac{2}{r}\dfrac{\partial}{\partial r}$

2. $\dfrac{\partial^2 (rp)}{\partial t^2} = c^2 \dfrac{\partial^2 (rp)}{\partial r^2}$

연습문제 11.4

1. $u(x, t) = e^{-\pi^2 t} \sin\pi x$

(a) $t = 0$

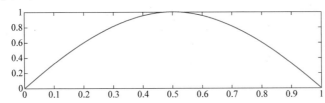

(b) $t = \dfrac{1}{40\pi^2}$

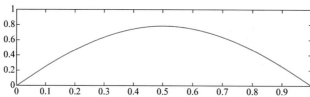

(c) $t = \dfrac{1}{20\pi^2}$

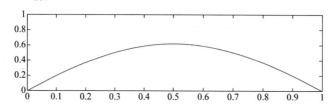

(d) $t = \dfrac{1}{10\pi^2}$

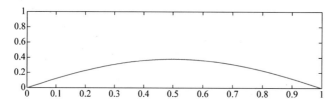

(e) $t = \dfrac{1}{5\pi^2}$

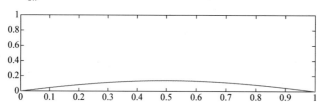

2. $u(x,\ t) = \dfrac{4}{\pi}\left(e^{-\pi^2 t}\sin\pi x + \dfrac{1}{3}e^{-9\pi^2 t}\sin 3\pi x + \dfrac{1}{5}e^{-25\pi^2 t}\sin 5\pi x + \cdots\right)$

(a) $t = 0$

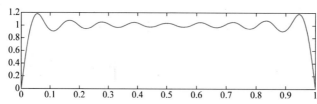

(b) $t = \dfrac{1}{40\pi^2}$

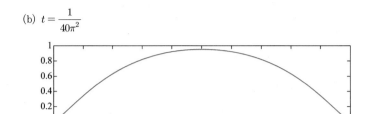

(c) $t = \dfrac{1}{20\pi^2}$

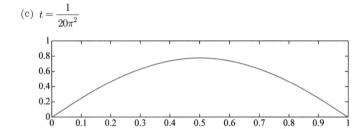

(d) $t = \dfrac{1}{10\pi^2}$

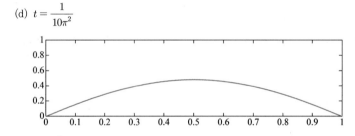

(e) $t = \dfrac{1}{5\pi^2}$

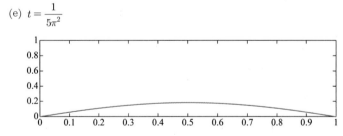

3. $u(x, t) = -2 \displaystyle\sum_{n=1}^{\infty} \dfrac{\cos n\pi}{n\pi} e^{-n^2\pi^2 t} \sin n\pi x$

(a) $t = 0$

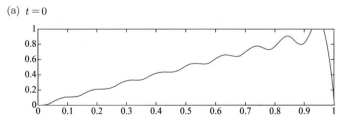

(b) $t = \dfrac{1}{40\pi^2}$

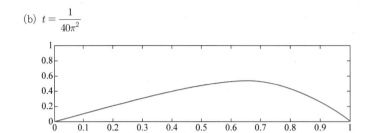

(c) $t = \dfrac{1}{20\pi^2}$

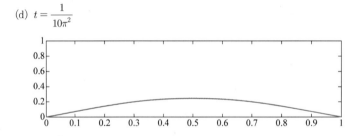

(d) $t = \dfrac{1}{10\pi^2}$

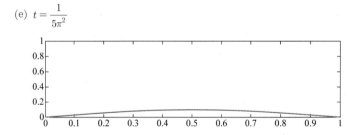

(e) $t = \dfrac{1}{5\pi^2}$

4 $u(x, t) = \dfrac{16}{\pi^3} \displaystyle\sum_{n=1}^{\infty} \left(\dfrac{1 - \cos n\pi}{n^3} \right) e^{-n^2\pi^2 t} \sin n\pi x$

(a) $t = 0$

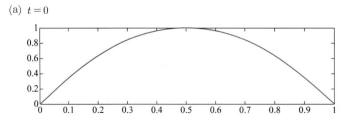

(b) $t = \dfrac{1}{40\pi^2}$

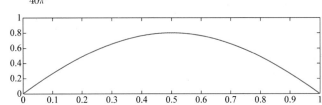

(c) $t = \dfrac{1}{20\pi^2}$

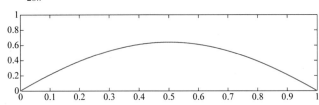

(d) $t = \dfrac{1}{10\pi^2}$

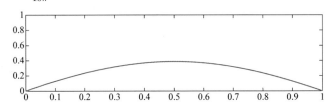

(e) $t = \dfrac{1}{5\pi^2}$

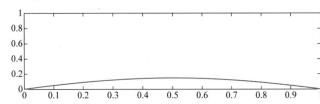

5. $\quad u(x,\,t) = \left(\dfrac{4}{\pi} - 1\right)e^{-\pi^2 t}\sin\pi x + \dfrac{2}{\pi}\sum_{n=2}^{\infty}\left(\dfrac{1-\cos n\pi}{n}\right)e^{-n^2\pi^2 t}\sin n\pi x$

(a) $t = 0$

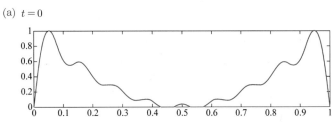

(b) $t = \dfrac{1}{400\pi^2}$

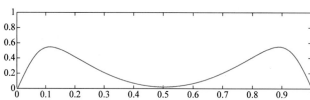

(c) $t = \dfrac{1}{200\pi^2}$

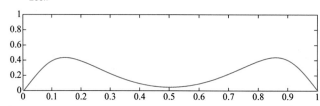

(d) $t = \dfrac{1}{100\pi^2}$

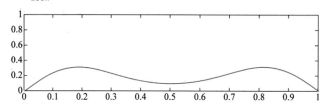

(e) $t = \dfrac{1}{50\pi^2}$

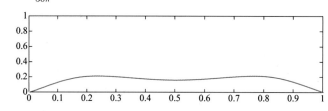

(f) $t = \dfrac{1}{25\pi^2}$

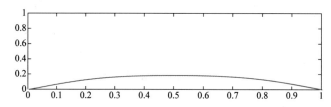

6. $u(x, t) = \dfrac{2}{\pi} \displaystyle\sum_{n=2}^{\infty} \left(\dfrac{1 - \cos n\pi}{n} - \dfrac{4\sin 0.5n\pi}{n^2\pi} \right) e^{-n^2\pi^2 t} \sin n\pi x$

(a) $t = 0$

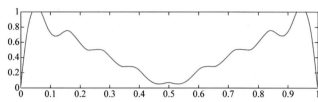

(b) $t = \dfrac{1}{400\pi^2}$

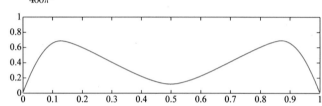

(c) $t = \dfrac{1}{200\pi^2}$

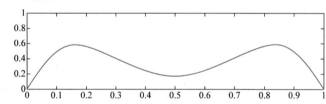

(d) $t = \dfrac{1}{100\pi^2}$

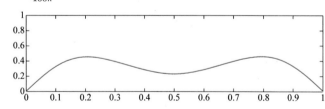

(e) $t = \dfrac{1}{50\pi^2}$

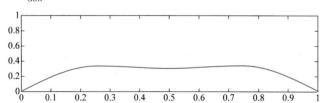

(f) $t = \dfrac{1}{25\pi^2}$

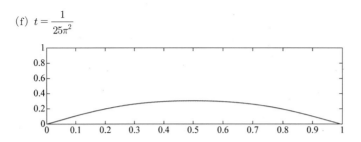

연습문제 11.5

1. $u(x, y) = \dfrac{2T_0}{\pi} \displaystyle\sum_{n=1}^{\infty} \left[\dfrac{1-(-1)^n}{n \sinh n} \right] \sin nx \, \sinh ny$

2. $u(x, y) = \dfrac{4T_0}{\pi^2} \displaystyle\sum_{n=1}^{\infty} \dfrac{1}{\sinh n} \left(-\dfrac{\pi}{n} \cos \dfrac{n\pi}{2} + \dfrac{2}{n^2} \sin \dfrac{n\pi}{2} \right) \sin nx \, \sinh ny$

3. $u(x, y) = \dfrac{T_0}{\sinh 1} \sinh x \, \sin y$

4. $u(x, y) = \dfrac{2T_0}{\pi} \displaystyle\sum_{n=1}^{\infty} \left[\dfrac{1-(-1)^n}{n \sinh n} \right] \sinh nx \, \sin ny$

CHAPTER 12

연습문제 12.1

1. $5-5i,\ 8+6i,\ 10$

2. $5+5i,\ -3-4i,\ 5$

3. $\dfrac{1+7i}{5},\ \dfrac{1-7i}{10}$

4. $7,\ 4$

5. $-3,\ 1$

6. $-4,\ 4$

7. $2\sqrt{3}\left(\cos\dfrac{\pi}{6}+i\sin\dfrac{\pi}{6}\right)$

8. $2\left\{\cos(-\dfrac{\pi}{4})+i\sin(-\dfrac{\pi}{4})\right\}$

9. $2\left(\cos\dfrac{5\pi}{6}+i\sin\dfrac{5\pi}{6}\right)$

10. $5\{\cos(-\phi)+i\sin(-\phi)\}$, 단 $\phi=\arctan(4/3)$

11. $2\sqrt{3},\ \dfrac{7\pi}{12}$

12. $\dfrac{\sqrt{2}}{2},\ \dfrac{5\pi}{12}$

13. $\sqrt{3},\ \dfrac{7\pi}{12}$

14. $\sqrt{2},\ -\dfrac{\pi}{6}$

15. $2\sqrt{2},\ -\dfrac{2\pi}{3}$

16. $3,\ \dfrac{7\pi}{12}$

17. $z_k=\sqrt[3]{2}\left\{\cos(\dfrac{2k\pi}{3})+i\sin(\dfrac{2k\pi}{3})\right\}$
    $(k=0,\ 1,\ 2)$

18. $z_k=\cos(\dfrac{\pi}{4}+k\pi)+i\sin(\dfrac{\pi}{4}+k\pi)$
    $(k=0,\ 1)$

19. $z_k=\sqrt[8]{2}\left\{\cos(\dfrac{\pi}{16}+\dfrac{k\pi}{2})+i\sin(\dfrac{\pi}{16}+\dfrac{k\pi}{2})\right\}$
    $(k=0,\ 1,\ 2,\ 3)$

20. $z_k=\sqrt[3]{2}\left\{\cos(\dfrac{\pi}{9}+\dfrac{2k\pi}{3})+i\sin(\dfrac{\pi}{9}+\dfrac{2k\pi}{3})\right\}$
    $(k=0,\ 1,\ 2)$

21. $z_k=\sqrt[3]{2}\left\{\cos(\dfrac{\pi}{3}+\dfrac{2k\pi}{3})+i\sin(\dfrac{\pi}{3}+\dfrac{2k\pi}{3})\right\}$
    $(k=0,\ 1,\ 2)$

22. $z_k=\sqrt[4]{2}\left\{\cos(\dfrac{\pi}{8}+\dfrac{k\pi}{2})+i\sin(\dfrac{\pi}{8}+\dfrac{k\pi}{2})\right\}$
    $(k=0,\ 1,\ 2,\ 3)$

연습문제 12.2

1. 해석적이지 않다.

2. 해석적이다.

3. 해석적이다.

4. 해석적이지 않다.

5. 해석적이다.

6. 해석적이다.

7. 해석적이다.

8. 해석적이지 않다.

9. $v=-x^2+y^2+c$ (c는 상수), $f(z)=\overline{z}^2+ci$

10. $v=e^{-x}\cos y+c$ (c는 상수), $f(z)=ie^{-z}+ci$

11. $u=\sin x\sinh y+h(x)$ (c는 상수),
    $f(z)=(\sin x\sinh y+c)+i(\cos x\cosh y)$

12. $u=x^3-3xy^2+c$ (c는 상수), $f(z)=z^3+c$

13. $v=r^2\sin 2\theta+c$ (c는 상수), $f(z)=z^2+ci$

14. $u=\dfrac{\sin\theta}{r}+c$ (c는 상수), $f(z)=iz^{-1}+c$

15. $a=2,\ v=-e^{-2x}\sin 2y+c$ (c는 상수)

16. $a=\pm 1,\ v=\mp\sin x\cosh y+c$ (c는 상수)

17. $a=0,\ v=-2x^2+2y^2+c$ (c는 상수)

18. $a=\pm 1,\ v=\pm\dfrac{\cos\theta}{r}+c$ (c는 상수)

연습문제 12.3

1. $e(\cos 2+i\sin 2)$

2. -1

3. $-ei$

4. $\dfrac{e^2}{2}(1-\sqrt{3}\,i)$

5. $\ln 3+\left(\dfrac{\pi}{2}+2n\pi\right)i$

6. $2i$

7. $\dfrac{1}{2}\ln 2 + \left(\dfrac{\pi}{4} + 2n\pi\right)i$

8. $\ln 2 + \left(-\dfrac{\pi}{6} + 2n\pi\right)i$

9. $i\sinh 2$

10. $\cosh\pi$

11. $\dfrac{1}{2}\left(\cosh 1 + i\sqrt{3}\,\sinh 1\right)$

12. $(\cos 1\cosh 1) + i(\sin 1\sinh 1)$

13. $-\cos 2\sinh\pi + i\sin 2\cosh\pi$

14. $i\sinh\dfrac{\pi}{2}$

CHAPTER 13

연습문제 13.1

1. $z = t + \left(\dfrac{3}{2}t + 1\right)i,\ \ (0 \le t \le 2)$

2. $z = t + i,\ \ (0 \le t \le 3)$

3. $z = t + \dfrac{1}{t}i,\ \ (1 \le t \le 3)$

4. $z = t + t^2 i,\ \ (1 \le t \le 2)$

5. $z = \cos t + (\sin t + 1)i,\ \ (0 \le t \le 2\pi)$

6. $z = (2\cos t + 2) - (2\sin t + 1)i,\ \ (0 \le t \le 2\pi)$

7. $z = 2\cos t + (3\sin t)i,\ \ (0 \le t \le 2\pi)$

8. $z = (2\sec t + 1) + (3\tan t + 2)i,\ \ (0 \le t \le 2\pi)$

9. $z = \cos t + (\sin t)i,\ \ (0 \le t \le 2\pi)$

10. $z = (2\tan t) + (-3\sec t)i,\ \ (0 \le t \le 2\pi)$

11. 0

12. $\dfrac{-2 + 2i}{3}$

13. $2i\sinh\dfrac{\pi}{2}$

14. $\dfrac{1 - \cos 2}{2}\cosh 2 + i\dfrac{\sin 2}{2}\sinh 2$

15. $2ie^{-1}\sin 1$

16. 0

17. $\dfrac{3(1+i)}{2}$

18. $\dfrac{1}{2} + \dfrac{2}{3}i$

19. $\dfrac{9}{2} + 3i$

20. 0

21. 0

22. $-2\sin 1$

23. $\cosh 1 - \cosh 2$

24. $i\tanh 1 - \tan 1$

25. 0

26. 0

연습문제 13.2

1. πi
2. $2\pi i$
3. $-2\pi i$
4. 0
5. 0
6. $2\pi i$
7. 0
8. 0
9. $2\pi \sinh 1$
10. $-6\pi i$
11. 0
12. 0

연습문제 13.3

1. $-\dfrac{\pi i}{2}$
2. $2\pi i$
3. $-4\pi i$
4. 0
5. $\sqrt{2}\,\pi i \cdot \left(1-\dfrac{\pi}{4}\right)$
6. $2\pi\left(-\sin 1 + i\cos 1\right)$
7. 0
8. $2\pi i$
9. 0
10. $\pi(\sin 1 + i\cos 1)$
11. $2\pi i \cdot \cosh 1$
12. $24\pi i$
13. $\dfrac{\pi i}{2}$
14. 0

참고문헌

[1]   서진헌 외 공역, *Kreyszig 공업수학*, 개정 10판, 상 하, 범한서적, 2014

[2]   Erwin Kreyszig, *Advanced Engineering Mathematics*, 10th ed., John Wiley & Sons, Inc., 2014

[3]   고형종 외 공역, *공업수학 I*, 개정4판, 텍스트북스, 2018

[4]   Dennis G, Zill and Warren S. Wright, *Advanced Engineering Mathematics*, 6th ed., Jones and Bartlett Publishers, Inc., 2018

[5]   Michael D. Greenberg, *Foundations of Applied Mathematics*, Prentice Hall, Inc., 1978

[6]   이상구 외, 최신공학수학 with Sage, 한빛아카데미, 2016

[7]   김우식 외 공역, *매트랩의 기초* (원저자: William J. Palm III), 교보문고, 2009

[8]   이준탁, 공업수학 - *기본 개념부터 응용까지*, 한빛미디어, 2010

[9]   수학교재편찬위원회 역, *미분적분학*, 5판, 청문각, 2008

[10] 송철기 외, *진동학 코어*, 2판 3쇄, 교보문고, 2019

[11] J. P. Holman, *Heat Transfer*, Tower Press, 1976

Engineering Mathematics with MATLAB

INDEX